普通高校"十二五"规划教材

电子系统 EDA 设计实训

李秀霞　李兴保　王心水　编著

北京航空航天大学出版社

内 容 简 介

根据现代电子系统的设计特点(数字化、智能化和模块化),本书从实用的角度,系统地介绍了 EDA 技术的理论基础和电子系统的 VHDL 设计方法。书中给出了大量的设计实例。主要内容包括:EDA 的基本知识;Altera 可编程逻辑器件 FPGA/CPLD;VHDL 硬件描述语言;Quartus Ⅱ 9.0 工具的使用方法;Quartus Ⅱ 9.0 中的宏模块;VHDL 电子系统设计实例;VHDL 系统仿真。所有实例都经过 EDA 工具编译通过,第 9 章的电子系统设计都在 EDA 试验系统上通过了硬件测试,可直接借鉴使用。

书中内容丰富新颖,理论联系实际,通俗实用,突出实用特色,并使用大量图表说明问题,便于读者对内容的理解和掌握。

本书既可用作高等工科院校电子工程、通信、电气自动化等学科专业高年级本科生和研究生的电子设计教材和参考书,又可作为广大电子设计人员的设计参考书或使用手册。

图书在版编目(CIP)数据

电子系统 EDA 设计实训 / 李秀霞,李兴保,王心水编著. -- 北京:北京航空航天大学出版社,2011.6
ISBN 978 - 7 - 5124 - 0433 - 5

Ⅰ.①电… Ⅱ.①李… ②李… ③王… Ⅲ.①电子电路－计算机辅助设计－应用软件 Ⅳ.①TN702

中国版本图书馆 CIP 数据核字(2011)第 082247 号

版权所有,侵权必究。

电子系统 EDA 设计实训

李秀霞　李兴保　王心水　编著

责任编辑　李宗华　李开先　刘秉和

*

北京航空航天大学出版社出版发行

北京市海淀区学院路 37 号(邮编 100191)　http://www.buaapress.com.cn
发行部电话:(010)82317024　传真:(010)82328026
读者信箱:emsbook@gmail.com　邮购电话:(010)82316936

涿州市新华印刷有限公司印装　各地书店经销

*

开本:787×960　1/16　印张:23.75　字数:532 千字
2011 年 6 月第 1 版　2011 年 6 月第 1 次印刷　印数:4 000 册
ISBN 978 - 7 - 5124 - 0433 - 5　　定价:42.00 元

前　言

随着计算机技术、微电子技术的发展,现代电子设计技术的核心 EDA(Electronics Design Automation,电子设计自动化)技术迅速发展并成熟起来。EDA 技术是以可编程逻辑器件 PLD(Programmable Logic Device)为物质基础,以计算机为平台,以 EDA 工具软件为开发环境,以硬件描述语言 HDL(Hardware Description Language)作为电子系统功能描述的主要方式,把电子系统设计作为应用方向的电子产品自动化设计过程。

随着基于 PLD 和 EDA 技术的发展及其应用领域的扩大与深入,EDA 技术在大中专院校的电子、通信、自控、计算机等各类学科的教学中也日益重要。为适应现代电子技术飞速发展和 EDA 教学的需求,我们编写了《电子系统 EDA 设计实训》。

全书共 10 章。第 1 章介绍现代电子系统设计的特点,对 EDA 技术作了简要概述;第 2 章分析可编程逻辑器件的结构特点,重点介绍 Altera 公司的 MAX7000 系列器件和 FLEX10K 系列器件的特点、结构及功能;第 3 章介绍 VHDL 硬件描述语言的语言要素和语句结构;第 4 章详细介绍了 Altera 公司的可编程逻辑器件开发软件 QuartusⅡ的使用方法;第 5 章讲述 VHDL 硬件描述语言的基本语句及应用;第 6 章讲述 VHDL 系统设计中的设计共享问题;第 7 章详细介绍了有限状态机的 VHDL 设计步骤;第 8 章给出基本单元电路的 VHDL 设计实例;第 9 章给出大量详实的系统设计实例,希望读者能够由浅入深地逐步掌握 EDA 系统设计的技术和方法;第 10 章通过示例介绍业界最流行、最有影响力的仿真软件 Modelsim 的使用方法。

本书具有以下特点:

1. 重视可读性和实效性

书中内容编排由浅入深、循序渐进。以简单的实例讲解 VHDL 语言基础,在此基础上介绍了 EDA 工具软件 QutartusII9.0,之后开始介绍 VHDL 基本语句、VHDL 设计共享及有限状态机的 VHDL 设计等,这样的编排顺序,避免了一开始就学习软件工具的无目的性。

前言

书中对 VHDL 基本语句、VHDL 设计共享及有限状态机 VHDL 设计的讲解,都是通过大量的实例来说明的。实例丰富完整,并给出了仿真波形图及其综合后的 RTL 电路图,使读者在系统学习 VHDL 语言的同时,还练习使用了 EDA 工具软件。

为使读者及时巩固所学内容,书中每章的最后都安排了相关的习题,可使读者在很短的时间内就能有效地掌握 VHDL 的主干内容,为进一步的学习和实践奠定了一个良好的基础。

2. 重视实践性和实用性

书中通过大量的工程实例,全面、系统地讲解了 VHDL 语言设计的方法。单元电路的设计详实、完整;综合性设计有设计要求、设计思路、完整的 VHDL 描述、时序仿真和硬件逻辑验证等,充分体现了 EDA 设计的实践性和实用性,从而可使读者有效地掌握 EDA 技术的设计方法,并能快速投入到实际的工程设计实践中去。

本书由李秀霞担任主编并规划全书的主要内容。书中第 1~2 章由李兴保编写,并完成全书英文资料的翻译和校对工作,第 3 章由郑春厚编写,第 5 章由续敏编写,李秀霞编写第 5~8 章及附录,王心水编写第 4 章和第 9 章。另外,曲阜师范大学信息技术与传播学院的王娟、代凌云等老师参与了书中绘图与仿真测试工作。

在本书撰写过程中,得到了曲阜师范大学物理工程学院赵建平教授、计算机科学学院高仲合教授的大力支持和悉心指导;书中参考和引用了许多专家和学者的著作及研究成果。在此向上面提到的所有人员表示衷心的感谢。

由于作者水平有限,书中难免有错误,望广大读者批评指正。

李秀霞
2010 年 12 月

目 录

第1章 电子系统 EDA 设计概论 … 1

1.1 电子系统及其特征 … 1
1.1.1 电子系统及其分类 … 1
1.1.2 现代电子系统的特征 … 2

1.2 EDA 技术概述 … 3
1.2.1 EDA 技术及其发展历程 … 4
1.2.2 EDA 技术的实现目标 … 5
1.2.3 EDA 技术的基本工具 … 6
1.2.4 EDA 技术的设计方法及设计流程 … 9
1.2.5 EDA 技术的发展趋势 … 10

习 题 … 13

第2章 可编程逻辑器件基础 … 14

2.1 可编程逻辑器件概述 … 14
2.1.1 PLD 的发展历程 … 15
2.1.2 PLD 分类 … 15

2.2 复杂可编程逻辑器件 CPLD … 16
2.2.1 MAX7000 系列器件的基本结构 … 17
2.2.2 MAX7000 系列器件的逻辑宏单元结构 … 19
2.2.3 MAX7000 系列器件的 PIA … 20
2.2.4 MAX7000 系列器件的 I/O 控制模块 … 21

2.3 现场可编程门阵列 FPGA … 22
2.3.1 FLEX10K 系列器件的基本工作原理 … 22

目 录

  2.3.2 FLEX10K 系列器件的基本结构 ·············· 23
 2.4 可编程逻辑器件的编程与配置 ················ 29
  2.4.1 CPLD 的在系统编程 ·················· 30
  2.4.2 FPGA 的配置方式 ··················· 31
 2.5 CPLD 和 FPGA 的应用选择 ················· 34
 习　题 ······························· 34

第 3 章　VHDL 编程基础 ························ 35

 3.1 硬件描述语言 VHDL 简介 ·················· 35
 3.2 VHDL 程序基本结构 ····················· 36
  3.2.1 库、程序包 ······················ 37
  3.2.2 实体(ENTITY) ····················· 38
  3.2.3 结构体(ARCHITECTURE) ················ 39
  3.2.4 配置(CONFIGURATION) ················ 42
 3.3 VHDL 的语言要素 ····················· 43
  3.3.1 VHDL 文字规则 ···················· 44
  3.3.2 VHDL 数据对象 ···················· 46
  3.3.3 VHDL 数据类型 ···················· 49
  3.3.4 VHDL 运算操作符 ··················· 56
 习　题 ······························· 60

第 4 章　QuartusⅡ设计流程 ······················ 62

 4.1 QuartusⅡ软件概述 ····················· 62
 4.2 QuartusⅡ 9.0 软件用户界面 ················· 63
 4.3 创建工程 ·························· 65
 4.4 设计文件的输入 ······················ 71
  4.4.1 文本方式输入设计文件 ················· 71
  4.4.2 原理图方式输入设计文件 ················ 73
 4.5 设计项目编译前的设置及编译 ················ 77
  4.5.1 编译前的设置 ····················· 77
  4.5.2 全程编译 ······················· 81
 4.6 设计项目的仿真 ······················ 83
 4.7 引脚设置和配置 ······················ 88
 习　题 ······························· 92

第 5 章 VHDL 基本语句 … 93

5.1 顺序语句 … 93
5.1.1 赋值语句 … 93
5.1.2 流程控制语句 … 94
5.1.3 等待语句 … 104
5.1.4 返回语句 … 106
5.1.5 空操作语句 … 107
5.1.6 子程序调用语句 … 108

5.2 并行语句 … 108
5.2.1 进程语句(PROCESS) … 109
5.2.2 块语句 … 113
5.2.3 并行信号赋值语句 … 115
5.2.4 元件例化语句 … 118
5.2.5 生成语句 … 123
5.2.6 并行过程调用语句 … 127
5.2.7 断言语句(ASSERT) … 129

5.3 其他语句和说明 … 130
5.3.1 属性(ATTRIBUTE)描述与定义语句 … 130
5.3.2 综合工具对属性的支持 … 133

习　题 … 135

第 6 章 VHDL 设计共享 … 137

6.1 VHDL 设计库 … 137
6.1.1 库的种类 … 138
6.1.2 库的使用 … 139

6.2 VHDL 程序包 … 140

6.3 PLD 系统设计的常用 IP 模块 … 144
6.3.1 IP 模块概述 … 144
6.3.2 QuartusⅡ中 IP 模块的使用方法 … 145

6.4 VHDL 子程序 … 156
6.4.1 VHDL 函数 … 157
6.4.2 VHDL 过程 … 161

6.5 层次化建模与元件例化 … 164

目 录

  6.5.1　层次化建模 …………………………………………………………… 164
  6.5.2　元件例化 ……………………………………………………………… 165
  6.5.3　类属参量语句 ………………………………………………………… 166
 6.6　IP 模块应用实例 …………………………………………………………… 171
  6.6.1　工程系统框图及工作原理 …………………………………………… 171
  6.6.2　添加 QuartusⅡ系统自带 IP 模块 …………………………………… 171
  6.6.3　添加端口 ……………………………………………………………… 177
  6.6.4　编译工程 ……………………………………………………………… 178
  6.6.5　使用 SignalTapⅡ观察波形 ………………………………………… 178
  6.6.6　使用在线 ROM 编辑器 ……………………………………………… 184
 习　题 ……………………………………………………………………………… 186

第 7 章　有限状态机的设计 …………………………………………………………… 187

 7.1　有限状态机概述 …………………………………………………………… 187
  7.1.1　采用有限状态机描述的优势 ………………………………………… 187
  7.1.2　有限状态机的基本结构 ……………………………………………… 188
 7.2　有限状态机的状态编码 …………………………………………………… 189
  7.2.1　有限状态机的编码规则 ……………………………………………… 189
  7.2.2　有限状态机的状态编码 ……………………………………………… 190
  7.2.3　定义编码方式的语法格式 …………………………………………… 191
  7.2.4　状态机的剩余状态与容错技术 ……………………………………… 191
  7.2.5　毛刺和竞争处理 ……………………………………………………… 193
 7.3　一般有限状态机的设计 …………………………………………………… 194
  7.3.1　一般有限状态机的 VHDL 组成 ……………………………………… 194
  7.3.2　一般有限状态机的描述 ……………………………………………… 195
 7.4　Moore 型有限状态机的设计 ……………………………………………… 198
 7.5　Mealy 型有限状态机的设计 ……………………………………………… 200
 7.6　设计实例 …………………………………………………………………… 203
 习　题 ……………………………………………………………………………… 209

第 8 章　基本单元电路的 VHDL 设计 ……………………………………………… 210

 8.1　组合逻辑单元电路的设计 ………………………………………………… 210
  8.1.1　数据比较器 …………………………………………………………… 210
  8.1.2　多路选择器 …………………………………………………………… 211

- 8.1.3 编码器 …… 213
- 8.1.4 译码器 …… 215
- 8.1.5 奇偶校验 …… 216
- 8.1.6 三态门和总线缓冲器的设计 …… 217

8.2 时序逻辑单元电路的设计 …… 220
- 8.2.1 计数器(增1/减1计数器) …… 220
- 8.2.2 数控分频器的设计 …… 222
- 8.2.3 多功能移位寄存器 …… 223
- 8.2.4 单脉冲发生器 …… 225

8.3 存储器单元电路的设计 …… 226
- 8.3.1 只读存储器 ROM 的设计 …… 226
- 8.3.2 随机存储器 SRAM 的设计 …… 228

习题 …… 230

第9章 电子电路的 VHDL 综合设计 …… 231

9.1 六位数码动态扫描显示电路的设计 …… 231
- 9.1.1 数码管动态扫描显示原理 …… 231
- 9.1.2 设计要求与设计思路 …… 232
- 9.1.3 VHDL 代码设计 …… 232
- 9.1.4 时序仿真 …… 233
- 9.1.5 硬件逻辑验证 …… 235

9.2 矩阵式键盘接口电路的设计 …… 235
- 9.2.1 键盘扫描与识别原理 …… 235
- 9.2.2 设计要求与设计思路 …… 237
- 9.2.3 VHDL 代码设计 …… 238
- 9.2.4 时序仿真 …… 243
- 9.2.5 硬件逻辑验证 …… 244

9.3 16×16 点阵汉字显示控制器的设计 …… 244
- 9.3.1 点阵字符产生及显示原理 …… 244
- 9.3.2 设计思路 …… 245
- 9.3.3 VHDL 代码设计 …… 246
- 9.3.4 时序仿真 …… 251
- 9.3.5 硬件逻辑验证 …… 252

9.4 液晶控制器的设计 …… 253

目 录

9.4.1 OCMJ(128×32)中文液晶显示器简介 ……………………………………… 253
9.4.2 设计要求与设计思路 …………………………………………………… 256
9.4.3 VHDL 代码设计 ………………………………………………………… 257
9.4.4 时序仿真 ………………………………………………………………… 260
9.4.5 硬件逻辑验证 …………………………………………………………… 261
9.5 D/A 转换控制器的设计 …………………………………………………………… 261
9.5.1 D/A 转换控制器 AD558 简介 …………………………………………… 261
9.5.2 设计要求和设计思路 …………………………………………………… 263
9.5.3 VHDL 代码设计 ………………………………………………………… 264
9.5.4 时序仿真 ………………………………………………………………… 265
9.5.5 硬件逻辑验证 …………………………………………………………… 265
9.6 A/D 转换控制器的设计 …………………………………………………………… 266
9.6.1 ADC0809 简介 …………………………………………………………… 266
9.6.2 设计思路 ………………………………………………………………… 268
9.6.3 VHDL 代码的设计 ……………………………………………………… 269
9.6.4 时序仿真 ………………………………………………………………… 270
9.6.5 硬件逻辑验证 …………………………………………………………… 272
9.7 巴克码发生器与译码器的设计 …………………………………………………… 273
9.7.1 巴克码简介 ……………………………………………………………… 273
9.7.2 巴克码识别器 …………………………………………………………… 274
9.7.3 7 位巴克码发生器的设计 ……………………………………………… 274
9.7.4 时序仿真 ………………………………………………………………… 275
9.7.5 硬件逻辑验证 …………………………………………………………… 275
9.7.6 7 位巴克码识别器的设计 ……………………………………………… 276
9.7.7 时序仿真 ………………………………………………………………… 277
9.7.8 硬件逻辑验证 …………………………………………………………… 277
9.8 循环码编码器和解码器的设计 …………………………………………………… 278
9.8.1 循环码简介 ……………………………………………………………… 278
9.8.2 循环码编码与解码方法 ………………………………………………… 278
9.8.3 设计要求与设计思路 …………………………………………………… 279
9.8.4 循环码编码器 VHDL 代码设计 ………………………………………… 279
9.8.5 时序仿真 ………………………………………………………………… 281
9.8.6 硬件逻辑验证 …………………………………………………………… 282
9.8.7 循环码解码器 VHDL 代码设计 ………………………………………… 282

  9.8.8　时序仿真 …………………………………………………………………… 283
  9.8.9　硬件逻辑验证 ………………………………………………………………… 285
 9.9　任意波形信号发生器的设计 ………………………………………………………… 285
  9.9.1　设计要求 ……………………………………………………………………… 285
  9.9.2　设计思路 ……………………………………………………………………… 285
  9.9.3　VHDL 代码的设计 …………………………………………………………… 286
  9.9.4　时序仿真 ……………………………………………………………………… 290
  9.9.5　硬件逻辑验证 ………………………………………………………………… 291
 9.10　多功能电子密码锁的设计 …………………………………………………………… 291
  9.10.1　设计要求 …………………………………………………………………… 291
  9.10.2　设计思路 …………………………………………………………………… 291
  9.10.3　程序功能说明 ……………………………………………………………… 292
  9.10.4　VHDL 代码的设计 ………………………………………………………… 293
  9.10.5　时序仿真 …………………………………………………………………… 300
  9.10.6　硬件逻辑验证 ……………………………………………………………… 302
 9.11　多功能数字电子闹钟的设计 ………………………………………………………… 304
  9.11.1　设计要求 …………………………………………………………………… 304
  9.11.2　设计思路 …………………………………………………………………… 304
  9.11.3　VHDL 代码的设计 ………………………………………………………… 305
  9.11.4　时序仿真 …………………………………………………………………… 315
  9.11.5　硬件逻辑验证 ……………………………………………………………… 319
 9.12　音乐演奏控制电路的设计 …………………………………………………………… 320
  9.12.1　音乐演奏原理 ……………………………………………………………… 320
  9.12.2　设计要求与设计思路 ……………………………………………………… 320
  9.12.3　VHDL 代码设计 …………………………………………………………… 321
  9.12.4　时序仿真 …………………………………………………………………… 325
  9.12.5　硬件逻辑验证 ……………………………………………………………… 326
 习　题 ……………………………………………………………………………………… 326

第 10 章　电子系统 EDA 设计仿真 …………………………………………………………… 328

 10.1　电子系统 EDA 设计仿真概述 ……………………………………………………… 328
  10.1.1　EDA 设计仿真概述 ………………………………………………………… 328
  10.1.2　测试(平台)程序的设计方法 ……………………………………………… 330
 10.2　Modelsim 仿真工具简介 …………………………………………………………… 335

目 录

10.3 Modelsim 的仿真实现 ……………………………………………………… 336
　10.3.1 功能仿真 ……………………………………………………………… 337
　10.3.2 综合后功能仿真和时序仿真(后仿真) ……………………………… 344
10.4 Modelsim 中仿真资源库的添加 ……………………………………………… 349
习 题 ………………………………………………………………………………… 351

附录 A　VHDL 保留字 ……………………………………………………………… 352

附录 B　VHDL 语言文法一览表 …………………………………………………… 353

附录 C　VHDL 程序设计语法结构 ………………………………………………… 362

参考文献 …………………………………………………………………………… 367

第 1 章
电子系统 EDA 设计概论

随着电子技术的迅速发展,电子系统的应用领域日益扩大,电子系统的功能和结构也具有更高的综合性、层次性和复杂性。在计算机技术的推动下,电子系统设计所采用的技术越来越先进,同时也使现代电子产品性能进一步提高。因此,利用现代技术设计高性能、高可靠性的电子系统已成为设计人员必须掌握的一门技术,如何缩短设计周期、降低设计成本已成为衡量设计人员能力的标准之一。

本章通过对现代电子系统特征的描述,对 EDA 技术作简单的介绍。

1.1 电子系统及其特征

1.1.1 电子系统及其分类

所谓电子系统是指由一组电子元件或基本电子单元电路相互连接、相互作用而形成的电路整体,它能按特定的控制信号去执行所设想的功能。大到航天飞机的测控系统,小到电子计时器,它们都是电子系统。虽然电子系统的大小不一,功能各异,结构也千差万别,但从完成系统功能的角度看,其组成大致可分为传感部分、信息处理部分和执行部分。

1. 传感部分

传感部分相当于人的感觉器官,它把系统工作过程中系统本身和外界环境的各种参数和状态检测出来,经过一定的变换,成为一种可测定的物理量,传送到系统的信息处理部分。

2. 信息处理部分

在智能型的电子系统中,信息处理部分往往由微处理器组成,这部分相当于人的大脑。来自各传感器部分的信息集中到这里,经过处理之后再对执行机构发出指令,它是智能型电子系统的核心和关键部分。

3. 执行部分

执行部分相当于人的手足。信息处理部分发出的指令通过执行机构才能实现各种所要求的功能。

根据电子系统所完成功能的不同,大致有以下几种常用的电子系统:

① 测控系统:大到航天器的飞行轨道控制和工业生产控制系统,小到自动照相机的快门系统等;

② 测量系统:如电量及非电量的精密测量;

③ 数据处理系统:如语言、图像、雷达信息处理等;

④ 通信系统:如数字通信、微波通信等;

⑤ 计算机系统:调制解调器、网络设备等;

⑥ 家电系统:如数字电视、数码影碟机、PDA、智能卡等。

1.1.2 现代电子系统的特征

随着信息时代的到来,上述电子系统,日益显示出数字化、智能化和模块化的特征。

1. 数字化

由于数字技术和计算机技术的发展,电子系统越来越多地采用数字化技术。在各个应用领域,数字化产品正逐步替代原先的模拟产品,以消费类产品为例,数字电视、数码相机、DVD、VCD、手机等都采用了数字化技术。

通常以模拟的方式处理信号,随着技术的进步,对模拟方式构成的电子系统有了很多改进,但是鉴于模拟系统固有的特征,其性能局限在一定的水平上,而且由于器件和材料的因素,模拟系统在频率响应、信号噪声比、动态范围等方面均无法有很大的改进。环境温度、电源电压等使用条件的变化以及器件的老化将使系统的特性发生变化。此外,由于器件参数的离散性,使模拟系统调整的工作量加大。

数字化系统是将模拟信号转换为数字信号然后进行处理,采用数字化的方式处理模拟信号具有频率响应宽、噪声小、动态范围大的优点。数字系统的特性随使用条件的变化而发生的变化很小,而且容易调整,工作可靠性好。由于数字技术在处理和传输信息方面的各种优点,数字技术与数字集成电路(标准逻辑电路、可编程逻辑器件)、处理器(MCU、MPU、嵌入式处理器、DSP 等)的使用已经成为构成现在电子系统的重要标志。

2. 智能化

计算机技术的发展,使电子系统的智能化成为可能。这些系统采用微控制器、微处理器、数字信号处理芯片乃至嵌入式处理器构成智能系统。而系统的核心部分是各类具有完整计算机形态的处理器。处理器的嵌入是智能化的必要条件,系统的软件设计能赋予系统智能品质。这类硬件系统具有一定的通用性,而最终产品形态由软件设计决定,因而又具有很大的灵活性。微电子技术、半导体工艺的介入,是现在电子技术的时代特征。随着微电子技术、半导体工艺、专用集成电路(ASIC)的发展,采用 ASIC 方式来设计电子系统,可实现高品质、低成本和高可靠性。片上系统 SoC(System - on - a - Chip)的实现将进一步推动电子系统技术的发展。

智能化电子系统最终将在一切领域中取代传统的非智能的电子系统。单一的由模拟电路或数字电路实现的电子系统将逐步被淘汰,而采用模拟电路、数字电路以及 PLD、MCU、MPU、DSP、嵌入式处理器等多种技术的智能化系统将成为主流。

3. 模块化

随着电子技术和集成电路技术的发展,许多应用子系统被设计成模块形式,设计人员不必每个电路和子系统都从头做起,而是可以直接使用这些模块,这样就极大地提高了系统的设计效率和质量。子系统模块以硬件或软件的形式提供。

硬件模块是指用硬件设计的子系统产品,它具有一定的系统功能,同时向用户提供此模块的硬件接口标准和相应的软件协议。用户只需了解其接口的设计方法,编制符合其协议的软件程序,如 GPS 模块就是用于获得地球地理信息的模块,当设计的系统需要使用经纬度和标准时间信息时,不必研究地理信息产生的具体方法,只需研究系统与此模块的接口电路,以及如何读取此模块的输出信息。

软件模块通常指 IP(Intellectual Property,知识产权)核。当设计目标为专用集成电路或用可编程逻辑器件实现时,采用 IP 核设计可以提高设计的速度和质量。IP 核是一种可重复利用的知识产品,由用户、专用 IC 公司或独立的 IP 公司开发而成。IP 核分为软核、硬核和固核 3 种。具体地说,软核是一种可综合的 HDL(Hardware Description Language,硬件描述语言)描述,硬核为芯片版图,固核为 RT(Register Transfer,寄存器传输)级的 HDL 描述。在采用 IP 核设计时,设计人员不必了解 IP 核复杂的内部结构,只须了解 IP 核的功能、性能指标与互联接口,以便根据系统的功能要求选择合适的 IP 核,并将 IP 核相互连接,进行相关的设计。

电子系统的时代特征,促使电子系统的设计方法和手段不断地改进和创新。传统的设计方法已经逐步退出,而基于电子设计自动化 EDA(Electronics Design Automation)的设计正成为电子系统设计的主流。

1.2 EDA 技术概述

传统的数字系统设计只能对电路板进行设计,把所需的具有固定功能的标准集成电路像积木块一样堆积于电路板上,通过设计电路板来实现系统功能。进入 20 世纪 90 年代以后,EDA 技术的发展和普及给电子系统的设计带来了革命性的变化,并已渗透到电子系统设计的各个领域。利用 EDA 工具,采用可编程器件,通过设计芯片来实现系统功能,这样不仅可以通过芯片设计实现多种数字逻辑系统功能,而且由于引脚定义的灵活性,大大减轻了电路图设计和电路板设计的工作量和难度,从而有效地增强了设计的灵活性,提高了工作效率;同时基于芯片的设计可以减少芯片的数量,缩小系统体积,降低能源消耗,提高系统的性能和可靠性。

这种基于芯片的设计方法正在成为现代电子系统设计的主流。现在,只要拥有一台计算机、一套相应的 EDA 软件和空白的可编程逻辑器件芯片,在实验室里就可以完成数字系统的设计和生产。当今的数字系统设计已经离不开可编程逻辑器件和 EDA 设计工具。

1.2.1　EDA 技术及其发展历程

EDA 技术作为现代电子设计技术的核心,是以计算机为工具,在 EDA 软件平台上,对以硬件描述语言 HDL(Hardware Description Language)为系统逻辑描述手段完成的设计文件,自动地完成逻辑编译、逻辑化简、逻辑分割、逻辑综合及优化、逻辑布局布线、逻辑仿真,直至对于特定目标芯片的适配编译、逻辑映射和编程下载等工作,最终形成集成电子系统或专用集成芯片的一门新技术。

利用 EDA 技术(特指 IES/ASIC 自动设计技术)进行电子系统的设计,具有以下几个特点:① 用软件的方式设计硬件;② 用软件方式设计的系统到硬件系统的转换是由有关的开发软件自动完成的;③ 设计过程中可用有关软件进行各种仿真;④ 系统可现场编程,在线升级;⑤ 整个系统可集成在一个芯片上,体积小、功耗低、可靠性高。因此,可以说 EDA 技术是现代电子设计的发展趋势。

EDA 技术是一门综合性学科,它融合多学科于一体,其发展历程与大规模集成电路 LSI(Large Scale Integration)、计算机辅助工程 CAE(Computer Aided Engineering)、可编程逻辑器件 PLD(Programable Logic Device),以及电子设计技术和工艺的发展是同步的。从现代电子技术发展的历程来看,EDA 技术大致经历了以下几个发展阶段。

在 20 世纪 70 年代中期,出现了基于手工布局布线的二维平面图形的 CAD(计算机辅助设计)工具,以便解脱复杂、机械的版图设计工作,这就是第一代 EDA 工具。

1981—1982 年,为了适应电子产品在规模和制作上的需要,出现了基于原理图设计仿真和以自动布线为中心的第二代 EDA 系统,其特点是以软件工具为核心,通过软件完成产品开发的设计、分析、生产和测试等各项工作。

到了 1987—1988 年,又推出了基于 RTL(寄存器传输语言)的设计、仿真、逻辑综合的第三代 EDA 技术。为了适应电子系统发展日益复杂的需求,世界上各大软件公司纷纷推出新一代 EDA 设计软件。新一代的 EDA 设计软件已经实现了真正的设计自动化。

进入 21 世纪,EDA 技术得到了更大的发展,突出表现在:
- 在仿真验证和设计两方面都支持标准硬件描述语言的功能强大的 EDA 软件不断推出。
- 电子技术领域全方位融入 EDA 技术。除了日益成熟的数字技术外,传统的电路系统设计建模理念发生了重大变化,如软件无线电技术的崛起、模拟电路系统硬件描述语言的表达和设计的标准化、系统可编程模拟器件的出现、数字信号处理和图像处理的全硬件实现方案的普遍接受、以及软硬件技术的进一步融合等。

- EDA 使得电子技术领域各学科的界限更加模糊、相互包容,如模拟与数字、软件与硬件、系统与器件、ASIC 与 FPGA、行为与结构等。
- 更大规模的 FPGA 和 CPLD 器件不断推出。
- 使电子设计成果以自主知识产权(IP)的方式得以明确表达和确认成为可能。
- 在 FPGA 上实现 DSP(Digital Signal Processing,数字信号处理)应用成为可能。
- 系统级、行为验证级硬件描述语言,如 SystemVerilog、SystemC 等的出现,使复杂电子系统的设计,特别是验证趋于高效和简单。

1.2.2 EDA 技术的实现目标

一般来说,利用 EDA 技术进行电子系统设计的最后目标是完成专用集成电路(ASIC)或印制电路板(PCB)的设计和实现,如图 1-1 所示。其中,PCB 设计指的是电子系统的印制电路板设计,从电路原理图到 PCB 上元件的布局、布线、阻抗匹配、信号完整性分析及板级仿真,到最后的电路板机械加工文件生成,这些都需要相应的计算机 EDA 工具软件辅助设计者来完成,这仅是 EDA 技术应用的一个重要方面,本书限于篇幅不再展开。ASIC 是最终的物理平台,集中容纳了用户通过 EDA 技术,将电子应用系统的既定功能和技术指标具体实现的硬件实体。一般而言,专用集成电路就是具有专门用途和特定功能的独立集成电路器件。根据这个定义,作为 EDA 技术最终实现目标的 ASIC 可以通过以下 3 种途径来完成。

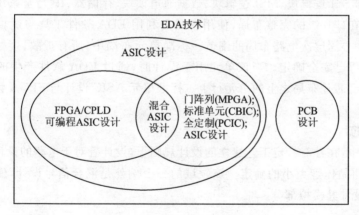

图 1-1 EDA 技术实现目标

1. 可编程逻辑器件 FPGA/CPLD

FPGA 和 CPLD 是实现 ASIC 的主流器件,其特点是直接面向用户、具有极大的灵活性和通用性、使用方便、硬件测试和实现快捷、开发效率高、成本低、上市时间短、技术维护简单、工作可靠性好等。FPGA 和 CPLD 的应用是 EDA 技术有机融合软硬件电子设计技术、SoC 和 ASIC 设计以及自动化设计与自动化实现最典型的诠释。由于 FPGA 和 CPLD 的开发工具、开发流程和使用方法与 ASIC 有类似之处,因此这类器件通常也被称为可编程专用 IC 或可编程 ASIC。

2. 半定制或全定制 ASIC

根据实现的工艺,基于 EDA 设计技术的半定制或全定制 ASIC 可统称为掩模(Mask) ASIC,或直接称之为 ASIC。可编程 ASIC 与掩模 ASIC 相比,不同之处在于前者具有面向用户的灵活多样的可编程性。

掩模 ASIC 大致分为门阵列 ASIC、标准单元 ASIC 和全定制 ASIC。

(1) 门阵列 ASIC

门阵列芯片包括预定制的相连的 PMOS 和 NMOS 晶体管行。设计中,用户可以借助 EDA 工具将原理图或硬件描述语言模型映射为相应门阵列晶体管配置,创建一个指定金属互连路径文件,从而完成门阵列 ASIC 开发。由于有掩模的创建过程,门阵列有时也称掩模可编程门阵列(MPGA)。但是 MPGA 与 FPGA 完全不同,它不是用户可编程的,也不属于可编程逻辑范畴,而是实际的 ASIC;MPGA 出现在 FPGA 之前,而 FPGA 技术源自 MPGA。

(2) 标准单元 ASIC

目前大部分 ASIC 是使用库(Library)中不同大小的标准单元设计的,这类芯片一般称做基于单元的集成电路 CBIC(Cell-Based Integrated Circuits)。在设计者一级,库包括不同复杂性的逻辑元件,如 SSI 逻辑块、MSI 逻辑块、数据通道模块、存储器、IP 乃至系统级模块。库包含每个逻辑单元在硅片级的完整布局,使用者只需利用 EDA 软件工具与逻辑块描述打交道即可,完全不必关心深层次电路布局的细节。标准单元布局中,所有扩散、接触点、过孔、多晶通道及金属通道都已完全确定。当该单元用于设计时,通过 EDA 软件产生的网表文件将单元布局块"粘贴"到芯片布局之上的单元行上。标准单元 ASIC 设计与 FPGA 设计的开发流程相近。

(3) 全定制芯片

全定制芯片中,在针对特定工艺建立的设计规则下,设计者对于电路的设计有完全的控制权,如线的间隔和晶体管大小的确定。该领域的一个例外是混合信号设计,使用通信电路的 ASIC 可以定制设计其模拟部分。

3. 混合 ASIC

混合 ASIC(不是指数模混合 ASIC)主要指既具有面向用户的 FPGA 可编程功能和逻辑资源,同时也含有可方便调用和配置的硬件标准单元模块,如 CPU、RAM、ROM、硬件加法器、乘法器、锁相环等。

1.2.3 EDA 技术的基本工具

EDA 工具在 EDA 技术应用中占据极其重要的位置,EDA 的核心是利用计算机完成电路设计的全程自动化,因此基于计算机环境下的 EDA 工具软件的支持是必不可少的。EDA 工具的发展经历了两个的阶段:物理工具和逻辑工具。现在的 EDA 和系统设计工具逐步被理解成一个整体的概念——电子系统设计自动化。物理工具用来完成设计中的实际物理问题,如芯片布局、印制电路板布线等;逻辑工具则是基于网表、布尔逻辑、传输时序等概念,首先由原理图编辑器或 HDL 进行设计输入,然后利用 EDA 系统完成综合、仿真、优化等过程,最后生成物理工具可以接受的网表或 VHDL、Verilog HDL 的结构化描述。现在常见的 EDA 工具大致可以分为设计输入编辑器、仿真器、检查/分析工具、优化/综合工具等模块。

1. 设计输入编辑器

通常,专业的 EDA 工具供应商或各个可编程逻辑器件厂商提供 EDA 开发工具,在这些 EDA 开发工具中都含有输入编辑器,如 Xilinx 公司的 Foundation、Altera 公司的 MAX+PLUSⅡ、QuartusⅡ等。

一般的设计输入编辑器都支持图像输入和 HDL 文本输入。图形输入通常包括原理图输入、状态图输入和波形输入三种常用方式。原理图输入方式沿用传统的数字系统设计方式,即根据设计电路的功能和控制条件,画出设计的原理图或状态图或波形图,然后在设计输入编辑器的支持下,将这些图形输入到计算机中,形成图形文件。

图形输入方式形象直观,且不需要掌握硬件描述语言,便于初学或教学演示。但图形输入方式存在没有标准化,图形文件兼容性差及不便于电路模块的移植和再利用等缺点。HDL 文本输入方式与传统的计算机软件语言编辑输入基本一致,在设计输入编辑器的支持下,使用某种硬件描述语言对设计电路进行描述,形成 HDL 源程序。HDL 文本输入方式克服了图形输入方式存在的弊端,为 EDA 技术的应用和发展开辟了一个广阔的天地。

有的 EDA 设计输入工具把图形设计与 HDL 文本输入相结合,利用 HDL 文本输入通用性的优点和图形输入易学性的优点,实现一个复杂的电路系统的设计。

输入编辑器在多样性、易学和通用性方面的功能不断增强,标准 EDA 技术中自动化设计程序不断提高。

2. 仿真器

仿真器有基于元件(逻辑门)的仿真器和 HDL 仿真器,基于元件的仿真器缺乏 HDL 仿真器的灵活性和通用性。在此主要介绍 HDL 仿真器。

在 EDA 技术中,仿真器的地位十分重要,行为模型的表达、电子系统的建模、逻辑电路的验证乃至门级系统的测试,每一步都离不开仿真器的模拟检测。在 EDA 发展的初期,快速地进行电路逻辑仿真是当时的核心问题,即使现在,各个环节的仿真仍然是整个 EDA 工程流程中最重要、最耗时的一个步骤。因此,HDL 仿真器的仿真速度、仿真的准确性和易用性成为衡量仿真器的重要指标。

按仿真器对设计语言不同的处理方式,可以分为编译型和解释型仿真器。编译型仿真器

第1章 电子系统 EDA 设计概论

速度快,但需要预处理,因此不便即时修改;解释型仿真器的仿真速度一般,可随时修改仿真环境和条件。

按处理的硬件描述语言类型分,HDL 仿真器可分为 VHDL 仿真器、Verilog 仿真器、Mixed HDL 仿真器(混合 HDL 仿真器,同时处理 VHDL 与 Verilog HDL)和其他 HDL 仿真器(针对其他 HDL 的仿真)。

按仿真时是否考虑硬件延时分类,HDL 仿真器可分为功能仿真器和时序仿真器。根据输入和仿真的文件不同,可以由不同的仿真器来完成,也可以由同一仿真器来完成。

几乎各个 EDA 厂商都提供基于 VHDL/Verilog HDL 的仿真器。常用的 HDL 仿真器有 Model Technology 公司的 ModelSim、Cadence 公司的 Verilog‐XL 和 NC‐Sim、Adec 公司的 Active HDL、Synopsys 公司的 VCS 等。

3. HDL 综合器

由于目前通用的 HDL 语言有 VHDL 和 Verilog HDL,这里介绍的 HDL 综合器主要是针对这两种语言。

HDL 诞生的初衷是为了电路逻辑的建模和仿真,但直到 Synopsps 公司推出了 HDL 综合器之后,HDL 才被直接用于电路的设计。

HDL 综合器是一种将硬件描述语言转化为硬件电路的重要工具软件。在用 EDA 技术进行电路设计时,HDL 综合器完成电路化简、算法优化和硬件结构细化等操作。HDL 综合器把可综合的 VHDL/Verilog HDL 转化为硬件电路时,一般要经过两个步骤:

第一步是 HDL 综合器对 VHDL/Verilog HDL 进行分析处理,并将其转化成相应的电路结构或模块,这时是不考虑实际器件实现的,即完全与硬件无关,这个过程是一个通用电路原理图形成的过程。

第二步是对应实际实现的目标器件的结构进行优化,并使之满足各种约束条件,优化关键路径等。

HDL 综合器的输出文件一般是网表文件,如 EDIF 格式,文件后缀.edf 是一种用于设计数据交换和交流的工业标准化格式的文件,或是直接用 VHDL/Verilog HDL 表达的标准格式的网表文件,或是对应现场可编程门阵列 FPGA(Field Programable Gate Array)器件厂商的网表文件,如 Xilinx 公司的 XNF 网表文件。

由于 HDL 综合器只完成 EDA 设计流程中的一个独立设计步骤,所以它往往被其他 EDA 环境调用,以完成全部流程。EDA 综合器的调用具有前台模式和后台模式两种,用前台模式调用时,可以从计算机的显示器上看到调用窗口界面;用后台模式(也称为控制模式)调用时,不出现图形窗口界面,仅在后台运行。

HDL 综合器的使用也有两种模式:图形模式和命令模式。

4. 适配器(布局、布局器)

适配也称为结构综合,适配器的任务是完成在目标系统器件上的布局、布线。适配通常都由可编程器件厂商提供的专用软件来完成。这些软件可以单独运行或嵌入到厂商提供的适配器中,但同时提供性能良好、使用方便的专用适配器运行环境,如 IspEXPERT - Compiler。而 Altera 公司的 EDA 集成开发环境 QuartusⅡ中就含有嵌入的适配器,Xilinx 公司的 Foundation 和 IsE 中也同样含有自己的适配器。

适配器最后输出的是各厂商自己定义的下载文件,用于下载到器件中以实现电路设计。

5. 下载器(编程器)

下载器的任务是把电路设计结果下载到实际器件中,实现硬件设计。下载软件一般由可编程逻辑器件厂商提供,或嵌入到 EDA 开发平台中。

1.2.4 EDA 技术的设计方法及设计流程

电子系统的传统设计方法中,首先根据系统的要求,建立起系统框图,将整个系统适当划分,然后从确定单元电路开始,沿着单元电路—部件—整机的过程进行样机的设计、制作和调试。系统的功能测试必须待样机完成后(也就是物理实现后)才能进行。这种设计是从底层开始,按照由简到繁、由底向上的步骤进行,称为 Bottom - Up 设计方法。在设计的开始阶段,对系统的划分、部件功能的定义及相互间的接口都必须周密考虑。然而,由于认识的局限性和一些不可预计的因素,同时由于在样机实现之前,难以对部件和系统功能进行模拟和仿真,因此难免在设计过程和样机制作过程中产生一些偏离设计要求的问题,需要在设计过程和样机试制过程中不断完善,有时甚至推倒重来。显然,这种设计方法修改比较困难,产品开发周期长,投资风险比较大,要求系统设计人员必须具备丰富的硬件知识和调试经验。

为了提高产品研发的效率,减小投资风险,现代设计方法不再是从底向上进行,而是由抽象到具体、自顶向下(Top - Down)地进行。Top - Down 设计方法首先从系统设计入手,在顶层进行功能方框图的划分和结构设计。在方框图一级进行仿真、纠错,并用硬件描述语言对高层次的系统行为进行描述,在系统一级进行验证。然后用综合优化工具生成具体门电路的网表,其对应的物理实现级可以是印刷电路板或专用集成电路。显然,Top - Down 设计中,采用系统早期仿真,而系统的物理实现是在设计的结束,各个层次的模拟和仿真均在以计算机为平台的虚拟样机上进行,从而有效地降低了研发成本,缩短了开发周期,大大节省了设计的人力和物力。

EDA 工程设计的具体流程如图 1-2 所示。
- 从系统的总体方案设计入手,用自然语言表达的形式在顶层进行系统功能的划分和结构设计。
- 利用 EDA 工具的文本编辑器、图形编辑器或波形编辑器对系统行为进行描述,并对系统的模型和算法进行模拟和仿真,检验系统模型和算法的正确性。
- 在确定系统的模型和算法正确后,将系统的行为描述转化成可进行逻辑综合的 RTL (或者门级)描述,同时在这一层次进行模拟、仿真。

第1章 电子系统 EDA 设计概论

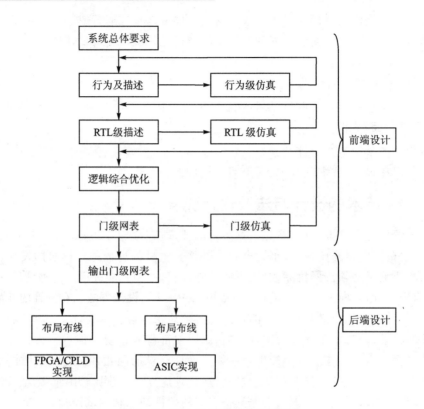

图 1-2 EDA 工程设计的具体流程

- RTL 描述被验证后,就可以在计算机平台上由 EDA 工具自动进行逻辑综合和优化,生成门级网表,并进行门级仿真和时序分析。这是转化为硬件电路的关键。
- 接下来就是将由综合器产生的网表文件针对某一具体的目标器进行逻辑映射操作,其中包括底层器件配置、逻辑分割、逻辑优化、布线与操作等,配置于指定的目标器件中,产生最终的下载文件,如 JEDEC 格式的文件、BG 文件。
- 目标器件的编程/下载,即由 FPGA/CPLD 布线/适配器产生的配置/下载文件通过编程器或下载电缆载入目标芯片 FPGA 或 CPLD 中。对 CPLD 来说是将 JEDEC 文件下载到 CPLD 中去,对 FPGA 来说是将位流数据 BG 文件"配置"到 FPGA 中去。
- 最后完成系统的物理实现,它可以是 CPLD、FPGA 或 ASIC。

1.2.5 EDA 技术的发展趋势

随着计算机技术的快速发展、市场需求的增长和电路集成工艺水平的不断提高,EDA 技术呈现出快速发展态势。表现在如下几个方面:

1. 可编程逻辑器件的发展趋势

过去的几年里,可编程器件市场的增长主要来自大容量的可编程逻辑器件 CPLD 和 FPGA,其未来的发展趋势是:

(1) 向高密度、高速度、宽频带方向发展

随着电子系统复杂度的提高,高密度、高速度和宽频带的可编程逻辑产品已经成为主流器件,其规模也不断扩大,从最初的几百门到现在的上百万门,有些已具备了片上系统集成的能力。这些高密度、大容量的可编程逻辑器件的出现,给现代电子系统(复杂系统)的设计与实现带来了巨大的帮助。设计方法和设计效率的飞跃,带来了器件的巨大需求,这种需求又促使器件生产工艺的不断进步,而每次工艺的改进,可编程逻辑器件的规模都将有很大扩展。

(2) 向在系统可编程方向发展

在系统可编程是指程序(或算法)在置入用户系统后仍具有改变其内部功能的能力。采用在系统可编程技术,可以像对待软件那样通过编程来配置系统内硬件的功能,从而在电子系统中引入"软硬件"的全新概念。它不仅使电子系统的设计和产品性能的改进和扩充变得十分简便,还使新一代电子系统具有极强的灵活性和适应性,为许多复杂信号的处理和信息加工的实现提供了新的思路和方法。

(3) 向可预测延时方向发展

当前的数字系统中,由于数据处理量的激增,要求其具有大的数据吞吐量,加之多媒体技术的迅速发展,要求能够对图像进行实时处理,这就要求有高速的系统硬件系统。为了保证高速系统的稳定性,可编程逻辑器件的延时可预测性是十分重要的。用户在进行系统重构的同时,担心的是延时特性会不会因为重新布线而改变,延时特性的改变将导致重构系统的不可靠,这对高速的数字系统而言将是非常可怕的。因此,为了适应未来复杂高速电子系统的要求,可编程逻辑器件的高速可预测延时是非常必要的。

(4) 向混合可编程技术方向发展

可编程逻辑器件为电子产品的开发带来了极大的方便,它的广泛应用使得电子系统的构成和设计方法均发生了很大的变化。但是,有关可编程器件的研究和开发工作多数都集中在数字逻辑电路上,直到 1999 年 11 月,Lattice 公司推出了在系统可编程模拟电路,为 EDA 技术的应用开拓了更广阔的前景。其允许设计者使用开发软件在计算机中设计、修改模拟电路,进行电路特性仿真,最后通过编程电缆将设计方案下载至芯片中。已有多家公司开展了这方面的研究,并且推出了各自的模拟与数字混合型的可编程器件,相信在未来几年里,模拟电路及数/模混合电路可编程技术将得到更大的发展。

(5) 向低电压、低功耗方向发展

集成技术的飞速发展,工艺水平的不断提高,节能潮流在全世界的兴起,也为半导体工业提出了向降低工作电压、降低功耗的方向发展。

2. 开发工具的发展趋势

开发工具的发展趋势如下：

(1) 具有混合信号处理能力

20世纪90年代以来，EDA工具厂商都比较重视数模混合信号设计工具的开发。美国Cadence、Synopsys等公司开发的EDA工具已经具有了数/模混合设计能力，这些EDA开发工具能完成含有模/数变换、数字信号处理、专用集成电路宏单元、数/模变换和各种压控振荡器的混合系统设计。

(2) 高效的仿真工具

电子系统设计的仿真过程分为设计前期的系统级仿真和设计过程中的电路级仿真。系统级仿真主要验证系统的功能，如验证设计的有效性等；电路级仿真主要验证系统的性能，决定怎样实现设计，如测试设计的精度、处理和保证设计要求等。要提高仿真的效率，一方面要建立合理的仿真算法；另一方面要更好地解决系统级仿真中，系统模型的建模和电路级仿真中电路模型的建模技术。在未来的EDA技术中，仿真工具将有较大的发展空间。

(3) 理想的逻辑综合、优化工具

逻辑综合功能是将高层次系统行为设计自动翻译成门级逻辑的电路描述，做到了实际与工艺的独立。优化则是对于上述综合生成的电路网表，根据逻辑方程功能等效的原则，用更小、更快的综合结果替代一些复杂的逻辑电路单元，根据指定目标库映射成新的网表。随着电子系统的集成规模越来越大，几乎不可能直接面向电路图做设计，要将设计者的精力从繁琐的逻辑图设计和分析中转移到设计前期算法开发上。逻辑综合、优化工具就是要把设计者的算法完整、高效地生成电路网表。

3. 系统描述方式的发展趋势

(1) 描述方式简便化

到20世纪90年代，一些EDA公司相继推出了一批图形化的设计输入工具。这些输入工具允许设计师用他们最方便并熟悉的设计方式（如框图、状态图、真值表和逻辑方程）建立设计文件，然后由EDA工具自动生成综合所需的硬件描述语言文件。图形化的描述方式具有简单直观、容易掌握的优点，是未来主要的发展趋势。

(2) 描述方式高效化和统一化

C/C++语言是软件工程师在开发商业软件时的标准语言，也是使用最为广泛的高级语言。随着算法描述抽象层次的提高，使用C/C++语言设计系统的优势将更加明显，设计者可以快速而简洁地构建功能函数，通过标准库和函数调用技术，创建更庞大、更复杂和更高速的系统。随着EDA技术的不断成熟，软件和硬件的概念将日益模糊，使用单一的高级语言直接设计整个系统将是一个统一化的发展趋势。

习 题

1.1 现代电子系统的特征是什么？
1.2 什么叫 EDA 技术？EDA 的英文全称是什么？EDA 的中文含义是什么？
1.3 电子系统 EDA 技术自顶向下的设计方法有什么重要意义？
1.4 EDA 技术系统设计流程是什么？

第 2 章

可编程逻辑器件基础

可编程逻辑器件 PLD(Programmable Logic Device),是 20 世纪 70 年代发展起来的一种新的集成器件。PLD 是大规模集成电路技术发展的产物,是一种半定制的集成电路,结合计算机软件技术可以快速、方便地构建数字系统。

本章主要介绍目前常用的几类具有代表性的可编程逻辑器件的结构和原理,以及相关的编程下载和器件选择方式。

2.1 可编程逻辑器件概述

逻辑器件可分为两大类:固定逻辑器件和可编程逻辑器件。固定逻辑器件中的电路是永久性的,它们完成一种或一组功能,一旦制造完成,就无法改变。如 74 系列、54 系列、CC4000 系列等逻辑器件。可编程逻辑器件(PLD)是能够为客户提供范围广泛的多种逻辑能力、特性、速度和电压特性的标准成品部件,而且此类器件可在任何时间改变,从而完成许多种不同的功能。

固定逻辑器件和 PLD 各有自己的优点。例如,固定逻辑设计经常更适合大批量应用,因为它们可更为经济地大批量生产。对有些需要极高性能的应用,固定逻辑也可能是最佳的选择。

然而,可编程逻辑器件提供了一些优于固定逻辑器件的重要优点,包括 PLD 在设计过程中为客户提供了更大的灵活性,因为对于 PLD 来说,设计反复只需要简单地改变编程文件就可以了,而且设计改变的结果可立即在工作器件中看到。

PLD 不需要漫长的前期时间来制造原型或正式产品,PLD 器件已经放在分销商的货架上并可随时付运。PLD 不需要客户支付高昂的 NRE 成本和购买昂贵的掩模组,PLD 供应商在设计其可编程器件时已经支付了这些成本,并且可通过 PLD 产品线延续多年的生命期来分摊这些成本。

PLD 允许客户在需要时仅订购所需要的数量,从而使客户可控制库存。采用固定逻辑器件的客户经常会面临需要废弃的过量库存,而当对其产品的需求高涨时,他们又可能为器件供货不足所苦,并且不得不面对生产延迟的现实。

PLD 甚至在设备付运到客户那儿以后还可以重新编程。事实上,由于有了可编程逻辑器件,一些设备制造商现在正在尝试为已经安装在现场的产品增加新功能或者进行升级。要实现这一点,只需要通过因特网将新的编程文件上载到 PLD 就可以在系统中创建出新的硬件逻辑。

2.1.1 PLD 的发展历程

可编程逻辑器件最早出现在 20 世纪 70 年代初,主要是可编程只读存储器(PROM)和可编程逻辑阵列(PLA)。在 PROM 中,与门阵列是固定的,或门阵列是可编程的;器件采用熔断丝工艺,一次性编程使用。

70 年代末期出现了可编程阵列逻辑(PAL)器件。在 PAL 器件中,与门阵列是可编程的,或门阵列是固定连接的,它有多种输出和反馈结构,为数字逻辑设计带来了一定的灵活性。但 PAL 仍采用熔断丝工艺,一次性编程使用。

80 年代中期,通用可编程阵列逻辑(GAL)器件问世,并取代了 PAL。GAL 器件是在 PAL 器件基础上发展起来的新一代器件。和 PAL 一样,它的与门阵列是可编程的,或门阵列是固定的。但由于采用了高速电可擦 CMOS 工艺,可以反复擦除和改写,很适于样机的研制。它具有 CMOS 低功耗特性,且速度可以与 TTL 可编程器件相比。特别是在结构上采用了"输出逻辑宏单元"电路,为用户提供了逻辑设计和使用上的较大灵活性。

以上几种可编程逻辑器件,由于集成度有限,被称为低密度可编程逻辑器件。

80 年代中后期,随着技术的进步,制造工艺的不断改进,器件规模不断扩大,逻辑功能大幅度增强,各 PLD 主流生产厂家,如 Xilinx、Altera、Lattice 等公司,相继推出高密度的 PLD 器件,被称之为复杂可编程逻辑器件 CPLD(Complex Programmable Logic Devices)和现场可编程门阵列 FPGA(Field Programmable Gate Array),将可编程逻辑器件的性能和应用技术推向了一个全新的高度。

进入 90 年代后,可编程逻辑集成电路技术进入飞速发展时期,器件的可用逻辑门数超过了百万门,并出现了内嵌复杂功能模块(如 RAM、CPU 核、DSP 核、PLL 等)的可编程片上系统 SoPC(System-on-a-Programmable-Chip)。

2.1.2 PLD 分类

可编程逻辑器件的种类很多,几乎每个大的可编程逻辑器件供应商都能提供具有自身结构特点的 PLD 器件。由于历史的原因,可编程逻辑器件有许多不同的分类方法,下面主要介绍 4 种。

1. 从互连特性上分类

从互连特性上,可编程逻辑器件结构可以分为确定型和统计型两大类。确定型的 PLD 包括 PROM、PLA、PAL、FPLA、GAL、EPLD 和 EEPLD。它们所提供的互连结构每次都用相同的互连线实现布线。所以这类可编程逻辑器件的延时特性常常可以从数据手册上直接查到，而不需通过设计软件来确定。统计型的器件主要是现场可编程门阵列（FPGA）。FPGA 的设计软件每次完成相同的功能却给出不同的布线结果，所以称为统计型的结构。因此，在电路设计时必须允许设计者限制功能中关键路径的时序变化，确保它们不超出系统的技术要求。

2. 从可编程特性上分类

目前为用户提供的编程手段主要有 4 种：
① 一次编程熔丝或逆熔丝；
② EPROM 结构，即紫外线擦除可编程存储单元（UVEPROM）采用紫外线互补金属氧化半导体（UVCMOS）；
③ 电擦除和再编程存储单元，一类是 EEPROM，为电擦除式互补金属氧化半导体（EECMOS），另一类是结构与 UVEPROM 类似，但采用电擦除的闪速存储单元（FLASH MEMORY）；
④ 基于静态存储器（SRAM）的编程结构。

所以，根据编程能力可以将它们分为两大类：一类是不可以再编程的，确定型的 PAL 和统计型采用逆熔丝的 FPGA 都是不可再编程的；另一类是可再编程的，确定型的 GAL 和统计型的采用 SRAM 的 FPGA 属于此类。

3. 从器件容量上分类

由于可编程逻辑器件本身结构上和半导体生产工艺的不断改进和提高，器件的密度不断增加，性能亦不断提高，目前可编程逻辑器件的容量已达到百万门以上。从容量上对可编程逻辑器件的分类是将复杂的可编程逻辑器件（CPLD）和现场可编程门阵列（FPGA）统称为高容量可编程逻辑器件（HCPLD）。

4. 从结构的复杂程度上分类

从结构上对可编程逻辑进行分类是最常用的方法，而且各类可编程逻辑器件的开发系统都是针对其结构来设计的，了解和掌握可编程逻辑器件的结构对合理、有效地选用开发软件来设计可编程逻辑器件是很重要的。从结构上将可编程逻辑器件分为 3 类：
① 简单可编程逻辑器件（PLD）；
② 复杂可编程逻辑器件（CPLD）；
③ 可编程门阵列（FPGA）。

2.2 复杂可编程逻辑器件 CPLD

CPLD 是随着半导体工艺的不断完善、用户对器件集成度要求不断提高而发展起来的。1985 年，美国 Altera 公司在 EPROM 和 GAL 器件的基础上，首先推出了可擦除可编程逻辑器件，也就是 EPLD（Erasable PLD），其基本结构与 PAL/GAL 器件相仿，但其集成度要比

GAL 器件高得多。而后 Altera、Atmel、Xilinx 等公司不断推出新的 EPLD 产品,它们的工艺不尽相同,结构不断改进,形成了一个庞大的群体。但是从广义来讲,可擦除可编程逻辑器件(EPLD)可以包括 GAL、EEPROM、FPGA、isp EPLD 等器件。

以前,一般把器件的可用门数超过 500 门的 PLD 称为 EPLD。近年来,由于器件的密度越来越大,许多公司把原来称为 EPLD 的产品都称为 CPLD。现在一般把所有超过某一集成度的 PLD 器件都称为 CPLD,如图 2-1 所示。

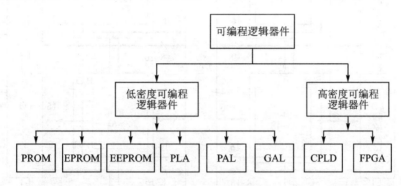

图 2-1 PLD 密度分类

当前 CPLD 的规模已从取代 PAL 和 GAL 的 500 门以下的芯片系列,发展到 5 000 门以上,现已有上百万门的 CPLD 芯片系列。随着工艺水平的提高,在增加器件容量的同时,为提高芯片的利用率和工作频率。CPLD 从内部结构上作了许多改进,出现了许多不同的形式,功能更加齐全,应用不断扩展。

CPLD 器件的生产厂家众多,各厂家的制造工艺和集成规模有较大差异,器件的结构也不尽相同。在此,仅以目前比较流行的且具有一定典型性的 Altera 公司生产的 MAX7000 系列器件为例,介绍 CPLD 的结构和工作原理。

2.2.1 MAX7000 系列器件的基本结构

MAX 7000 系列器件是 Altera 公司销售量最大的产品,采用多阵列矩阵 MAX(Multiple Array Matrix)结构,属于高性能、高密度的 CPLD。其结构示意图如图 2-2 所示。从整体结构上看,主要由 2~16 个逻辑阵列块 LAB(Logic Array Block)、2~16 个 I/O 控制模块和一个可编程互连阵列 PIA(Programmable Interconnect Array)3 部分组成。

每个 LAB 由 16 个宏单元组成,每个宏单元含有一个可编程的与阵列和固定的或阵列,以及一个可配置寄存器。每个宏单元共享扩展乘积项和高速并联扩展乘积项,它们可向每个宏单元提供最多 32 个乘积项,以构成复杂的逻辑函数。

多个 LAB 通过可编程连线阵列(PIA)和全局总线连接在一起。PIA 可以将器件中的任何一个信号源连接到任何一个目的地,起到了全局总线的作用。它包括了从所有的专用输入、

第 2 章 可编程逻辑器件基础

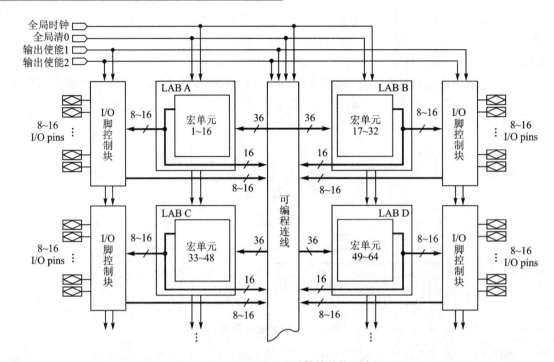

图 2-2 MAX 7000 系列器件结构示意图

I/O 引脚和逻辑宏单元引入的信号。其中,专用输入包括 4 个,为所有 I/O 引脚和逻辑宏单元提供全局、高速控制信号,即全局时钟、全局清 0 和两个使能控制信号;每个 I/O 引脚通过 I/O 控制模块直接引入到 PIA 的一个信号通道;PIA 布线到逻辑宏单元的 36 个通用逻辑输入信号通道,以及每个逻辑宏单元输出引入到 PIA 的一个信号通道。

I/O 控制模块是 I/O 引脚与 LAB 及 PIA 之间进行信息交互的桥梁。所有 I/O 引脚都有一个三态缓冲器,通过对三态缓冲器使能控制端的选择,I/O 控制模块允许每个 I/O 引脚单独被配置为输入、输出或双向工作方式。

MAX 7000 系列包含 600～5 000 个可用门、32～256 个宏单元、44～208 个用户 I/O 引脚、引脚到引脚最短延迟为 5.0 ns,计数器最高工作频率可达 178.6 MHz。其产品系列如表 2-1 所列。

表 2-1 MAX 7000 系列产品一览表

特　性	EPM7032	EPM7064	EPM7096	EPM7128	EPM7160E	EPM7192	EPM7256
可用的门	600	1250	1800	2500	3200	3750	5000
宏单元	32	64	96	128	160	192	256
逻辑阵列块(LAB)	2	4	6	8	10	12	16
用户 I/O 引脚	36	68	76	100	104	124	164
最大全局时钟频率/MHz	151.5	178.6	125	151.5	151.5	125	125

2.2.2 MAX7000 系列器件的逻辑宏单元结构

MAX7000 系列器件的逻辑宏单元是器件实现逻辑功能的主体,由 3 个功能块组成:逻辑阵列、乘积项选择矩阵和可编程寄存器。每一个宏单元可以被单独地配置为时序逻辑或组合逻辑工作方式。MAX7000 系列器件的逻辑宏单元结构如图 2-3 所示。下面分别介绍 3 个功能模块。

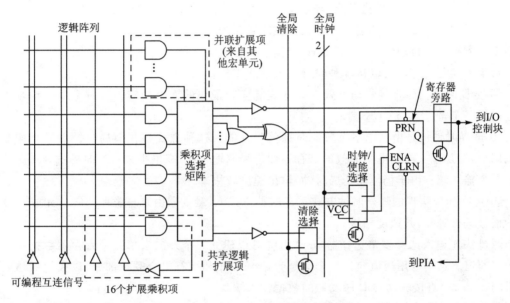

图 2-3 MAX7000 系列器件的逻辑宏单元结构

(1) 逻辑阵列功能模块

逻辑阵列实现组合逻辑功能,可给每个宏单元提供 5 个乘积项;乘积项选择矩阵分配这些乘积项作为主要逻辑输入,以实现组合逻辑函数。每个宏单元上都有一个乘积项可以反相,再回送到逻辑阵列,这个乘积项能够连到同一个 LAB 中任何其他乘积项上。

每个宏单元中有一个共享扩展乘积项经非门后反馈到逻辑阵列中,宏单元中还存在并行扩展乘积项,从邻近宏单元借位而来。

由于宏单元中只有 5 个乘积项,要实现多于 5 个乘积项的逻辑函数时,就需要扩展乘积项。扩展乘积项是利用可编程开关将一些宏单元中没有使用的乘积项提供给邻近的宏单元使用,可以提高资源的利用率,MAX 7000 系列最多可扩展 20 个乘积项。需要注意的是,使用并联扩展乘积项会引入传输延时,而且借用的级数越多,相应的传输延时也会成倍增加。

(2) 乘积项选择矩阵功能模块

每一个逻辑宏单元内部都有一个乘积项选择矩阵,它接收来自逻辑阵列传送给本逻辑宏单元的 5 个乘积项、本逻辑宏单元可以使用的最多 16 个共享乘积项以及可以使用的最多 15 个并联扩展乘积项。这些乘积项经过选择后,一部分乘积项传送到或门的输入,形成组合逻辑函数的输出;一部分乘积项作为控制信号,传送到可编程寄存器功能模块,作为寄存器的置位、复位、时钟和时钟使能信号。

(3) 可编程寄存器功能模块

可编程寄存器功能模块主要由可编程配置寄存器和时钟选择多路选择器、快速输入选择多路选择器、复位选择多路选择器、寄存器旁路选择多路选择器等组成。

宏单元中的可配置寄存器可以单独地被配置为带有可编程时钟控制的 D、T、JK 或 SR 触发器工作方式,也可以将寄存器旁路掉,以实现组合逻辑工作方式。

每个可编程寄存器可以按 3 种时钟输入模式工作:

① 全局时钟信号直接驱动方式。该方式能实现最快的输出响应。这时全局时钟输入直接连向每一个寄存器的 CLK 端。

② 全局时钟信号由高电平有效的时钟信号使能。这种方式是在全局时钟信号直接驱动的基础上,增加了一个高电平有效的寄存器使能控制输入端,高电平来自于时钟选择多路选择器的一个输入端。由于仍使用全局时钟,输出速度较快。

③ 用乘积项实现的阵列时钟方式。在这种方式下,触发器由来自隐埋的宏单元或 I/O 引脚的信号进行钟控,其速度稍慢。

通过快速输入选择多路选择器,I/O 引脚可以建立一个连向宏单元中寄存器数据输入端的快速通道。这一专用通道允许一个信号旁路掉 PIA 和所有组合逻辑部分,以极快的输入建立时间(2.5 ns)直接驱动到 D 触发器的数据输入端。

每个寄存器都支持异步复位和异步置位功能。通过复位选择多路选择器可选择全局清 0 或者是宏单元中的一个乘积项作为宏单元中寄存器的异步复位信号。宏单元中的一个乘积项也作为宏单元中寄存器的异步置位信号。虽然乘积项驱动寄存器的置位和复位信号是高电平有效,但在逻辑阵列中将信号取反可得到低电平有效的效果。此外,每一个寄存器的复位端可以由低电平有效的全局复位专用引脚信号来驱动。

2.2.3 MAX7000 系列器件的 PIA

PIA 的作用是在 LAB 之间以及 LAB 和 I/O 单元之间提供互连网络。各 LAB 通过 PIA 接收来自专用输入或输出端的信号,并将宏单元处理后的信号反馈到其需要到达的 I/O 单元或其他宏单元。只有每个 LAB 需要的信号才布置从 PIA 到该 LAB 的连线。由图 2-4 可看出 PIA 信号布线到 LAB 的方式。图 2-4 中通过 EEPROM 单元控制与门的一个输入端,以选择驱动 LAB 的 PIA 信号。由于 MAX7000 的 PIA 有固定的延时,能够消除信号之间的时间偏移,使得整个器件的时间性能容易预测。

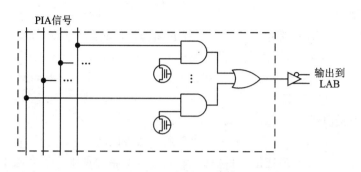

图 2-4　PIA 布线到 LAB 的方式

2.2.4　MAX7000 系列器件的 I/O 控制模块

I/O 控制块有两个全局输出使能信号,允许把每个 I/O 引脚单独地配置为输入、输出和双向工作方式。所有 I/O 引脚都有一个三态缓冲器,缓冲器的使能控制端可以由全局输出使能信号控制,也可以把控制端直接连到地(GND)或电源(VCC)上。图 2-5 所示出了 MAX7000 系列器件的 I/O 控制模块的工作原理。

当控制端接地(GND)时,缓冲器输出为高阻状态,这时 I/O 引脚可作为专用输入引脚使用;当控制端接电源(VCC)时,可作为输出引脚使用;当三态缓冲器的使能控制端接全局输出使能 1 或输出使能 2 时,三态缓冲器的状态由全局使能信号决定。

MAX7000 结构提供双 I/O 反馈,其宏单元和 I/O 引脚的反馈是独立的。当 I/O 引脚被配置成输入引脚时,与其相连的宏单元可以作为隐埋逻辑使用。

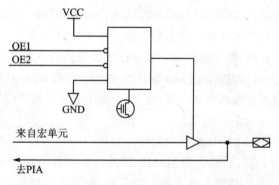

图 2-5　MAX7000 系列 I/O 控制模块

另外,MAX7000 器件还具有下面的特点:

(1) 可编程速度/功率控制

MAX7000 器件提供节省功率的工作模式,可使用户定义的信号路径或整个器件工作在低功耗状态。由于许多逻辑应用的所有门中只有小部分工作在高频率,所以在这种模式下工作,可使整个器件总功耗下降到原来的 50% 或更低。

设计者可以对器件中的每个独立的宏单元编程为高速(接通)或者低速(关闭),这样可使设计中影响速度的关键路径工作在高速、高功耗状态,而器件的其他部分仍工作于低速、低功耗状态,从而降低整个器件的功耗。

第 2 章　可编程逻辑器件基础

(2) 设计加密

所有 MAX 7000 CPLD 都包含一个可编程的保密位,该保密位控制能否读出器件内的配置数据。当保密位被编程时,器件内的设计不能被复制和读出。由于在 EEPROM 内的编程数据是看不见的,故利用保密位可实现高级的设计保密。当 CPLD 被擦除时,保密位则和所有其他的编程数据一起被擦除。

(3) 在系统编程(ISP)

MAX 7000A、MAX 7000S 系列芯片支持在系统编程的功能,支持 JTAG 边界扫描测试的功能。只要通过一根下载电缆连接到目标板上,就可以非常方便地实现多次重复编程,大大方便了调试电路的工作。

2.3　现场可编程门阵列 FPGA

除 CPLD 外,FPGA 是另一大类高密度 PLD 器件。FPGA 器件具有下列优点:高密度、高速率、系列化、标准化、小型化、多功能、低功耗、低成本,设计灵活方便,可无限次反复编程,并可现场模拟调试验证。使用 FPGA 器件,一般可在几天到几周内完成一个电子系统的设计和制作,可以缩短研制周期,达到快速上市和进一步降低成本的要求。据统计,1993 年 FPGA 的用量已占据整个可编程逻辑器件产量的 30%,并在逐年提高。FPGA 在计算机、数字仪表、图像处理、数字通信等领域早已成为热门的 ASIC 产品,具有十分广阔的发展前景。

目前提供 FPGA 器件的主要厂家有 Altera、Xilinx 等,它们采用的结构体系、处理工艺和编程方法都有所不同,本节以 Altera 公司的 FLEX10K 系列器件为列,介绍 FPGA 的基本结构和工作原理。

FLEX 10K 系列的特点包括:

① 高密度,典型门数达 10 000~250 000,逻辑单元数为 576~12 160。

② 功能更强大的 I/O 引脚,每一个引脚都是独立的三态门结构,具有可编程的速率控制。

③ 嵌入式阵列块(EAB),每个 EAB 提供 2 K 比特位,可用来作存储器使用或者用来实现逻辑功能。

④ 逻辑单元采用查找表(LUT)结构。

⑤ 采用连续式的快速通道(Fast Track)互连,可精确预测信号在器件内部的延时。

⑥ 实现快速加法器和计数器的专用进位链。

⑦ 实现高速、多输入逻辑函数的专用级联链。

2.3.1　FLEX10K 系列器件的基本工作原理

前面介绍的 CPLD 是基于乘积项的可编程逻辑结构,即由可编程的与阵列和固定的或阵列组成。而本节将要介绍的 FPGA,使用了另一种可编程逻辑的形成方式,即可编程的查找表

LUT(Look-Up-Table)结构,LUT 是可编程的最小逻辑构成单元。大部分 FPGA 采用 SRAM(静态随机存储器)的查找表逻辑形成结构,就是用 SRAM 来构成逻辑函数发生器。一个 N 输入 LUT 可以实现 N 个输入变量的任何逻辑功能,如 N 输入与、N 输入异或等。图 2-6 是 4 输入 LUT,其内部结构如图 2-7 所示。由结构图可知,4 输入查找表 LUT 由 15 个 2 选 1 多路选择器和一个 16×1 的 SRAM 存储体构成,输入逻辑变量 A、B、C、D 是作为多路选择器的控制信号,逻辑函数的输出就是最后一个多路选择器的输出。我们知道,任何 4 变量逻辑函数都可以表示为唯一的一个 16 行逻辑真值表,每一行对应一组逻辑变量的取值及其对应的函数输出。LUT 就是利用输入变量 A、B、C、D 为函数,输出和它对应的函数值之间建立一条通道,16×1 SRAM 存储体中的每一位恰恰存储的就是对应逻辑函数的输出值。由 LUT 构成函数时,只需将真值表中逻辑函数输出存储到 SRAM 存储体的对应位,将哪一位输出是由逻辑变量 A、B、C、D 决定的。显然,N 输入的查找表,需要 SRAM 存储 N 输入形 2^N 位逻辑函数输出,因此需要用 2^N 位的 SRAM 单元。

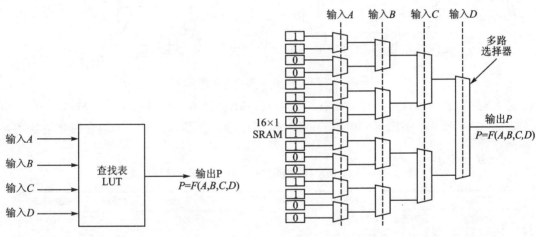

图 2-6 4 输入查找表框图　　　　图 2-7 4 输入查找表原理图

由 LUT 的结构容易发现,当利用 N 输入查找表去实现 $N-1$ 输入逻辑函数时,几乎一半资源处于闲置状态,所以 N 不可能很大,否则 LUT 的利用率很低;当利用 N 输入查找表实现输入多于 N 的逻辑函数时,必须使用几个 N 输入查找表实现。

2.3.2　FLEX10K 系列器件的基本结构

FLEX10K 主要由嵌入式阵列块(EAB)、逻辑阵列块(LAB)、输入/输出单元 IOE(I/O Element)以及行、列快速互连通道连线(Fast Track)4 部分组成。其中,每一个 LAB 又由 8 个相邻的逻辑单元 LE(Logic Element)和局部互连(Local Interconnect)组成。其结构如图 2-8 所示。

第2章 可编程逻辑器件基础

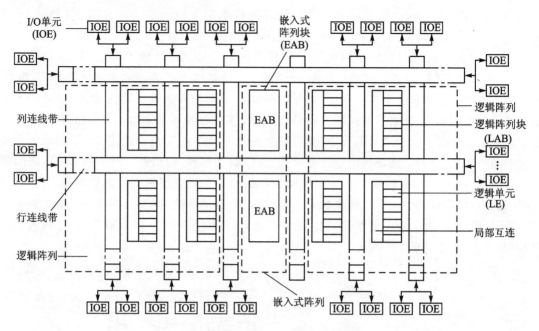

图 2-8 FLEX10K 系列器件结构框图

FLEX10K 系列器件最多可以拥有 1 520 个 LAB、12 160 个 LE、20 个 EAB、470 I/O 引脚。表 2-1 列出了部分 FLEX10K 系列器件的特性参数供读者参考。下面分别介绍各主要功能模块。

表 2-2 FLEX10K (EPF10K10~10K100)器件特性参数

特 性	10K10	10K20	10K30	10K40	10K50	10K70	10K100
典型门	10 k	20 k	30 k	40 k	50 k	70 k	100 k
可用门/千个	7~31	15~63	22~69	29~93	36~116	46~118	62~158
逻辑单元	576	1 152	1 728	2 304	2 880	3 744	4 992
RAM(位)	6 144	12 288	12 288	16 384	20 480	18 432	24 576
触发器	720	1 344	1 968	2 576	3 184	4 096	5 392
最大用户 I/O	150	198	246	278	310	358	406

(1) 逻辑阵列 LAB

每个逻辑阵列块 LAB 由 8 个相邻的逻辑单元 LE,以及与相邻的 LAB 相连的进位链和级联链、LAB 控制信号、LAB 局部互连通道等组成。如图 2-9 所示。

(2) 逻辑单元 LE

LE 是 FLEX10K 结构里的最小逻辑单位,它很紧凑,能有效地实现逻辑功能。每个 LE 含有一个 4 输入的组合逻辑函数的查找表 LUT(Look Up Table)、一个可编程的具有同步使

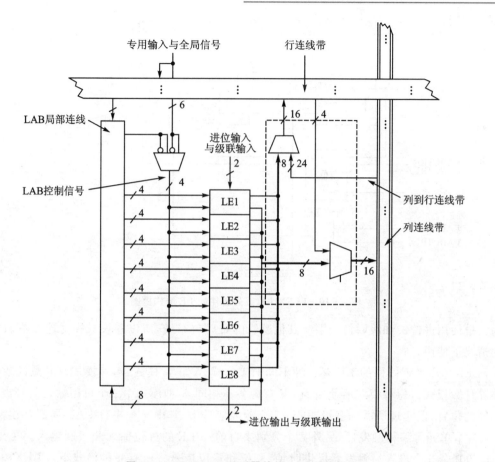

图 2-9 FLEX10K 系列器件的 LAB 结构框图

能的寄存器和一个进位链、一个级联链,如图 2-10 所示。LUT 是一种函数发生器,它能快速计算 4 个变量的任意函数。每个 LE 可驱动局部的以及快速通道的互连。

LE 中的可编程触发器可设置成 D、T、JK 或 RS 触发器。触发器的时钟、清除和置位控制信号可由专用的输入引脚、通用 I/O 引脚或任何内部逻辑驱动。对于纯组合逻辑,可将触发器旁路,使 LUT 的输出直接到驱动 LE 的输出。

LE 有两个驱动互连通道的输出引脚:一个驱动局部互连通道,另外一个驱动行或列快速互连通道。这两个输出可被独立控制。例如,LUT 可以驱动一个输出,寄存器驱动另一输出。这一特征被称为寄存器填充,因为寄存器和 LUT 可被用于不同的逻辑功能,所以能提高 LE 的利用率。

FLEX10K 的结构提供两条专用高速通路,即进位链和级联链,它们连接相邻的 LE 但不占用通用互连通路。进位链支持高速计数器和加法器;级联链可在最小延时的情况下实现多输入逻辑函数。级联链和进位链可以连接同一 LAB 中的所有 LE 和同一行中的所有 LAB。

第 2 章 可编程逻辑器件基础

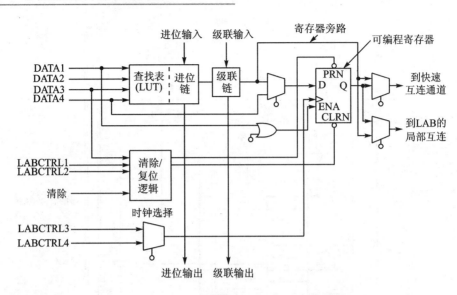

图 2-10 FLEX10K 系列器件的 LE 结构框图

因为大量使用进位链和级联链会限制其他逻辑的布局与布线，所以建议只在对速度有较高要求的情况下使用。

FLEX10K 系列器件的 LE 有 4 种不同的工作模式：正常模式、运算模式、加/减计数模式和清除计数模式。每种模式所使用的 LE 资源各不相同，4 种模式中 7 个可用输入信号被连接到不同的位置，以实现所需的逻辑功能。7 个输入信号中，其中 4 个来自 LAB 局部互连输入，1 个来自本单元可编程触发器，另外 2 个分别来自前一 LE 的进位输入和级联输入。另外，加到 LE 的其余 3 个输入为触发器提供时钟、复位和置位信号。所有 4 种模式下，FLEX10K 结构还为触发器提供了一个同步时钟使能控制端，以利于实现同步设计。

(3) 嵌入式阵列块 EAB

FLEX10K 中的嵌入式阵列是由一系列 EAB 构成的。嵌入式阵列即可实现逻辑功能又可实现存储功能。嵌入阵列块 EAB 由 RAM/ROM 和相关的输入、输出寄存器构成，它可以实现大容量的片内存储器，也可以编程作为复杂逻辑功能查找表，实现乘法器、微控制器、状态机等复杂的逻辑功能。在 FLEX10K 结构中，LAB、EAB 排出行和列，构成二维逻辑阵列，内部信号的互连是通过行、列快速互连通道和 LAB、EAB 内部的局部互连通道实现的。EAB 结构如图 2-11 所示。

EAB 的数据输入线、地址线、读/写控制线、时钟脉冲等输入信号，可采用来自专用输入、全局信号或 LAB 局部互联内部信号中的任何一个进行驱动。由于 LE 可以驱动 EAB 的局部互连通道，因此 LE 可以控制 EAB 的写操作和时钟信号。

当作为 RAM 使用时，每一块 EAB 可以被配置成 $2\,048\times 1$ bit，$1\,024\times 2$ bit，512×4 bit，

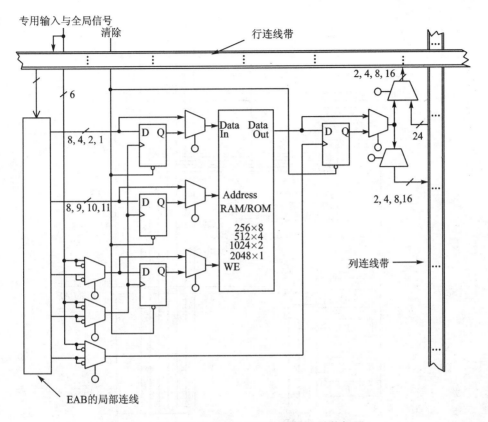

图 2-11　FLEX10K 系列器件的 EAB 结构框图

256×8 bit 等结构体形式，如果需要更大的存储体，可以采用多块 EAB 级联的形式。必要的话，甚至可以将器件中的所有 EBA 块组合成一块 RAM 存储体。

（4）行、列快速互联通道(Fast Track)

在 FLEX10K 中，不同 LAB 中的 LE 之间及 LE 与器件 I/O 引脚之间的互连是通过 Fast Track 实现的。Fast Track 是贯穿整个器件长和宽的一系列水平和垂直的连续式布线通道，由若干组行连线和列连线组成。每一组行连线视器件大小不同可以有 144 根、216 根或 312 根，每一组列连线均是 24 根。

FLEX10K 器件内部的 LAB 排列成很多行与列，组成一个矩阵。每行 LAB 有一个专用的"行连线带"，"行连线带"由上百条"行通道"组成，这些通道水平地贯通整个器件，它们承载进、出这一行中 LAB 的信号。行连线带可以驱动 I/O 引脚或馈送到器件中的其他 LAB。

"列连线带"由 24 条"列通道"组成。LAB 中的每个 LE 最多可驱动两条独立的列通道，一个 LAB 可驱动 16 条列通道。列通道垂直地贯通整个器件，不同行中的 LAB 借助局部的多路选择器共享这些资源。图 2-12 所示为 LAB 与行、列连线的关系。

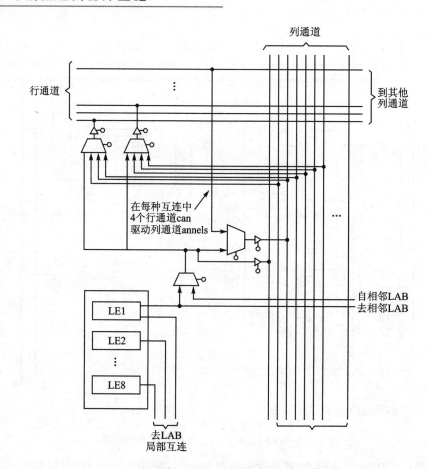

图 2-12　LAB 到行或列互连

(5) 输入/输出单元(IOE)

FLEX10K 的输入/输出单元(IOE)如图 2-13 所示。每个 IOE 包含一个双向 I/O 缓冲器和一个输入/输出寄存器,可被用作输入/输出或双向引脚。IOE 中的输出缓冲器有可调的输出摆率,可根据需要配置成低噪声或高速度模式。此外每个引脚还可被设置为集电极开路输出方式。

IOE 中的时钟、清除、时钟使能和输出使能由被称作周边控制总线的 I/O 控制信号网络提供。周边控制总线提供多达 12 个周边控制信号,并用高速驱动器使穿越器件的信号偏移最小。这些信号是可配置的,能提供最多 8 个输出使能信号、6 个时钟使能信号、2 个时钟信号和 2 个清 0 信号。每个周边控制信号可被一专用输入引脚驱动,或被特定行中每个 LAB 的第一个 LE 驱动。

如果要求多于 6 个时钟使能或多于 8 个输出使能信号,则可由一个特定的 LE 驱动时钟

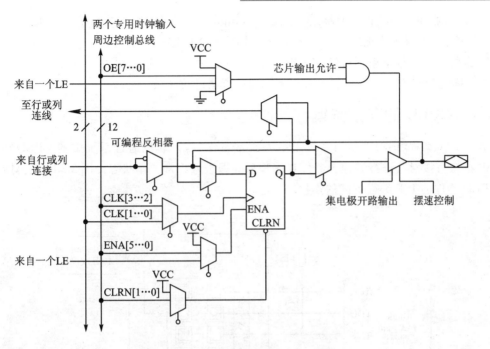

图 2-13 FLEX10K 的输入/输出单元

使能和输出使能信号来实现对器件中每个 IOE 的控制。IOE 中的整片输出使能(Device-Wide Output Disable)引脚是一个低电平有效脚,可被用来使器件上所有引脚变成三态,这一选项可在设计文件中设置。

2.4 可编程逻辑器件的编程与配置

在大规模可编程逻辑器件出现以前,人们在设计数字系统时,把器件焊接在电路板上是设计的最后一个步骤。当设计存在问题并得到解决后,设计者往往不得不重新设计印制电路板。设计周期被无谓地延长了,设计效率也很低。CPLD、FPGA 的出现改变了这一切。现在,人们在逻辑设计时可以一次又一次随心所欲地改变整个电路的硬件逻辑关系,而不必改变电路板的结构。这一切都有赖于 CPLD、FPGA 的在系统下载或重新配置功能。本节主要介绍可编程逻辑器件的编程与配置。

目前常见的大规模可编程逻辑器件的编程和配置工艺有:
- 基于 EEPROM 或 Flash 技术的编程工艺。这种工艺的优点是掉电后编程信息不会丢失,但编程次数有限,编程速度不快。CPLD 一般使用此技术进行编程。
- 基于 SRAM LUT 的编程工艺。这种编程工艺,编程信息是保持在 SRAM 中的,SRAM 在掉电后编程信息立即丢失,在下次上电后,需要重新载入编程信息。因此,

第 2 章 可编程逻辑器件基础

该类器件中的编程一般称之为配置(Configure),可配制的次数几乎是无限的,而且在线时可随时更改配置数据。大部分的 FPGA 采用这种配置方式。

通常将编程数据下载到可编程逻辑芯片的过程,对于 CPLD 来讲称之为编程,而对于 FPGA 来讲称之为配置。下面分别对编程和配置的方法进行介绍。

2.4.1 CPLD 的在系统编程

在系统可编程(ISP)就是当系统上电并正常工作时,计算机通过系统中的 CPLD 所拥有的 ISP 接口直接对其进行编程。器件在编程后立即进入正常工作状态。图 2-14 是 Altera 公司 CPLD 器件的 ISP 编程下载的连接图。

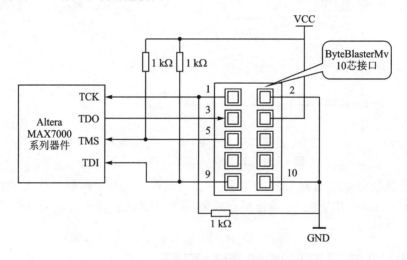

图 2-14 单片 CPLD 编程下载连线图

Altera 公司的 MAC7000、MAX3000 系列 CPLD 是采用 IEEE1149.1 JTAG 接口方式对器件进行在系统编程的,图 2-14 中与 ByteBlaster MV 的 10 芯接口相连的是 TCK、TDO、TMS 和 TDI 这 4 条 JTAG 信号线。JTAG 接口本来是用作边界扫描测试(BST)的,把它用作编程接口不仅可以省去专用的编程接口,减少系统的引出线,而且由于 JTAG 接口已经成为工业标准,用它作为编程接口有利于不同厂商生产的可编程逻辑器件编程接口的统一。事实上,已经产生了 IEEE 编程标准 IEEE1532,对 JTAG 编程方式进行了标准化。

Altera 公司的 ByteBlaster MV 并行下载电缆,将 PC 机的并行接口与需要编程或配置的器件连接起来,在 EDA 工具软件的控制下,就可以对 Altera 公司的多种 CPLD 和 FPGA 进行在线编程或配置。其中 MV(MultiVolt)表示混合电压编程。

由于在系统编程器件是串行编程方式,其特点是各需要编程的芯片共用一套 ISP 编程接口,每片的 TDI 输入端与前一片的 TDO 输出端相连,最前面一片的 TDI 端与最后一片的 TDO 端与 ISP 编程接口相连,构成菊花链结构。因此,采用 JTAG 模式可以对多片 CPLA 或

FPGA 进行在系统编程或配置。利用 ByteBlaster 接口的 JTAG 模式对多片 CPLD 进行编程下载的连线图如图 2-15 所示。

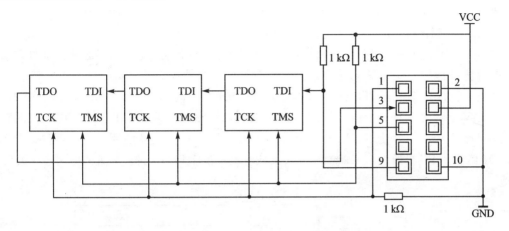

图 2-15 多片 CPLD 编程下载连线图

2.4.2 FPGA 的配置方式

与 CPLD 不同,FPGA 是基于门阵列方式为用户提供可编程资源的,其内部逻辑结构的形成是由配置数据决定的。这些配置数据通过外部控制电路或微处理器加载到 FPGA 内部的 SRAM 中。由于 SRAM 的易失性,每次上电时,都必须对 FPGA 进行重新配置,在不掉电的情况下,这些逻辑结构将会始终被保持,从而完成用户编程所要实现的功能。所以,对于基于 SRAM LUT 结构的 FPGA 器件,没有 ISP 的概念,代之以 ICR(In-Circuit Reconfigurability)在线可配置方式。在利用 FPGA 进行设计时可以利用 FPGA 的 ICR 特性,通过连接 PC 机的下载电缆快速地下载设计文件到 FPGA 进行硬件验证。

FPGA 的配置引脚可分为两类:专用配置引脚和非专用配置引脚。专用配置引脚只有在配置时起作用,而非专用配置引脚在配置完成后则可以作为普通的 I/O 口使用。专用的配置引脚有:配置模式脚 M2、M1、M0;配置时钟 CCLK;配置逻辑异步复位 PROG,启动控制 DONE 及边界扫描 TDI,TDO,TMS,TCK。在不同的配置模式下,配置时钟 CCLK 可由 FPGA 内部产生,也可以由外部控制电路提供。

Altera 公司的 SRAM LUT 结构的器件中,FPGA 可以使用 6 种配置模式,这些模式通过 FPGA 上的模式选择引脚 M2、M1、M0 上设定的电平来决定。一旦设计者选定了 FPGA 系统的配置方式,需要将器件上的 MSEL 引脚设定为固定值,以指示当前所采用的配置方式。这 6 种配置方式是:

    AS   配置(Active Serial Configuration):主动串行配置

    PS   配置(Passive Serial Configuration):被动串行配置

第 2 章 可编程逻辑器件基础

PPS 配置(Passive Parallel Synchronous Configuration)：被动并行同步配置
PPA 配置(Passive Parallel Asynchronous Configuration)：被动并行异步配置
PSA 配置(Passive Serial Asynchronous Configuration)：被动串行异步配置
JTAG 配置(Joint Test Action Group Configuration)：联合检测行动组配置。

JTAG 实际上是一种国际标准测试协议(IEEE1149.1 兼容)，主要用于芯片内部测试及对系统进行仿真、调试。现在多数的高级器件都支持 JTAG 协议。

在这 6 种配置模式中，PS 模式可以利用 PC 机的并行接口或者 USB 接口，通过 ByteBlaster MV 下载电缆对 Altera 公司的 FPGA 器件进行在线可重配置 ICR。当所涉及的数字系统规模比较大时，经常使用多片 FPGA，Altera 公司的 PS 模式支持多片 FPGA 器件的配置。图 2-16 给出了 PC 机通过 ByteBlaster MV 下载电缆对多片 FPGA 进行配置的电路连接关系。

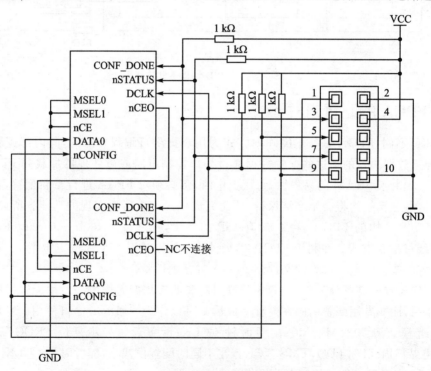

图 2-16 多片 FPGA 芯片配置电路

通过 PC 机对 FPGA 进行 ICR 在系统重配置，虽然在调试时非常方便，但是当数字系统设计完毕需要正式投入使用时，在应用现场不可能在 FPGA 每次加电后用一台 PC 手动进行配置。上电后，自动加载配置对于 FPGA 应用来说是必须的。FPGA 上电自动配置，除了直接使用下载电缆对 FPGA 器件进行配置外，还有许多解决方法，如：使用 EEPROM 配置，使用 MPU 对 FPGA 进行配置，用单片机控制进行配置，用 CPLD 控制配置或用 Flash ROM 对器件进行配置等。

在实际应用中,单片机控制配置 FPGA,对于保密和升级,以及实现多任务电路结构重配置和降低配置成本,都是很好的选择。配置方式 PS、PPS、PPA 均可以用单片机控制配置。下面以配置 FLEX10K 为例,简介用单片机配置 FPGA 的过程。

用单片机配置 FPGA 器件,关键在于产生合适的时序。图 2-17 就是一个典型的应用示例。图中的单片机采用常见的 AT89C52,配置模式选为 PS 模式。

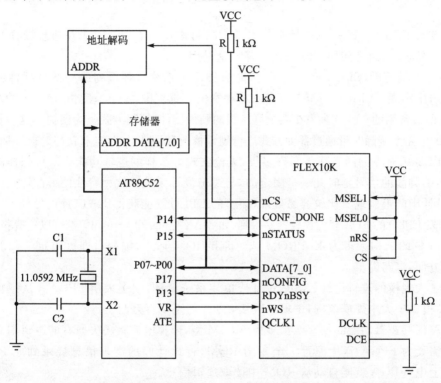

图 2-17　用单片机 AT89C52 配置 FLEX10K 器件

当然,使用单片机进行配置也有一定的缺点:① 速度慢,不适用于大规模 FPGA 和高可靠性的应用;② 容量小,单片机引脚少,不适合接大的 ROM 以及存储较大的配置文件;③ 体积大,成本和功耗都不利于相关的设计。因此,选用 CPLD 取代单片机来配置 FPGA 将是一个好的选择,原来单片机中的配置控制程序可以用状态机来取代,从而有效地克服了上面的不足。

利用单片机或 CPLD 对 FPGA 进行配置,除了可以取代昂贵的专用 OPT 配置 ROM 外,还有许多其他实际应用。如可对多家厂商的单片机进行仿真的仿真器设计、多功能虚拟仪器设计、多任务通信设备设计或 EDA 实验系统设计等。方法是在图 2-16 中的 ROM 内按不同地址放置多个针对不同功能要求设计好的 FPGA 的配置文件,然后由单片机接受不同的命令,以选择不同的地址控制,从而使所需要的配置文件下载于 FPGA 中。这就是"多任务电路结构重配置"技术,这种设计方式可以极大地提高电路系统的硬件功能灵活性。因为从表面上看,同一电路系统没有发生任何外在结构上的改变,但通过来自外部不同的命令信号,系统内部将对应的配置信息加载于系统中的 FPGA,电路系统的结构和功能将在瞬间发生巨大的改变,从而使单一电路系统具备许多不同电路的功能。

2.5 CPLD 和 FPGA 的应用选择

设计者对 FPGA/CPLD 的选择主要看开发项目本身的需要。对于普通规模而且产量不是很大的产品项目,通常使用 CPLD 比较好。这是因为:

① 中小规模范围,CPLD 价格较便宜,能直接用于系统。各系列的 CPLD 器件的逻辑规模覆盖面居中小规模(1 000 门至 5 万门),有很宽的可选范围,上市速度快,市场风险小。

② 目前最常用的 CPLD 多为在系统可编程的硬件器件,编程方式极为便捷。这一优势能保证所设计的电路系统随时可通过各种方式进行硬件修改和硬件升级,且有良好的器件加密功能。

③ CPLD 中有专门的布线区和许多块,无论实现什么样的逻辑功能或采用怎样的布线方式,引脚至引脚间的信号延时几乎是固定的,与逻辑设计无关。这种特性使得设计调试比较简单,逻辑设计中的毛刺现象比较容易处理,廉价的 CPLD 就能获得比较高速的性能。

④ 开发 CPLD 的 EDA 软件比较容易得到,如 MAX+plus、Quartus Ⅱ等都可以免费获得。

⑤ CPLD 的结构大多为 EEPROM 或 Flash ROM 形式,编程后即可固定下载的逻辑功能。使用方便,电路简单。

而对于大规模的逻辑设计、ASIC 设计或单片系统设计,则多采用 FPGA。从逻辑规模上讲,FPGA 覆盖了大中规模范围,逻辑门数从 5 000 门至 2 百万门。

FPGA 保存逻辑功能的物理结构多为 SRAM 型,即掉电后将丢失原有的逻辑信息。所以在使用中需要为 FPGA 芯片配置一个专用 ROM,将设计好的逻辑信息烧录到此 ROM 中。电路一旦上电,FPGA 就能自动从 ROM 中读取逻辑信息。

习 题

2.1 简述 PLD 的基本类型和 PLD 的分类方法。

2.2 CPLD 的英文全称是什么?CPLD 的结构主要由哪几部分组成?每一部分的作用如何?

2.3 FPGA 的英文全称是什么?FPGA 的结构主要由哪几部分组成?每一部分的作用如何?

2.4 大规模可编程逻辑器件的编程和配置有何区别?

2.5 什么是 FPGA 的配置模式?FPGA 器件有哪几种配置模式?

2.6 设计者根据什么来对 FPGA/CPLD 进行选择利用?

第 3 章

VHDL 编程基础

VHDL(Very-High-Speed Integrated Circuit Hardware Description Language),即超高速集成电路硬件描述语言,是电子设计的主流硬件描述语言。本章通过实例讲述硬件描述语言的基本结构和语法基础知识,主要包括 VHDL 程序的基本结构和 VHDL 的文字规则、数据对象、数据类型、操作数、操作符等语言要素。上述内容从多侧面描述了电子系统的硬件结构和基本逻辑功能,是电子系统 EDA 设计的基础。

3.1 硬件描述语言 VHDL 简介

VHDL 是 EDA 技术的重要组成部分,诞生于 1982 年。1987 年年底,VHDL 被 IEEE(The Institute of Electrical and Electronics Engineers)和美国国防部确认为标准硬件描述语言。自 IEEE 公布了 VHDL 的标准版本(IEEE—1076)之后,各 EDA 公司相继推出了自己的 VHDL 设计环境,或宣布自己的设计工具可以和 VHDL 接口。此后 VHDL 在电子设计领域被广泛接受,并逐步取代了原有的非标准硬件描述语言。1993 年,IEEE 对 VHDL 进行了修订,从更高的抽象层次和系统描述能力上扩展 VHDL 的内容,公布了新版本的 VHDL,即 IEEE 标准的 1076—1993 版本。现在,VHDL 和 Verilog 作为 IEEE 的工业标准硬件语言,得到众多 EDA 公司的支持,在电子工程领域,已成为事实上的通用描述语言。有专家认为,在新的世纪中,VHDL 与 Verilog 语言将承担起几乎全部数字系统的设计任务。

VHDL 主要用于描述数字系统的结构、行为、功能和接口。除了含有许多具有硬件特征的语句外,VHDL 的语言形式和描述风格与句法十分类似于一般的计算机高级语言。VHDL 的程序结构特点是将一项工程设计,或称设计实体(可以是一个元件、一个电路模块或一个系统)分成外部(或称可视部分,即端口)和内部(或称不可视部分),内部即设计实体的内部功能和算法完成部分。在对一个设计实体定义了外部界面后,一旦其内部开发完成后,其他的设计就可以直接调用这个实体。这种将设计实体分成内、外部分的概念是 VHDL 系统设计最显著地特征。应用 VHDL 进行工程设计的优点是多方面的,具体如下:

① VHDL 具有更强的行为描述能力。强大的行为描述能力可以使 VHDL 避开器件的具体结构,从逻辑行为上描述和设计大规模电子系统。就目前流行的 EDA 工具和 VHDL 综合

器而言,将基于抽象的行为描述风格的 VHDL 程序综合成为具体的 FPGA 和 CPLD 等目标器件的网表文件已不成问题。

② 具有较强的预测能力。VHDL 具有丰富的仿真语句和库函数,使得在任何大系统的设计早期,就能查验设计系统的功能可行性,随时可对系统进行仿真模拟,从而在设计早期可以就使设计者对整个工程的结构和功能可行性做出判断。

③ 支持团队设计模式。市场对高响应速度大规模数字系统的需求在不断增加,同时激烈的市场竞争要求尽量缩短产品上市时间,这就要求必须有多人甚至多个开发组共同并行工作才能完成设计。VHDL 中设计实体的概念、程序包的概念和设计库的概念为设计的分解和并行工作提供了有利的支持。

④ 自动化程度高。用 VHDL 完成一个确定的设计,可以利用 EDA 工具进行逻辑综合和优化,并自动把 VHDL 描述设计转变成门级网表。这种方式突破了门级设计的瓶颈,极大地减少了电路设计的时间和可能发生的错误,提高了设计效率。利用 EDA 工具的逻辑优化功能,可以自动地把一个综合后的设计变成一个占用资源更少或更高速的电路系统。反过来,设计者还可以容易地从综合和优化的电路获得设计信息,返回去更新修改 VHDL 设计描述,使之更加完善。

⑤ 系统设计与硬件结构无关。VHDL 对设计的描述具有相对独立性。设计者可以不懂硬件的结构,也不必管最终设计的目标器件是什么,而进行独立的设计。正因为如此,VHDL 设计程序的硬件实现目标器件有广阔的选择范围,其中包括各种系列的 CPLD、FPGA 及各种门阵列器件。

⑥ 具有极强的移植能力。由于 VHDL 具有类属描述语句和子程序调用等功能,对于完成的设计,在不改变源程序的条件下,只须改变类属参量或函数,就能轻易地改变设计的规模和结构。

3.2　VHDL 程序基本结构

一个完整的 VHDL 语言程序通常包含实体(Entity)、结构体(Architecture)、配置(Configuration)、程序包(Package)和库(Library)5 个部分。实体用于描述所设计的系统的外接口信号;结构体用于描述系统内部的结构和行为;程序包存放各种设计模块都能共享的数据类型、常数和子程序等;配置用于从库中选取所需单元来组成系统设计的不同版本;库存放已经编译的实体、构造体、程序包和配置。库可由用户生成或由 ASIC 芯片制造商提供,以便于在设计中为大家所共享。本节将通过二选一数据选择器的 VHDL 设计示例,使读者从总体上初步理解 VHDL。

【例 3-1】 二选一数据选择器的器件图如图 3-1 所示:a,b 为输入端,s 为选择信号输入端,y 为输出端。若 s=0 则 y=a;若 s=1 则 y=b。

二选一数据选择器的 VHDL 程序如下:

```
LIBRARY IEEE;
USE IEEE.STD_LOGIC_1164.ALL;
ENTITY mux21 IS
PORT( a,b : IN STD_LOGIC;
      s : IN STD_LOGIC;
      y : OUT STD_LOGIC);
END mux21;
ARCHITECTURE one OF 21mux IS
BEGIN
    Y< = a   WHEN s = '0'   ELSE
         b
END ARCHITECTURE one;
```

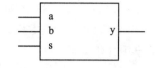

图 3-1　二选一数据选择器器件图

此电路的 VHDL 描述是首先打开项目设计所用到的库和程序包,然后由实体说明界面端口,由结构体完成该设计实体的功能描述。

3.2.1　库、程序包

库和程序包是 VHDL 的设计共享资源,一些共用的、经过验证的模块放在程序包中,实现代码重用。一个或多个程序包可以预编译到一个库中,使用起来更为方便。使用库和程序包的一般定义表达式如下:

LIBRARY 　<设计库名>；
USE 　<设计库名>.<程序包名>.ALL；

(1) 库(LIBRARY)

库是经编译后的数据的集合,用来存放程序包定义、实体定义、结构体定义和配置定义,使设计者可以共享已经编译过的设计结果。在 VHDL 语言中,库的说明总是放在设计单元的最前面,成为这项设计的最高层次的设计单元。

LIBRARY 指明所使用的库名,这样一来,在设计单元内的语句就可以使用库中的数据,本设计中,打开的是 IEEE 库。VHDL 语言允许存在多个不同的库,但各个库之间是彼此独立的,不能互相嵌套。

(2) 程序包(PACKAGE)

程序包说明像 C 语言中的 include 语句一样,用来罗列 VHDL 语言中所要用到的常数定义、数据类型、函数定义等,是一个可编译的设计单元,也是库结构中的一个层次。要使用程序包时可用 USE 语句说明,指明库中的程序包。例如:

USE　IEEE.STD_LOGIC_1164.ALL；

表明打开 IEEE 库中的 STD_LOGIC_1164 程序包,并使程序包中所有的公共资源对于本

第 3 章 VHDL 编程基础

语句后面的 VHDL 设计实体程序全部开放,即该语句后的程序可任意使用程序包中的公共资源。这里用到了关键词"ALL",代表程序包中的所有资源。

库语句必须与 USE 语句同用。一旦说明了库和程序包,整个设计实体都可以进入访问或调用,但其作用范围仅限于所说明的设计实体。库和程序包的更多内容将在第 6 章 VHDL 设计共享中详细讲述。

3.2.2 实体(ENTITY)

在 VHDL 中,实体是设计实体的表层设计单元,类似于原理图中的一个部件符号,它可以代表整个系统、1 块电路板、一个芯片或一个门电路。其功能是对这个设计实体与外部电路进行接口描述。实体说明部分规定了设计单元的输入/输出接口信号或引脚,它是设计实体对外的一个通信界面。其具体的格式如下:

ENTITY　实体名　IS
　　　[类属参数说明;]
　　　[端口说明;]
　　END　实体名;

一个基本设计单元的实体说明以"ENTITY　实体名 IS"开始,至"END　实体名"结束。例 3-1 中从"ENTITY mux21 IS"开始,至"END mux21"结束。这里大写字母表示实体说明的框架,即每个实体说明都应这样书写,是不可缺少和省略的部分,小写字母是设计者填写的部分,随设计单元不同而不同。实际上,对 VHDL 而言,大写或小写都一视同仁,不加区分。这里仅仅是为了阅读方便而加以区别的。

(1) 类属参数说明

类属参数说明为设计实体和其外部环境的静态信息提供通道,特别是用来规定端口的大小、实体中子元件的数目、实体的定时特性等。这部分内容将在 6.5 节介绍。

(2) 端口说明

端口说明为设计实体和其外部环境的动态通信提供通道,是对基本设计实体与外部接口的描述,即对外部引脚信号的名称、数据类型和输入/输出方向的描述。其一般格式如下:

PORT(端口名 :方向　数据类型;
　　　　…
　　　　…
　　　端口名 :方向　数据类型);

① 端口名是赋予每个外部引脚的名称,通过用一个或几个英文字母,或用英文字母加数字命名。本例中的外部引脚有 a,b,s,y。

② 端口方向用来定义外部引脚的信号方向是输入还是输出;如本例中 a,b,s 为输入引脚,用方向说明符"IN"说明,而 y 为输出引脚,用方向说明符"OUT"说明。

IEEE1076 标准包中定义了以下常用的端口模式：
　　IN　　　　　输入结构体，只可以读；
　　OUT　　　　输出结构体，只可以写（构造体内部不能再使用）；
　　BUFFER　　 输出结构体（构造体内部可再使用）；
　　INOUT　　　双向，可以读或写。
"OUT"和"BUFFER"都可以定义输出端口，但它们之间是有区别的，如图 3-2 所示。

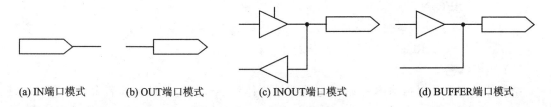

(a) IN端口模式　　(b) OUT端口模式　　(c) INOUT端口模式　　(d) BUFFER端口模式

图 3-2　常用的端口模式

③ 数据类型说明流过该端口的数据类型。

VHDL 语言中的数据类型有多种，但在数字电路的设计中经常用到的有两种，即 BIT 和 BIT_VECTOR（分别等同于 STD_LOGIC 和 STD_LOGIC_VECTOR）。当端口被说明为 BIT 时，该端口的信号取值只能是二进制数 1 和 0，即位逻辑数据类型；而当端口被说明为 BIT_VECTOR 时，该端口的信号是一组二进制的位值，即多位二进制数。

【例 3-2】 2 输入端与非门的实体描述示例。

```
LIBRARY IEEE;
USE IEEE.STD_LOGIC_1164.ALL;
ENTITY nand IS
    PORT(a : IN   STD_LOGIC ;
         b : IN   STD_LOGIC;
         c : OUT  STD_LOGIC);
END nand;
    ...
    ...
```

3.2.3　结构体(ARCHITECTURE)

结构体描述一个基本设计单元的结构或行为，把一个设计的输入和输出之间的关系建立起来。一个设计实体可以有多个结构体，每个结构体对应着实体不同的实现方案，各个结构体的地位是同等的。

结构体对其基本设计单元的输入/输出关系可以用 3 种方式进行描述，即行为描述、寄存器传输描述和结构描述。不同的描述方式，只是体现在描述语句的不同上，而结构体的结构是完全一样的。

由于结构体是对实体功能的具体描述,因此它一般要跟在实体的后面。通常,先编译实体之后才能对结构体进行编译。如果实体需要重新编译,则相应的结构体也应重新进行编译。

结构体分为两部分:结构说明部分和结构语句部分,其具体的描述格式为:

  ARCHITECTURE 结构体名 OF 实体名 IS
   [说明语句]
  BEGIN
   [功能描述语句]
  END ARCHITECTURE 结构体名;

(1) 结构体名

结构体的名称是对结构体的命名,它是该结构体的唯一名称。结构体名由设计者自己选择,但当一个实体具有多个结构体时,结构体的取名不可相重。OF 后面紧跟的是实体名,表明该结构体所对应的是哪一个实体。用 IS 来结束结构体的命名。

(2) 说明语句

说明语句用于对结构体内部使用的信号、常数、数据类型、子程序、元件和函数等进行说明,说明语句不是必需的。结构体的说明语句部分必须放在关键词 ARCHITECTURE 和 BEGIN 之间。

例如:

```
ARCHITECTURE  behav  OF  mux  IS
    SIGNAL   nel :STD_LOGIC;
       …
BEGIN
       …
END   behav;
```

信号定义和端口说明一样,应有信号名和数据类型的说明。因它是内部连接用的信号,故不需有方向的说明。

在一个结构体中说明和定义的数据类型、常数、元件、函数和过程等只能用于这个结构体中。如果希望这些定义也能用于其他的实体或结构体中,则需要将其作为程序包来处理。

(3) 功能描述语句

功能描述语句是结构体实质性的描述。从 BEGIN 开始,由若干个功能描述语句描述模块实现的逻辑功能或操作,功能描述语句是必需的,是结构体的主体。

结构体中包含了 5 类功能描述语句:

- 进程语句,定义顺序语句模块;
- 信号赋值语句,将设计实体内的处理结果向定义的信号或界面端口进行赋值;

- 子程序调用语句,用于调用过程或函数,并将获得的结果赋值于信号;
- 元件例化语句,对其他的设计实体作元件调用说明,并将此元件的端口与其他的元件、信号或高层次实体的界面端口进行连接;
- 块语句,将结构体中的并行语句进行组合,以改善并行语句及其结构的可读性。

图 3-3 给出了结构体内部构造的描述层次和描述内容关系。

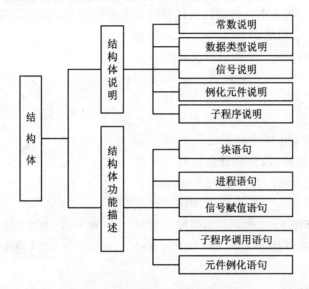

图 3-3 结构体的描述层次及内容

下面的例 3-3 是全加器的完整描述示例。

【例 3-3】 全加器 VHDL 的完整描述。

```
LIBRARY  IEEE;
USE   IEEE.STD_LOGIC_1164.ALL;
ENTITY  adder  IS                    --实体描述
PORT(cnp :  IN STD_LOGIC;
     a,b : IN STD_LOGIC;
     cn  : OUT STD_LOGIC
     s   : OUT STD_LOGIC  );
END  adder;
ARCHITECTURE  one  OF  adder  IS     --结构体描述
    SIGNAL  n1,n2,n3:STD_LOGIC;
BEGIN
    n1 <= a  XOR  b;
    n2 <= a  AND  b;
    n3 <= n2  AND  cnp;
```

```
        S <= cnp XOR n1;
        cn <= n1 OR n2;
    END one;
```

3.2.4 配置(CONFIGURATION)

配置语句是用来为较大的系统设计提供管理和工程组织的。一般用来描述层与层之间的连接关系以及实体与结构之间的连接关系。在分层次的设计中,配置可以用来把特定的设计实体关联到元件实例(COMPONET),或把特定的结构(ARCHITECTURE)关联到一个确定的实体。当一个实体存在多个结构时,可以通过配置语句为其指定一个结构体。如可以利用配置使仿真器为同一实体配置不同的结构体,以使设计者比较不同结构体的仿真差别。或者为例化的各元件实体配置指定的结构体,从而形成一个所希望的例化元件层次构成的设计实体,如图3-4所示。若省略配置语句,则 VHDL 编译器将自动为实体选一个最新编译的结构。

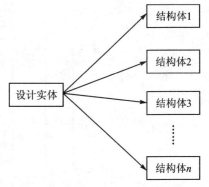

图3-4 配置把特定的结构关联到一个确定的实体

配置的语句结构如下:
```
CONFIGURATION 配置名 OF 实体名 IS
    FOR 为实体选配的构造体名
    END FOR;
END 配置名;
```

若用配置语句指定结构体,则配置语句放在结构体之后进行说明。例如,某一个实体 adder,存在2个结构体 one 和 two 与之对应,则用配置语句进行指定时可利用如下描述:

```
CONFIGURE tt of adder is
    FOR one
    END FOR;
END CONFIGURE tt;
```

在例3-4中,分别给出了描述1位全加器结构体的两种方法,即行为描述和数据流描述方法。该例是在一个1位全加器的设计实体中,同时存在两种不同的逻辑描述方式构成的结构体,然后用配置语句来为特定的结构体需求作配置指定。

【例3-4】 1位全加器中配置语句的使用。

```
LIBRARY IEEE;
USE IEEE.STD_LOGIC_1164.ALL;
ENTITY fulladder_cfg IS
    PORT(a, b, ci: IN STD_LOGIC;
         s, co: OUT STD_LOGIC);
END fulladder_cfg;
ARCHITECTURE behavioral OF fulladder_cfg IS      --1位全加器结构体行为描述
BEGIN
  s <= '1'WHEN (a='0'AND b='1'AND ci='0') ELSE
       '1'WHEN (a='1'AND b='0'AND ci='0') ELSE
       '1'WHEN (a='0'AND b='0'AND ci='1') ELSE
       '1'WHEN (a='1'AND b='1'AND ci='1') ELSE
       '0';
  co <= '1'WHEN (a='1'AND b='1'AND ci='0') ELSE
        '1'WHEN (a='0'AND b='1'AND ci='1') ELSE
        '1'WHEN (a='1'AND b='0'AND ci='1') ELSE
        '1'WHEN (a='1'AND b='1'AND ci='1') ELSE
        '0';
END behavioral;
ARCHITECTURE Dataflow OF fulladder_cfg IS        --1位全加器结构体数据流描述
BEGIN
  s <= a XOR b XOR ci;
  co <= (a AND b) OR (b AND ci) OR (a AND ci);
END Dataflow;
CONFIGURATION first OF fulladder_cfg IS          --结构体的配置
    FOR behavioral
    END FOR;
  END first;
```

本例中,如果没有配置语句部分,则综合器将采用缺省配置。为实体 fulladder 配置的是最后一个编译的结构体,即结构体 Dataflow;而现在加上配置语句部分,为实体配置的结构体是 behavioral,其中配置名 first 是编程者指定的标识符,即配置名。

3.3 VHDL 的语言要素

VHDL 硬件描述语句的基本语言结构要素主要有各类操作数(Operands)、运算操作符(Operator)、数据对象(Data Object,简称 Object)及数据类型(Data Type,简称 Type)。数据对象包括常量(CONSTANT)、变量(VARIABLE)和信号(SIGNAL)3种。

3.3.1 VHDL 文字规则

VHDL 文字主要包括数字和标识符。数字型文字主要有数字型、字符串型和位串型等。

1. 数字型文字

数字型文字有多种表达方式,现列举如下:

(1) 整数文字(十进制数)

如:678, 0,156e2(=15600), 456_23_4287(456234287)

其中,数字间的下划线仅仅是为了提高文字的可读性,相当于一个空的间隔符,没有其他意义,因而不影响文字本身的数值。

(2) 实数文字(十进制数,必须带有小数点)

如:188.83,88_56_238.45(=8856238.45),44.99e−2(=0.4499)。

(3) 以数字基数表示的文字

用这种方式表示的数由五部分组成。第一部分,用十进制数标明数制进位的基数;第二部分,数制隔离符号"#";第三部分,表达的文字;第四部分,指数隔离符号"#";第五部分,用十进制表示的指数部分,这一部分的数如果是 0 可以省去不写。现举例如下:

```
10#170#;            (十进制表示,等于 170)
2#1111_1110#;       (二进制表示,等于 254)
8#376#;             (八进制表示,等于 254)
```

2. 字符串型文字(文字串和数字串)

按字符个数多少分为字符和字符串。

字符是用单引号引起来的 ASCII 字符,可以是数值,也可以是符号或字母,如 'A',' * ','Z'。

字符串是用双引号引起来的一维字符数组,又分文字字符串和数位字符串。

文字字符串,如:"error", " both s and q egual to 1", "x"

数位字符串,也称为位矢量,是预定义的数据类型 BIT 的一维数组,它们所代表的是二进制、八进制或十六进制的数组,其位矢量的长度为等值的二进制数的位数。

其格式为:基数符号"数值"。

其中基数符号有 3 种:

B:二进制基数符号,表示二进制数位 0 或 1,在字符串中每一个位表示一个 BIT。

O:八进制基数符号,在字符串中的每一个数代表一个八进制数,即代表一个 3 位(BIT)的二进制数。

X:十六进制基数符号(0~F),在字符串中的每一位代表一个十六进制数,即代表一个 4 位的二进制数。

如:B"1_1101_1110"　　　二进制数数组,长度为 9
　　O"34"　　　　　　　八进制数数组,长度为 6
　　X"AD0"　　　　　　十六进制数数组,长度为 12

3. 标识符

标识符用来定义常数、变量、信号、端口、子程序或参数的名字。VHDL 的基本标识符的书写规则如下:

- 以英文字母开头;
- 不连续使用下划线"_",且其前后都必须有英文字母或数字;
- 不以下划线"_"结尾;
- 由 26 个大小写英文字母、数字 0~9 及下划线"_"组成的字符串。
- 保留字(关键字)不能用于标识符。

合法标识符:

Decoder_1, FFT, Sig_N, Not_Ack, State0, Idle

不合法标识符:

_Decoder_1　　　起始为非英文字母
2FFT　　　　　　起始为数字
RyY_RST_　　　　标识符的最后不能是下划线"_"
data__BUS　　　　标识符中不能有双下划线
return　　　　　　关键词
Sig_♯N　　　　　符号"♯"不能成为标识符的构成
Not-Ack　　　　　符号"-"不能成为标识符的构成

4. 下标名及下标段名

下标名用于指示数组型变量或信号的某一元素,而下标段名则用于指示数组型变量或信号的某一段元素。其语句格式如下:

数组类型信号名或变量名(表达式　To/Downto)

其中,表达式的数值必须在数组元素下标号范围以内,并且必须是可计算的。To 表示数组下标序列由低到高,如"2 To 8",Downto 表示数组下标序列由高到低,如"8 Downto 2"。

下面是下标名及下标段名使用示例:

```
SIGNAL  A,B : BIT_VECTOR (0 TO 3);
SIGNAL  M   : INTEGER RANGE 0 TO 3;
SIGNAL  Y,Z : BIT;
Y<= A(m);              --不可计算型下标表示
Z<= B(3);              --可计算型下标表示
C(0 TO 3)<= A(4 TO 7); --不可计算型下标表示
```

C(4 TO 7)< = A(0 TO 3);   --不可计算型下标表示

3.3.2 VHDL 数据对象

在 VHDL 中,数据对象类似于一种容器,它接收不同数据类型的赋值。数据对象有 3 种,即常量、变量和信号。

1. 常量

常量的定义和设置主要是为了使设计的实体中的常数容易阅读和修改。例如,将位矢量的宽度定义为一个常数,只要修改这个常数就能容易的改变宽度,从而改变硬件结构。在程序中,常量是一个恒定不变的值,一旦作了数据类型的赋值定义后,在程序中不能再改变,因而具有全局意义。常量的定义形式如下:

CONSTANT 常数名:数据类型:=表达式;

CONSTANT dely:TIME:= 25ns;
CONSTANT Vcc:REAL:= 5.0;
CONSTANT FBUS:BIT_VECTOR:= " 0101";

VHDL 要求所定义的常量数据类型必须与表达式的数据类型一致。

常量定义语句所允许的设计单元有实体、结构体、程序包、块和子程序。在程序包中定义的常量可以暂不设具体数值,它可以在程序包包体中设定。

常量的可视性规则:
● 在程序包中说明的常量被全局化。
● 在实体说明部分的常量可被该实体中的任何结构体引用。
● 在结构体中的常量能被其结构体内部任何语句使用,包括进程语句。
● 在进程说明中说明的常量只能在进程中使用。

2. 变 量

变量是一个局部量,只能在进程和子程序中使用。变量不能将信息带出对它做出定义的当前设计单元,变量的赋值是一种理想化的数据传输,不存在延时行为(仿真过程中共享变量例外)。常量常用在实现某种算法的赋值语句中。

定义变量的语法格式如下:

VARIABLE 变量名:数据类型 :=初始值;

例如:

VARIABLE A:INTEGER;   --定义 A 为整数型变量
VARIABLE B,C:INTEGER:= 2;   --定义 B 和 C 为整数型变量,初始值为 2
VARIABLE d:STD_LOGIC;   --定义标准位变量

变量作为局部量,其使用范围仅限于定义了变量的进程或子程序中。变量的值将随变量赋值语句的运算而改变。变量定义语句中的初始值可以是一个与变量具有相同数据类型的常数值,也可以是一个全局静态表达式,这个表达式的数据类型必须与所赋值变量一致。此初始值不是必需的,综合过程中综合器将略去所有的初始值。

变量数值的改变是通过变量赋值来实现的,其赋值语句的格式如下:

目标变量名:=表达式;

例如:

```
VARIABLE x,y: REAL;
VARIABLE a,b:BIT_VECTOR(0 TO 7);
x:= 100.0;
y:= 1.5 + x;                    --运算表达式赋值
a:= b;
a:= "10100101";                 --位矢量赋值
a(3 TO 6):= ('1','1','0','1',);
a(0 TO 5):= b(2 TO 7);
a(7):= '0';                     --位赋值
```

3. 信　号

信号是电子电路内部硬件连接的抽象,可以将结构体中分离的并行语句连接起来,并能通过端口于其他模块连接。

信号的定义格式如下:

SIGNAL 信号名1,信号名2:数据类型:=初始值

关键词 SIGNAL 后可以跟一个或多个信号名,每一个信号名产生一个新的信号。在信号名之间使用逗号隔开。信号初始值的设置不是必需的,而且初始值仅在 VHDL 的行为仿真中有效。

信号的使用和定义范围是实体、结构体和程序包,但不能在进程和子程序中定义信号。与变量相比,信号的硬件特征更为明显,它具有全局性特性。例如,在程序包中定义的信号,对于所有调用此程序包的设计实体都是可见的;在实体中定义的信号,在其对应的结构体中都是可见的。

除了没有方向以外,信号和实体的端口(PORT)概念是一致的。相对于端口来说,其区别只是输出端口不能读入数据,输入端口不能被赋值。信号可以看成实体内部的端口。反之,实体的端口只是一种隐形的信号,端口的定义实际上是作了隐式的信号定义,并附加了数据流动的方向。信号本身的定义是一种显式的定义,因此,在是实体中定义的端口,在其结构体中都可以看成是一个信号,并加以使用而不必另作定义。

以下是信号定义的示例:

第3章 VHDL 编程基础

```
SIGNAL INIT;BIT_VECTOE(7 downto 0);    定义信号 INIT 是位矢量
SIGNAL c:INTEGER RANGE 0 to 15;        定义信号 c 的数据类型是整数类型,整数范围 0～15
SIGNAL y,x:REAL;                       定义信号 y、x 数据类型为实数
```

在进程中,只能将信号列入敏感表,不能将变量列入敏感表,这是因为只有信号才能把进程外的东西带入进程内。可见进程只对信号敏感,而对变量不敏感。

信号作为一种数值容器不但能容纳当前值,还能容纳历史值。这一点与触发器的记忆功能有很好的对应关系。

当定义了信号的数据类型和表达方式后,在 VHDL 设计中就能对信号进行赋值了。信号可以有多个驱动源,或赋值信号源,但必须将此信号的数据类型定义为决断性数据类型。

信号的赋值语句格式如下:

目标信号名＜＝表达式;

这里的表达式可以是一个运算表达式,也可以是数据对象(信号、变量或常量)。符号"＜＝"表示赋值操作,可以设置延时。信号获得传入的数据并不是即时的。即使是零延时,也要经历一个特定的延时过程。因此,"＜＝"两边的数值并不总一致,这与实际器件的延时很接近。尽管综合器在综合时略去所设置的延时,但是即使没有利用 AFTER 关键词设置信号的赋值延时,任何信号赋值都是存在延时的。在综合后的功能仿真中,信号或变量间的延时是看成零延时的,但为了给信息传输的先后做出符合逻辑的排序,将自动设置一个小的 δ 延时。即一个 VHDL 模拟器的最小分辨率时间。

下面是给信号赋值的示例:

```
Sig1<＝'1';              --给信号 sig1 赋以一个常数信号"1"
a<＝b;                    --将 xinhao b 值赋给 a
z<＝x AFTER 5ns;         --将 x 赋给 z,但是延迟 5 ns 后有效
```

4. 常量、变量和信号三者的使用比较

① 从硬件电路系统来看,常量相当于电路中的恒定电平,如 GND 或 VCC 接口,而变量和信号则相当于组合电路系统中门与门间的连接及其连线上的信号值。

② 从行为仿真和 VHDL 语句功能上看,二者的区别主要表现在接受和保持信号的方式、信息保持与传递的区域大小上。例如信号可以设置延时量,而变量则不能;变量只能作为局部的信息载体,而信号则可作为模块间的信息载体。变量的设置有时只是一种过渡,最后的信息传输和界面间的通信都靠信号来完成。

③ 从综合后所对应的硬件电路结构来看,信号一般将对应更多的硬件结构,但在许多情况下,信号和变量并没有什么区别。例如在满足一定条件的进程中,综合后它们都能引入寄存器。这时它们都具有能够接受赋值这一重要的共性,而 VHDL 综合器并不理会它们在接受赋值时存在的延时特性。

④ 虽然 VHDL 仿真器允许变量和信号设置初始值,但在实际应用中,VHDL 综合器并不会把这些信息综合进去。这是因为实际的 FPGA/CPLD 芯片在上电后,并不能确保其初始状态的取向。因此,对于时序仿真来说,设置的初始值在综合时是没有实际意义的。

3.3.3 VHDL 数据类型

VHDL 是一种强数据类型语言。要求设计实体中的每一个常数、信号、变量、函数以及设定的各种参量都必须具有确定的数据类型,并且只有相同数据类型的量才能互相传递和作用。VHDL 数据类型分为下面几类:

① 标量类型(SCALAR TYPE):属单元素的最基本的数据类型,通常用于描述一个单值数据对象,它包括实数类型、整数类型、枚举类型、时间类型。

② 复合类型(COMPOSITE TYPE):可由标量型复合而成。主要有数组型(ARRAY)和记录型(RECORD)。

③ 寻址类型(ACCESS TYPE):为给定的数据类型的数据对象提供存取方式。

④ 文件类型(FILES TYPE):用于提供多值存取类型。

这 4 种数据类型又可分为在现成程序包中,可以随时获得的预定义数据类型和用户自定义数据类型两大类型。预定义的 VHDL 数据类型是 VHDL 最常用、最基本的数据类型。这些数据类型都已经保存在 VHDL 的标准程序包 STANDARD 和 STD_LOGIC_1164 中,以及其他的标准程序包中做了定义,可在设计中随时调用。

1. VHDL 的预定义数据类型

VHDL 的预定义数据类型都是在 VHDL 标准程序包 STANDARD 中定义的,在实际应用中,已自动包含进 VHDL 的源文件中,因而不必通过 USE 语句以显式调用。

(1) 布尔量(BOOLEAN)数据类型

布尔量(BOOLEAN)数据类型是一个枚举型数据类型,具有两种状态:FALSE(假)和 TRUE(真)两种。常用于逻辑函数,如相等(=)、比较(<)等中作逻辑比较。综合工具会用一个二进制位表示 BOOLEAN 类型的变量和信号。布尔量不属于数值,因此它不能用于运算,只能通过关系运算符可以获得一个布尔值。

如在 IF 语句中,当 A 大于 B 时,其结果为 TRUE(真);反之为 FALSE(假)。综合器将其变为 1 或 0,对应于硬件系统中的一根线。

程序包 STANDARD 中定义的源代码是:

```
TYPE BOOLEAN IS (FALSE,TRUE);
```

(2) 位(BIT)和位矢量(BIT_VECTOR)数据类型

位(BIT)数据类型也属于枚举型,取值只能是 1 或 0。位数据类型的数据对象,如变量和信号等,可以进行逻辑运算,运算的结果依然是位数据类型。BIT 表示一位的信号值,放在单引号中,如 '0' 或 '1'。

位矢量(BIT_VECTOR)同样是基于 BIT 数据类型的无约束数组,位矢量是用双引号括起来的一组位数据。如:"001100"、X"00B10B"。使用位矢量必须注明宽度。即数组中元素的个数与排列。如:SIGNALA:BIT_VECTOE(3 downto 0);

位和位矢量数据的预定义包括在标准程序包 STANDARD 中。

程序包 STANDARD 中定义的位数据类型源代码是:

TYPE BIT IS ('0','1');

(3) 字符(CHARACTER)和字符串(STRING)数据类型

字符与字符串数据类型也属于枚举型的数据。实际上,字符串就是一个字符数组。在声明字符时,通常用单引号将字符引起来,如 'A'。对字符串必须用用双引号标明,如:"Rosebud"。

注意:
- 字符与字符串类型的数据是不可综合的。只有仿真器可以处理字符与字符串。
- 在 VHDL 程序设计中,标识符的大小写是不区分的,但是使用了单引号或双引号声明的字符串是区分大小写的。

(4) 整数(INTEGER)数据类型

整数类型表示所有正整数、负整数和零。在 VHDL 中,整数的取值范围是 −2 147 483 647~+2 147 483 647,即可用 32 位有符号的二进制数表示。在实际应用中,VHDL 仿真器通常将整数类型作为有符号数处理,而 VHDL 综合器则将整数作为无符号数处理。在使用整数时,VHDL 综合器要求用 RANGE 子句为所定义的数限定范围,然后根据所限定的范围来决定表示此信号或变量的二进制数的位数,因为 VHDL 综合器无法综合未限定范围的整数类型的信号或变量。

如语句:"SIGNAL TYPE1:INTEGER RANGE 0 to 15;"规定整数 TYPE1 的取值范围是 0~15 共 16 个值,可用 4 位二进制数表示,因此,TYPE1 将被综合成由 4 条信号线构成的信号。

(5) 实数(REAL)数据类型

实数数据实际上是模仿描述数学上的实数对象,它们表示整数值和分数值范围的数,或称浮点数。标准程序包指定实数的最小范围从 −1.0E+38~+1.0E+38。通常,实数类型只能在 VHDL 仿真器中使用,VHDL 综合工具不支持实数。如果设计人员在程序中需要使用实型数据,则通常采用实型数据归一化的方法,使用整型数据来表示。

(6) 时间(TIME)数据类型

VHDL 中唯一的预定义物理类型是时间。完整的时间类型包括整数和物理量单位两部分,整数和单位之间至少要留一个空格,如:55 ms,20 ns。

(7) 错误等级(SEVERITY_LEVEL)

在 VHDL 仿真器中用来指示系统的工作状态,共有 4 种:NOTE(注意)、WARNING(警告)、ERROR(出错)、FAILURE(失败)。在仿真过程中,可输出这 4 种值来提示被仿真系统当前的工作情况。

2. IEEE 预定义标准逻辑位与矢量

在 IEEE 库的程序包 STD_LOGIC_1164 中,定义了两个非常重要的数据类型,即标准逻辑位 STD_LOGIC 和标准逻辑矢量 STD_LOGIC_VECTOR。

(1) 标准逻辑位(STD_LOGIC)数据类型

IEEE 库中的程序包 STD_LOGIC_1164 定义标准逻辑位(STD_LOGIC)共 9 种取值。为:'U','X','0','1','Z','W','L','H','-'。各值的含义是:'U':未初始化的;'X':强未知的;'0':强 0;'1':强 1;'Z':高阻态;'W':弱未知的;'L':弱 0;'H':弱 1;'-':忽略。

在程序中使用此数据类型前,需加入下面的语句:

```
LIBRARY IEEE;
USE IEEE.STD_LOGIC_1164.ALL;
```

由于标准逻辑位数据类型的多值性,在编程时应当特别注意。因为在条件语句中,如果未考虑到 STD_LOGIC 的所有可能的取值情况,综合器可能会插入不希望的锁存器。

程序包 STD_LOGIC_1164 中还定义了 STD_LOGIC 型逻辑运算符 AND、NAND、OR、NOR、XOR 和 NOT 的重载函数,以及两个转换函数,用于 BIT 和 STD_LOGIC 的相互转换。

由 STD_LOGIC 类型代替 BIT 类型可以完成电子系统的精确模拟,并可实现常见的三态总线电路。

(2) 标准逻辑矢量(STD_LOGIC_VECTOR)数据类型

标准逻辑矢量是由标准逻辑位构成的数组。其类型定义如下:

```
TYPE STD_LOGIC_VECTOR IS ARRAY(NATURAL RANGE<>)OF STD_LOGIC;
```

显然,STD_LOGIC_VECTOR 是定义在 STD_LOGIC_1164 程序包中的标准一维数组,数组中的每一个元素的数据类型都是标准逻辑 STD_LOGIC。

STD_LOGIC_VECTOR 数据类型的数据对象赋值的原则是:相同位宽、相同数据类型的矢量间才能进行赋值。

3. 其他预定义标准数据类型

VHDL 综合工具配带的扩展程序包中,定义了一些有用的类型。如 Synopsys 公司在 IEEE 库中加入的程序包 STD_LOGIC_ARITH 中定义了如下的数据类型:无符号型(UNSIGNED)、有符号型(SIGNED)和小整型(SMALL _INT)。

在程序包 STD_LOGIC_ARITH 中的类型定义如下:

第3章 VHDL 编程基础

```
TYPE UNSIGNED IS ARRAY (NATURAL RANGE <>) OF STD_LOGIC;
TYPE SIGNED IS ARRAY (NATURAL RANGE<>) OF STD_LOGIC;
SUBTYPE SMALL_INT IS INTEGER RANGE 0 TO 1;
```

如果将信号或变量定义为这几个数据类型,则可以使用本程序包中定义的运算符。在使用之前,请注意必须加入下面的语句:

```
LIBRARY IEEE;
USE IEEE.STD_LOGIC_ARITH.ALL;
```

UNSIGNED 类型和 SIGNED 类型是用来设计可综合的数学运算程序的重要类型,UNSIGNED 用于无符号数的运算,SIGNED 用于有符号数的运算。在实际应用中,大多数运算都需要用到它们。

在 IEEE 程序包中,UNMERIC_STD 和 NUMERIC_BIT 程序包中也定义了 UNSIGNED 型及 SIGNED 型,NUMERIC_STD 是针对 STD_LOGIC 型定义的,而 NUMERIC_BIT 是针对 BIT 型定义的。在程序包中还定义了相应的运算符重载函数。有些综合器没有附带 STD_LOGIC_ARITH 程序包,此时只能使用 NUMBER_STD 和 NUMERIC_BIT 程序包。

在 STANDARD 程序包中没有定义 STD_LOGIC_VECTOR 的运算符,而整数类型一般只在仿真的时候用来描述算法,或作数组下标运算,因此 UNSIGNED 和 SIGNED 的使用率是很高的。

(1) 无符号数据类型(UNSIGNED TYPE)

UNSIGNED 数据类型代表一个无符号的数值,在综合器中,这个数值被解释为一个二进制数,这个二进制数的最左位是其最高位。例如,十进制的 8 可以作如下表示:

UNSIGNED("1000")

如果要定义一个变量或信号的数据类型为 UNSIGNED,则其位矢长度越长,所能代表的数值就越大。如一个 4 位变量的最大值为 15,一个 8 位变量的最大值则为 255,0 是其最小值,不能用 UNSIGNED 定义负数。以下是两则无符号数据定义的示例:

```
VARIABLE VAR : UNSIGNED(0 TO 10);
SIGNAL   SIG : UNSIGNED(5 TO 0);
```

其中,变量 VAR 有 11 位数值,最高位是 VAR(0),而非 VAR(10);信号 SIG 有 6 位数值,最高位是 SIG(5)。

(2) 有符号数据类型(SIGNED TYPE)

SIGNED 数据类型表示一个有符号的数值,综合器将其解释为补码,此数的最高位是符号位,例如:

SIGNED("0101") 代表 +5,
SIGNED("1011") 代表 -5。

若将上例的 VAR 定义为 SIGNED 数据类型,则数值意义就不同了,如:

VARIABLE VAR : SIGNED(0 TO 10);

其中,变量 VAR 有 11 位,最左位 VAR(0)是符号位。

4. 用户自定义的数据类型

VHDL 允许用户自行定义新的数据类型,用户自定义数据类型是用类型定义语句 TYPE 和子类型定义语句 SUBTYPE 实现的,以下将介绍这两种语句的使用方法。

(1) 类型(TYPE)语句定义

TYPE 语句语法结构如下:

TYPE 数据类型名 IS   数据类型定义 [OF 基本数据类型];或

TYPE 数据类型名 IS   数据类型定义;

其中,数据类型名由设计者自定,此名将作为数据类型定义之用。数据类型定义部分用来描述所定义的数据类型的表达方式和表达内容;关键词 OF 后的基本数据类型是指数据类型定义中所定义的元素的基本数据类型,一般都是取已有的预定义数据类型,如 BIT、STD_LOGIC 或 INTEGER 等。

以下列出了两种不同的定义方式:

TYPE ST1 IS ARRAY(0 TO 15)OF STD_LOGIC;
TYPE WEEK IS (SUN,MON,TUE,WED,THU,FRI,SAT);

第一句定义的数据 ST1 是一个具有 16 个元素的数组型数据类型,数组中的每一个元素的数据类型都是 STD_LOGIC 型;第二句所定义的数据类型是由一组文字表示的,而其中的每一文字都代表一个具体的数值,如可令 SUN="1010"。

(2) 子类型(SUBTYPE)语句定义

子类型 SUBTYPE 只是由 TYPE 所定义的原数据类型的一个子集,它满足原数据类型的所有约束条件,原数据类型称为基本数据类型。子类型 SUBTYPE 的语句格式如下:

SUBTYPE 子类型名 IS   基本数据   RANGEA   约束范围;

子类型的定义只在基本数据类型上作一些约束,并没有定义新的数据类型。子类型定义中的基本数据类型必须在前面已通过 TYPE 定义的类型,包括已在 VHDL 预定义程序包中用 TYPE 定义过的类型。如:

SUBTYPE DIGITS INTEGER RANGE 0 TO 9;

例如,INTEGER 是标准程序包中已定义过的数据类型,子类型 DIGITS 只是把 INTEGER 约束到只含 10 个值的数据类型。

由于子类型与其基本数据类型属同一数据类型,因此属于子类型的和属于基本数据类型的数据对象间的赋值和被赋值可以直接进行,不必进行数据类型的转换。

第3章 VHDL 编程基础

利用子类型定义数据对象的好处是,除了使程序提高可读性和易处理外,其实质性的好处在于有利于提高综合的优化效率,这是因为综合器可以根据子类型所设的约束范围,有效地推知参与综合的寄存器的最合适的数目等优化措施。

用户自定义数据类型可以有多种,如枚举类型(ENUMERA－TION TYPE)、整数类型(INTEGER TYPE)、实数类型(REAL TYPE)、数组类型(ARRAY TYPE)、记录类型(RECORD TYPE)等。

(3) 枚举类型(ENUMERA－TION TYPE)

VHDL 中的枚举数据类型是用文字符号来表示一组实际的二进制数的类型(若直接用数值来定义,则必须使用单引号)。定义枚举数据类型需要枚举该类型的所有可能的值。

其格式如:TYPE 类型名称 IS (枚举文字);

实际上,前面介绍的位 BIT_VECTOR 就是两状态的枚举数据类型;标准逻辑位 STD_LOGIC 和标准逻辑矢量 STD_LOGIC_VECTOR 是九状态的枚举数据类型。再比如,可以将一个星期 WEEK 定义为七状态数据类型:

```
TYPE WEEK IS (sun, mon, tue, wed, thu, fri, sat);
```

需要指出,枚举类型文字元素在综合过程中需要经过编码,编码与文字本身无关,是由综合器自动进行编码的。通常综合器将第一个枚举量(最左边的量)编码为 0,以后各枚举量的编码值依次加 1,而且将第一枚举元素转变成位矢量,位矢量的长度取决于所需要表达的所有枚举元素的个数。如上例中用于表达 WEEK 七个状态的位矢量长度应该为 3,编码默认值分别是 000、001、010、011、100、101 和 110。当然,为了某些特殊的需要,编码顺序也可以人为设置。

(4) 整数类型(INTEGER)和实数类型(REAL)

整数和实数是在标准的程序包中已做过预定义的数据类型,但没有限定其取值范围。由于数据类型的取值定义范围太大,生成的硬件电路将十分复杂甚至综合器根本无法进行综合。因此,在实际应用中,设计人员必须对整数和实数数据类型的取值范围按实际需要重新定义,以便降低逻辑综合的复杂性,提高芯片的资源利用率。

VHDL 仿真器通常将整数和实数数据类型的数作为有符号数处理。对用户定义的数据类型和子类型中的正数以二进制原码表示,对用户定义的数据类型和子类型中的负数以二进制补码表示。逻辑综合器不接受浮点数,浮点数必须先转换成相应数值的整数才能被接受。下面是几个自定义整数类型的示例:

```
TYPE nat IS INTEGER RANGE 0 TO 255;         --定义数 nat 的取值范围为 0～255
SUBTYPE nats IS nat RANGE 0 TO 9;           --定义数 nats 为 nat 子类型,取值范围为 0～9
TYPE num IS INTEGER RANGE - 255 TO + 255;   --定义数 nat 的取值范围为 -255～+255
```

(5) 数组类型(ARRAY TYPE)

数组类型属复合类型，是同类型元素的集合。数组可以是一维数组或多维数组。VHDL支持多维数组，但综合器只支持一维数组。

数组的元素可以是任何一种数据类型，用以定义数组元素的下标范围子句决定了数组中元素的个数，以及元素的排序方向，即下标数是由低到高，或是由高到低。如子句"0 TO 7"是由低到高排序的 8 个元素；"15 DOWNTO 0"是由高到低排序的 16 个元素。

VHDL 允许定义两种不同类型的数组，即限定性数组和非限定性数组。它们的区别是：限定性数组下标的取值范围在数组定义时就被确定了，而非限定性数组下标的取值范围需留待随后根据具体数据对象再确定。

1) 限定性数组定义语句格式如下

TYPE 数组名 IS ARRAY (数组范围) OF 数据类型；

其中，数组名是新定义的限定性数组类型的名称，可以是任何标识符，其类型与数组元素相同；数组范围明确指出数组元素的定义数量和排序方式，以整数来表示其数组的下标；数据类型即指数组各元素的数据类型。

下面是限定性数组定义示例：

TYPE STB IS ARRAY(7 DOWNTO 0) OF STD_LOGIC;

这个数组类型的名称是 STB，它有 8 个元素，它的下标排序是 7,6,5,4,3,2,1,0，各元素的排序是 STB(7)，STB(6)，…，STB(1)，STB(0)。

2) 非限制性数组的定义语句格式如下

TYPE 数组名 IS ARRAY (数组下标名 RANGE<>) OF 数据类型；

其中，数组名是定义的非限制性数组类型的取名；数组下标名是以整数类型设定的一个数组下标名称；符号"< >"是下标范围待定符号，用到该数组类型时，再填入具体的数值范围；数据类型是数组中每一元素的数据类型。

以下两例表示了非限制性数组类型的不同用法。

【例 3-5】

TYPE BIT_VECTOR IS ARRAY(NATURAL RANE<>) OF BIT;
VARABLE VA:BIT_VECTOR(1 TO 6);   --将数组取值范围定在 1~6

【例 3-6】

TYPE REAL_MATRIX IS ARRAY (POSITIVE RANGE<>) OF REAL;
VARIABLE REAL_MATRIX_OBJECT:REAL_MATRIX(1 TO 8);   --限定范围

(6) 记录类型(RECORD)

记录类型数据是由已经定义过的、数据类型相同或不同的多个对象元素构成的数组。其定义语句格式如下：
    TYPE 记录类型名 IS RECORD
        元素名:元素数据类型；
        元素名:元素数据类型；
        ……
        ……
    END RECORD；
下面是一个记录类型定义示例：

```
TYPE example IS RECORD        --以下定义了一个8元素,4种数据类型的数组
    R0,R1：TNTEGER；           --定义 R0,R1 为整型
    F1,F2：REAL；              --定义 F1,F2 为实型
    T1,T2：TIME；              --定义 T1,T2 为时间型
    L1,L2：STD_LOGIC；         --定义 L1,L2 为标准逻辑位
END RECORO；
```

3.3.4 VHDL 运算操作符

VHDL 的各种表达式由操作数和操作符组成，其中操作数是各种运算的对象，即前面介绍的数据对象。而操作符则是规定各种运算方式的操作符号。

VHDL 与其他的高级语言十分相似，具有丰富的运算操作符以满足不同描述功能的需要。VHDL 提供了4类操作符，可以分别进行算术运算（Arithmetic）、逻辑运算（Logical）、关系运算（Relational）和重载操运算（Overloading Operator）。前3类操作符是完成逻辑和算术运算的最基本的操作符的单元，重载操作符是对基本操作符作了重新定义的函数型操作符。各种操作符所要求的操作数的类型如表3-1所列，操作符之间的优先级别如表3-2所列。

1. 算术操作符

表3-1中列出的17种算术操作符又可以分为求和操作符、符号操作符、求积操作符、混合操作符和移位操作符5类操作符。

(1) 求和操作符

求和操作符包括加法操作符、减法操作符和并置操作符。

加法操作符、减法操作符的运算规则与常规的加减法一致，VHDL 规定它们的操作数数据类型是整数。当加法器和减法器的位宽大于4位时，VHDL 综合器将调用库元件进行综合。一般加减运算符的数据对象为信号或变量时，经综合后所消耗的硬件资源比较多；而其中的一个操作数或两个操作数为常量时，经综合后所消耗的硬件资源比较少。

表 3-1 VHDL 操作符列表

类型	操作符	功能	操作符数据类型
算术操作符	+	加	整数
	-	减	整数
	&	并置	一维数组
	*	乘	整数和实数(包括浮点数)
	/	除	整数和实数(包括浮点数)
	MOD	取模	整数
	REM	取余	整数
	SLL	逻辑左移	BIT 或布尔型一维数组
	SRL	逻辑右移	BIT 或布尔型一维数组
	SLA	算术左移	BIT 或布尔型一维数组
	SRA	算术右移	BIT 或布尔型一维数组
	ROL	逻辑循环左移	BIT 或布尔型一维数组
	ROR	逻辑循环右移	BIT 或布尔型一维数组
	**	乘方	整数
	ABS	取绝对值	整数
关系操作符	=	等于	任何数据类型
	/=	不等于	任何数据类型
	<	小于	枚举与整数型,及对应的一维数组
	>	大于	枚举与整数型,及对应的一维数组
	<=	小于或等于	枚举与整数型,及对应的一维数组
	>=	大于或等于	枚举与整数型,及对应的一维数组
逻辑操作符	AND	与	BIT,BOOLEAN,STD_LOGIC
	OR	或	BIT,BOOLEAN,STD_LOGIC
	NAND	与非	BIT,BOOLEAN,STD_LOGIC
	NOR	或非	BIT,BOOLEAN,STD_LOGIC
	XOR	异或	BIT,BOOLEAN,STD_LOGIC
	XNOR	异或非	BIT,BOOLEAN,STD_LOGIC
	NOT	非	BIT,BOOLEAN,STD_LOGIC

并置操作符是一种比较特殊的求和操作符,它的两个操作数的数据类型都是一维数组,其作用是将普通操作数或数组组合起来形成新的数组。例如:"VH"&"DL"的结果是"VHDL","1"&"0"的结果为"10",特别适合于字符串的链接。

(2) 符号操作符

符号操作符包括"+"(正)、"-"(负)两种操作符。

符号操作符"+"和"-"的操作数只有一个,操作数的数据类型是整数。操作符"+"对操作数不做任何改变；操作符"－"作用于操作数后，返回值是对原操作数取负。实际使用时，取负操作数需加括号，例如：Z:=X*(－Y);

表 3-2　VHDL 操作符优先级

优先级	操作符
最高优先级	NOT，ABS，**
	*，/，MOD，REM
	＋(正号)，－(负号)
	＋(加号)，－(减号)，&
	SLL，SLA，SRL，SRA，ROL，ROR
	=，/=，<，<=，>，>=
最低优先级	AND，OR，NAND，NOR，XOR，XNOR

(3) 求积操作符

求积操作符包括"*"(乘)、/(除)、MOD(取模)和 RED(取余)4 种操作符。

乘、除要求数据对象的数据类型是整数或实数，在一定条件下也可以对物理类型的数据对象进行操作。值得注意的是，乘除运算通常消耗很多的硬件资源，从节省资源的角度来说，应该慎用乘除运算，可以采取移位操作间接实现乘除的目的。

取模和取余操作的本质与除法操作一致，可综合的取模和取余操作要求操作数必须是以 2 为底的数，因此，其操作数的数据类型只能是整数，运算结果也是整数。

(4) 混合操作符

混合操作符包括乘方操作符"**"和取绝对值操作符"ABS"两种。这两种操作要求操作对象的数据类型一般为整数类型。乘方运算的左边可以是整数或浮点数，但右边必须为整数，而且只有左边为浮点时，其右边才可以为负数。通常，当乘方操作符作用的操作数的底数为 2 时，综合器才可以综合。

(5) 移位操作符

移位操作符包括 SLL(逻辑左移)、SRL(逻辑右移)、SLA(算术左移)、SRA(算术右移)、ROL(逻辑循环左移)和 ROR(逻辑循环右移)6 种操作符。

这 6 种移位操作符都是 VHDL93 标准新增加的操作符，其操作数的数据类型都是一维数组，而且，数组中的元素必须是 BIT 或 BOOLEAN 的数据类型，移位的位数必须是整数。

逻辑左移 SLL 是将位矢量向左移，右边跟进的位补 0；逻辑右移 SRL 与 SLL 相反，是将位矢量向右移，左边跟进的位补 0；算术左移 SLA 和算术右移 SRA 与逻辑移位不同的只是最高位保持原来数值不变；逻辑循环左移 ROL 和逻辑循环右移 ROR 执行的都是自循环移位方式，不同的只是循环移位方向。

移位操作符的语句格式如下：

　　　标识符　移位操作符　移位位数；

注意：目前许多综合器不支持以上格式,除非其"标识符"改为常数的位矢量,如"1001"。以下是一个利用移位操作完成的3-8译码器的设计。

【例3-7】 利用移位操作实现的3-8译码器设计。

```
LIBRARY IEEE;
USE IEEE.STD_LOGIC_1164.ALL;
USE IEEE.NUMERIC_STD.ALL;
ENTITY decoder3_8 IS
     PORT( cod: IN NATURAL RANGE 0 TO 7;
         Sult:OUT UNSIGNED(7 DOWNTO 0));
END decoder3_8;
ARCHITECTURRE behave OF decoder3_8 IS
     CONSTANT num: UNSIGNED(7 DOWNTO 0) : = "00000001";
BEGIN
     Sult< = num sll cod;              --输出高电平有效
END behave;
```

2. 关系操作符

关系操作符的作用是将相同的数据类型的数据对象进行数值比较或关系排序判断,并将结果以布尔类型的数据表示出来,即 TRUE 或者 FALSE。VHDL 提供了6种关系操作符,其中＝和/＝用于数值比较,＞、＜、＞＝和＜＝用于关系排序判断。

对于数值比较操作,其数据对象可以是任意数据类型构成的操作数;对于关系排序判断操作,其数据对象的数据类型有一定的限制,支持的数据类型有枚举类型、整数类型以及由枚举或整数类型数据元素构成的一维数组。不同长度的数组也可以排序。排序判断的规则是逐位比较对应数值的大小,直至得出关系排序判断。

综合而言,数值比较占用的硬件资源较少,而关系排序判断占用的硬件资源较多。

3. 逻辑操作符

VHDL 提供了7种逻辑操作符,见表3-1。在 VHDL 程序中,逻辑操作符可以应用的数据类型包括 Boolean、bit、Std_Ulogic、Bit _ Vector、std _u_ logic_vector、std_ ulogic 的子类型以及它们的数组类型。

使用逻辑操作符应注意:
- 二元逻辑操作符左右两边对象的数据类型必须相同。
- 对于数组的逻辑运算来说,要求数组的维数必须相同,结果也是相同维数的数组。
- 7种逻辑操作符中,"NOT"的优先级最高,其他6个逻辑操作符的优先级相同。
- 高级编程语言中的逻辑操作符有自左向右或是自右向左的优先级顺序,但是,VHDL 中的逻辑操作符是没有左右优先级差别的,设计人员经常通过加括号的方法来解决这个优先级差别问题。例如：

Q< = X1 AND X2 OR NOT X3 AND X4;

上面的程序语句在编译时将会有语法错误，原因是编译工具不知道将从何处开始进行逻辑运算。对于这种情况，设计人员可以采用加括号的方法来解决。这时将上面的语句修改成下面的形式：

Q< =(X1 AND X2) OR (NOT X3 AND X4);

这时再进行编译就不会出现语法错误了。不难看出，通过对表达式进行加括号的方法可以确定表达式的具体执行顺序，从而解决了逻辑操作符没有左右优先级差别的问题。

一般情况下，经综合器综合后，逻辑操作符将直接生成门电路；信号或变量在这些操作符的直接作用下，可构成组合电路。

4. 重载操作符

为了方便各种不同数据类型间的运算，VHDL 允许用户对原有的基本操作符重新定义，赋予新的含义和功能，从而构成一种新的操作符，这就是重载操作符。重载后的操作符允许对新的数据类型进行操作，或者允许不同数据类型的数据之间使用该操作符进行运算。定义这种操作符的函数称为重载函数。

事实上，程序包 STD_LOGIC_ARITH、STD_LOGIC_UNSIGNED 和 INTEGER_SIGNED 已经重载了算术运算符和关系运算符，因此，只要引用这些程序包，SINGEND、UNSIGEND、STD_LOGIEC 和 INTEGER 之间就可以进行混合运算，INTEGER、STD_LOGIEC 和 STD_LOGIEC_VECTOR 之间也可以进行混合运算。

习 题

3.1 VHDL 程序一般由几个组成部分？每部分的作用是什么？

3.2 说明端口模式 INOUT 和 BUFFER 有何异同点。

3.3 VHDL 语言中数据对象有几种？各种数据对象的作用范围如何？

3.4 什么是标识符？VHDL 的基本标识符是怎样规定的？

3.5 用 VHDL 语言写出图 3-5 符号的实体（ENTITY）描述。其中符号的左边是输入端，右边是输出端。

3.6 画出与下例实体描述对应的原理图符号：

```
ENTITY bf3s IS
PORT (input : IN STD_LOGIC;          --输入端
Enable : IN STD_LOGIC;               --使能端
Output : OUT  STD_LOGIS);            --输出端
END buf 3x;
```

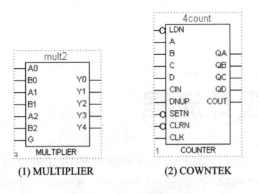

图 3-5 习题 3.5 图

3.7 用户怎样自定义数据类型？试举例说明。

3.8 VHDL 中有哪 3 种数据对象？说明它们的功能特点和使用方法，举例说明数据对象与数据类型的关系。

3.9 判断下列 VHDL 标识符是否合法。如果有错指出原因。

```
10#170#,   12#1111_1110#,D100%   76HC234,
CLR/RESET,  \IN4/SCLK,  74HC573,  8#7976#;
```

3.10 信号和变量有哪些主要的区别？

3.11 表达式 C<=A+B 中，A、B 和 C 的数据类型都是 STD_LOGIEC_VECTOR，是否能直接进行加法运算？说明原因和解决办法。

第 4 章

Quartus Ⅱ 设计流程

利用硬件描述语言完成电路的设计后,还要借助 EDA 工具中的综合器、适配器和编程器等工具处理,才能下载到 FPGA 中进行硬件的实现。Altera 公司的第四代开发软件 Quartus Ⅱ是第三代开发软件 MAX+PLUS Ⅱ 的升级版,Quartus Ⅱ 提供了方便的设计输入方式、快速的编译和直接易懂的器件编程,支持逻辑门数在百万门以上的逻辑器件的开发,并且为第三方工具提供了无缝接口。Quartus Ⅱ 支持的器件有很多,比如:Stratix、Stratix Ⅱ、MAX3000A、MAX 7000B、MAX 7000S、FLEX6000、FLEX10K、Cyclone、Cyclone Ⅱ、APEX Ⅱ、APEX20KC、APEX20KE 和 ACEX1K 系列。本章简单介绍该软件的特点及启动界面,然后,通过一个具体实例使读者快速掌握设计输入、编译综合、仿真及代码的配置下载等基本的设计开发流程。

4.1 Quartus Ⅱ 软件概述

Altera 公司的 Quartus Ⅱ 软件提供完整的多平台设计环境,可以容易地满足特定的设计需求,单芯片可编程系统(SOPC)设计的综合性环境。此外,Quartus Ⅱ 软件允许在设计流程的每个阶段使用 Quartus Ⅱ 图形用户界面、EDA 工具界面或命令行界面,图 4-1 是 Quartus Ⅱ 图形用户界面的功能。

设计输入是使用 Quartus Ⅱ 软件的 EDA 设计输入工具,以模块输入方式、文本输入方式或 Core 输入方式等表达用户的电路构思,同时使用分配编辑器(Assignment Editor)设定初始约定条件。

综合是将硬件描述语言、原理图等设计输入翻译成由与、或、非门、RAM、触发器等基本逻辑单元组成的网表,输出.edf 或 vqm 等标准格式的网表文件,供布局布线器实现。除可用 Quartus Ⅱ 集成的 Analysis&Synthesis 命令综合外,还可以用第三方综合工具综合。

对布局布线的输入文件综合后的网表文件,包含分析布局布线结果、优化布局布线等。

时序分析允许用户分析设计中所有逻辑的时序性能,并协助引导布局布线过程。默认情况下,时序分析作为全程编译的一部分自动运行并报告时序信息,根据该输出信息来分析、调试和验证设计的时序性能。

```
┌─────────────────────────────┐    ┌─────────────────────────────────┐
│ ①设计输入                    │    │ ②综合                           │
│ .Text Editor                │    │ .Analysis&Synthesis             │
│ .Block&Symbol Editor        │    │ .VHDL、Verilog HDL、AHDL         │
│ .Mega Wizard Plug_in Manager│    │ .Design Assistant               │
│ .Assianment Editor          │    └─────────────────────────────────┘
│ .Floorplan Editor           │
└─────────────────────────────┘

                              ┌──────────────────┐
                              │ ④时序分析         │
┌─────────────────────┐       │ .Timing Analyzer │    ┌──────────────────┐
│ ③布局布线            │       │ 报告窗口          │    │ ⑥编程            │
│ .Filter             │       └──────────────────┘    │ .Assembler       │
│ .Assignment Editor  │                               │ .Programmer      │
│ .Chip Editor        │       ┌──────────────────┐    │ 转换编程文件      │
│ . Floorplan Editor  │       │ ⑤仿真            │    └──────────────────┘
│ 增量布局布线          │       │ .Simulator       │
└─────────────────────┘       │ .WaveformEditor  │
                              └──────────────────┘
```

图 4-1 Quartus Ⅱ 图形用户界面的功能

仿真分为功能仿真和时序仿真。功能仿真主要是验证电路功能是否符合设计要求；时序仿真包含了延时信息。可以用 Quartus Ⅱ 集成的仿真工具仿真，也可以用第三方工具仿真。

编程和配置是在全程编译成功后，对可编程器件进行编程或配置。

4.2 Quartus Ⅱ 9.0 软件用户界面

双击桌面上的 Quartus Ⅱ 9.0 图标或执行"开始→程序→Altera→Quartus Ⅱ 9.0"菜单命令，即可启动 Quartus Ⅱ 9.0。如图 4-2 所示是启动后的 Quartus Ⅱ 9.0 软件的图形用户界面，下面对界面中的几个窗口作一简单的介绍。

(1) Project Navigator(工程导航)窗口

该窗口下方有 3 个可以通过单击互换的标签：Hierarchy(结构层次)、Files 及 Design Units(设计单元)标签。在 Project Navigator 窗口上右击，在弹出的快捷菜单中选择 Enable Docking 子菜单并单击左键，将其前面的√符号去掉，Project Navigator 窗口就会悬浮出来，然后可以用鼠标拖动该窗口的边框使该窗口变大，这样可以看到每个标签选项窗口下更多的内容。Hierarchy 标签窗口在工程编译之前只显示了顶层模块名，工程编译一次后，此窗口按层次列出了工程中所有模块及每个源文件所用资源的具体情况。如图 4-3 所示是打开一个名为 clock_top 工程文件时的 Hierarchy 标签窗口图。

Files 标签窗口列出了工程编译后的所有文件，如图 4-4 所示。Design Units 窗口列出了工程编译后的所有单元，如 AHDL 单元、Verilog HDL、VHDL 单元等，一个设计器文件对应生成一个设计单元，参数定义文件没有对应设计单元，如图 4-5 所示。

第 4 章　QuartusⅡ 设计流程

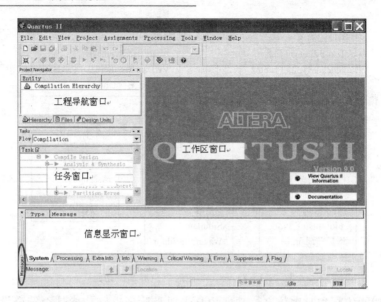

图 4-2　QuartusⅡ 9.0 软件的图形用户界面

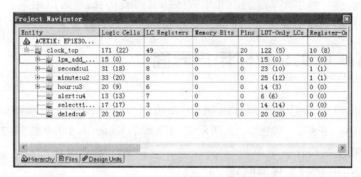

图 4-3　Hierarchy 标签窗口

图 4-4　Files 标签窗口

图 4-5　Design Units 标签窗口

(2) Tasks(任务)窗口

该窗口包含了不同任务流下执行的各个任务。如图4-6所示的是Compilation任务流下执行的各任务。

(3) Message(信息)窗口

该窗口提供综合、布局布线过程中的详细信息。如开始综合时调用源文件、库文件、综合布局布线过程中的定时、警告和错误信息。对警告和错误则给出引起的具体原因，设计者可以快速地查找及修改错误。

(4) 工作区窗口

器件设置、文本编辑和编译报告等均显示在过程工作区中，功能不同Quartus Ⅱ打开的操作窗口也不同，以进行不同的操作。

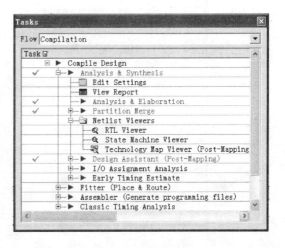

图4-6 Tasks窗口

4.3 创建工程

Quartus Ⅱ软件将所有的设计文件、软件源文件以及完成其他操作所需的相关文件都放入工程中进行管理。为此要先建立一个文件夹用来存放新建的工程，而且新建的文件夹最好不要放在默认的安装路径下，比如在F盘的根目录下建立一个adder文件夹。另外，同一工程的所有文件都必须放在同一文件夹中，不同的工程设计最好放在不同的文件夹中，否则同一文件夹下的属于不同工程的文件容易混淆。

注意：存放该工程的文件夹及路径中不能使用中文，最好也不要用数字开头。

可以利用Quartus Ⅱ 9.0的创建工程向导(New Project Wizard)创建工程，创建步骤如下：

① 执行File|New Project Wizard菜单命令后，启动新建工程向导，弹出新建工程向导介绍窗口，如图4-7所示。介绍如何创建一个工程及基本的工程设置，具体设置包括工程名和工程所在的文件夹、顶层设计实体名、工程文件和库、器件设置和EDA工具设置等。也可以选中Don't show me this introduction again前的复选，这样下次在创建新的工程时就不再出现该对话框。

② 单击【Next】按钮后，进入工程文件夹、工程名和顶层实体设置窗口，如图4-8所示。图中第一栏用来设置该工程所在的工作文件夹，单击其后的…按钮，将工程指定到具体路径下，比如选择先前在F盘新建的文件夹adder，或单击…后在打开的Select Directory对话框中单击右键新建一个文件夹。图中的第二栏用来设置工程项目名，工程名可以任意，推荐使用与

第 4 章　Quartus Ⅱ 设计流程

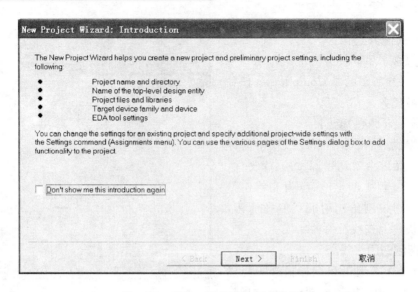

图 4-7　新建工程向导介绍对话框

顶层设计实体名相同的名称,因而该软件在输入第二栏时,第三栏也会跟着显示相同的输入。图中的第三栏用来设置顶层设计实体名,这个名字必须与设计文件中的实体名(Entity 实体名)完全一样。如图 4-9 所示是设置好的该页面。

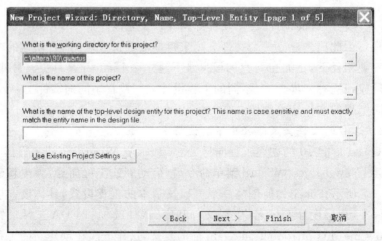

图 4-8　工程名及文件夹和顶层实体对话框

③ 单击图 4-9 中的【Next】按钮,弹出添加文件窗口,如图 4-10 所示。首先,可以在图中的 File name 栏直接输入工程文件内部存在的设计文件名或包含其他路径下的文件名,当然,最好是该工程文件夹内部的设计文件,如原理图文件、VHDL、AHDL、Verilog HDL、EDIF、VQM 等文件;也可以通过单击图中 File name 栏右侧的 ⋯ 按钮,选择要加入该工程文

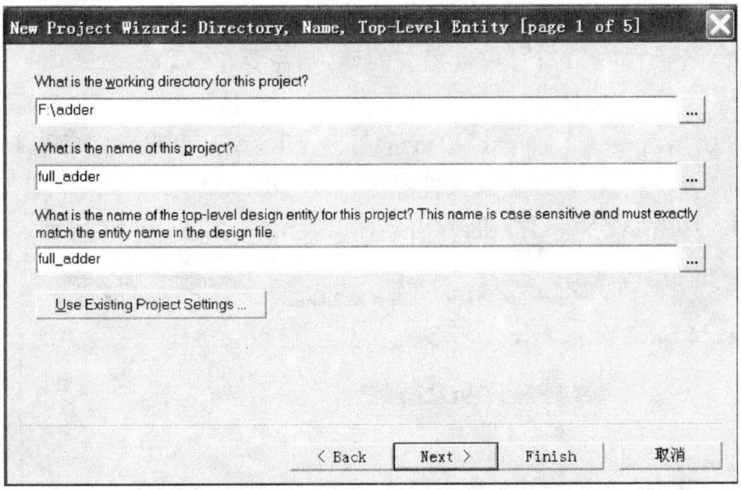

图 4-9 设置好的工程名及文件夹对话框

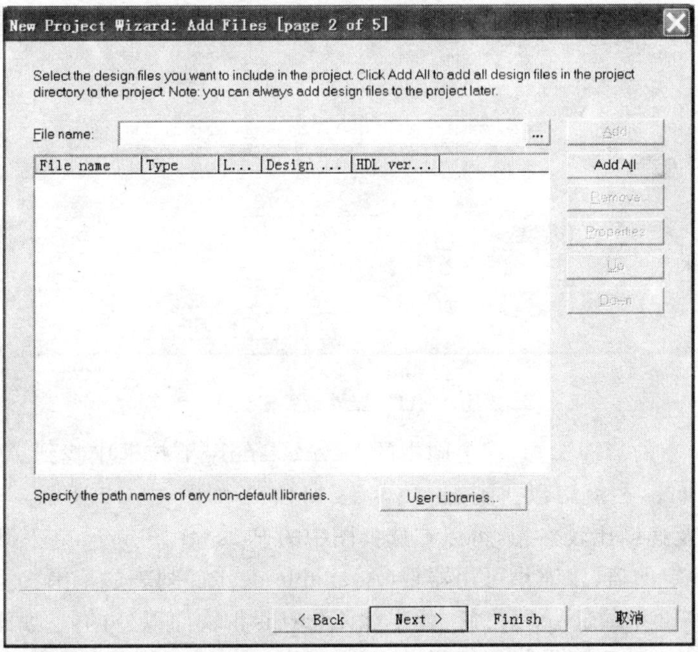

图 4-10 添加文件对话框

件夹中的设计文件。其次,单击 File name 栏右侧的【Add】按钮,该文件将会出现在 File name 栏下方的区域;还可以单击图中的【Add All】按钮将工程文件夹内部所有的文件都加入到该工程。

另外，在 File name 栏下方的区域选择某个文件，然后单击【Remove】按钮，也可以将该文件从工程中删除。若工程中用到用户自定义的库，则需要单击【User Library Pathnames】按钮，添加相应的库文件。因为刚建立工程，在工程文件夹 F:\adder 内还没有存放输入文件，这里先不添加输入文件，直接单击【Next】按钮进入下一步，等工程建立完后再新建输入文件并存放到该工程文件内，然后再将该输入文件添加到该工程。

④ 单击图 4-10 中的【Next】按钮，弹出器件设置窗口，如图 4-11 所示。

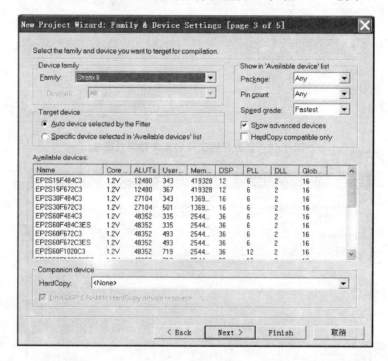

图 4-11 器件设置窗口

这里按实验箱上的器件选择，在上图中的 Device family 下拉框中找到 ACEX1K 系列，然后在 Available devices 栏就可以找到 EP1K30TC144-3，如图 4-12 所示。若读者对使用器件的封装、引脚数及速度比较熟悉，可以在选择图中的 Package、Pin count 及 Speed grade 等级下拉列表中选择确定的值，以缩小可用器件（Available device）列表的范围。

⑤ 单击图 4-12 中的【Next】按钮，弹出除 Quartus Ⅱ 软件以外的其他 EDA 工具设置窗口，如图 4-13 所示。这里不做任何选择，表示仅选择 Quartus Ⅱ 中自含的所有设计工具，但读者可以在图中单击 Design Entry/Synthesis、Simulation 及 Timing Analasis 栏右侧的下拉列表，以了解都有哪些工具可供选择。

⑥ 直接单击图 4-13 中的【Next】按钮，弹出简要报告窗口如图 4-14 所示，列出了此项工程的相关设置情况。

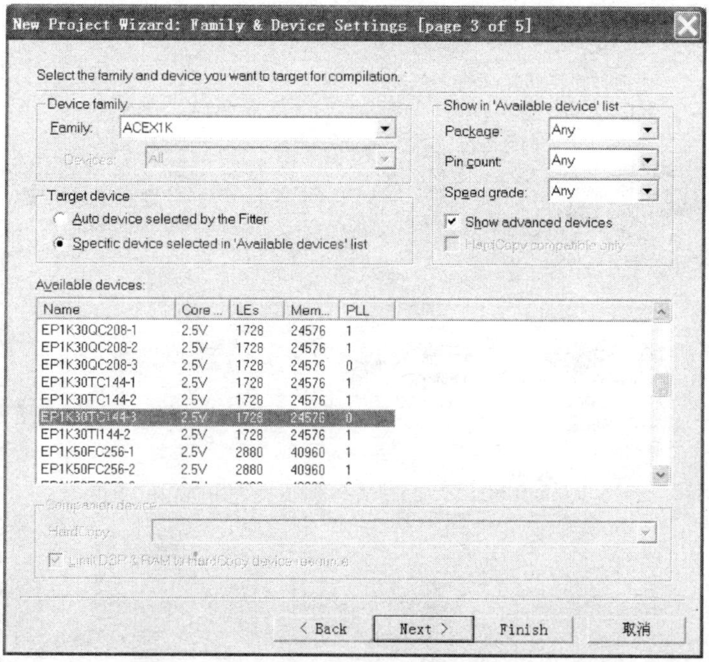

图 4-12 选择好的器件设置图

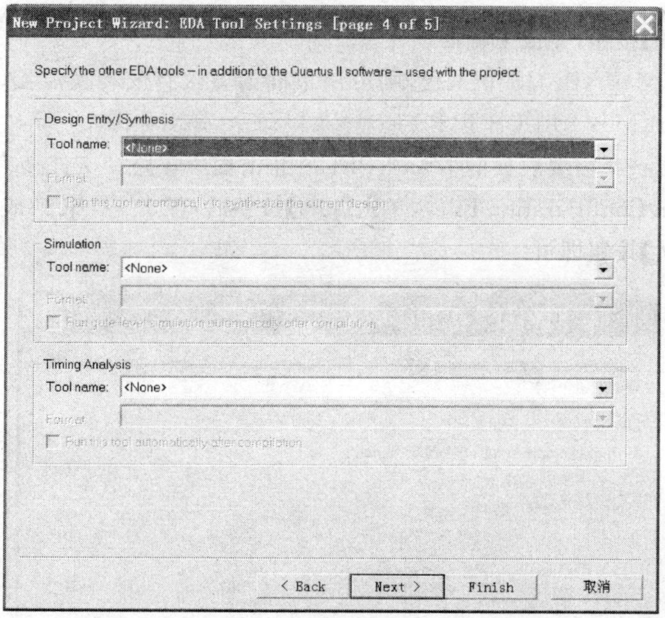

图 4-13 QuartusⅡ软件以外的 EDA 工具设置图

第 4 章　Quartus Ⅱ 设计流程

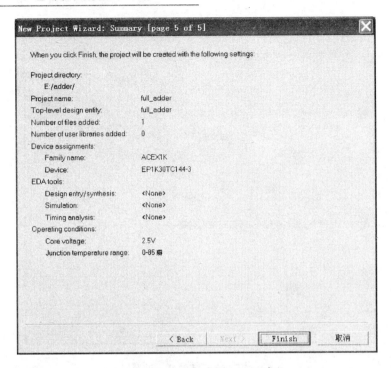

图 4-14　工程设置简要报告窗口

⑦ 单击【Finish】按钮,完成工程的创建。

如果现有的是 Max+PLUS Ⅱ 工程,则可用下面的方法将其转换成 Quartus Ⅱ 工程。可以执行 File|Convert Max+PLUS Ⅱ Project…菜单命令,弹出如图 4-15 所示的窗口,单击该窗口中的 按钮,以选择需要转换的 Max+PLUS Ⅱ 工程所在路径文件夹中的分配与配置文件(*.acf)(Assign Configuration File),单击【OK】按钮后,弹出一个转换成功的对话框,单击该对话框中的【确认】按钮即可。

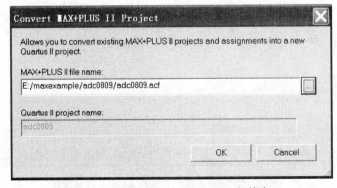

图 4-15　转换 MAX+PLUS Ⅱ 工程的窗口

4.4 设计文件的输入

用户可以使用 Quartus Ⅱ 中的 EDA 设计输入工具，以文本输入方式（如 VHDL、Verilog HDL、AHDL 等）、原理图输入方式或宏功能模块输入方式等方法输入设计文件，也可以使用第三方 EDA 工具产生的 EDIF 网表、VQM 格式输入设计文件等。如图 4-16 所示给出了不同的输入方式及对应的文件格式。本节主要介绍文本输入方式和原理图输入方式，宏功能模块输入方式详见 6.3 节和 6.6 节。

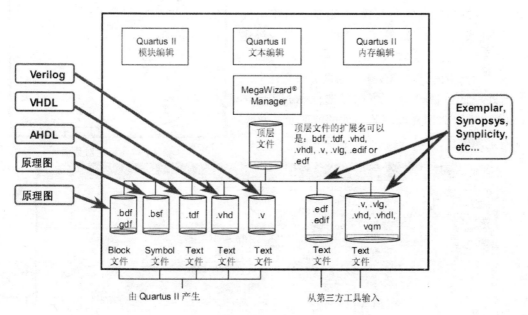

图 4-16 设计文件的输入

4.4.1 文本方式输入设计文件

在创建好工程以后，下面以文本输入方式创建 VHDL 文件 full_adder.vhd 为例介绍建立步骤。

① 打开 Quartus Ⅱ 软件，执行菜单栏上的 File→New 命令或者直接单击工具栏上的新建按钮 弹出如图 4-17 所示的 New（新建）对话框。

② 单击图 4-17 中 New 对话框中的 Design Files 选项卡（如果 Design Files 前显示的是＋号，单击该＋号将其展开），选择 VHDL Files 项，然后单击 New 对话框的【OK】按钮，打开文本编辑器窗口，并在其中输入如图 4-18 所示的 4 位全加器代码。注意：图中最上方的标题栏有新建时采用的默认文件名 Vhdl1.vhd＊，其后的星号（＊）表明正在对当前文本进行操

第4章 QuartusⅡ设计流程

作,存盘后星号将消失。

③ 单击菜单 File→Save 选项或直接单击工具栏上的保存按钮,则弹出如图 4-19 所示的 Save As 对话框,由于 full_adder 工程已经打开,所以该文件自动放置在 F:\adder 内,且文件名也是默认的顶层设计实体名 full_adder。注意:此处保存的文件名应该与 VHDL 代码中 Entity 后的实体名一致。如果工程中只有这一个文件,则这个文件名也应该与创建工程时的顶层实体名一致;否则编译时将出现"顶层实体没有定义"的错误。文件类型也是新建的 VHDL File 文件的默认类型(*.vhd,*.vhdl),单击该对话框中的【保存】按钮即保存了该文件。

另外,图 4-19 中最下方的复选框 Add file to current project 表明在保存该文件的同时也将该文件加入了该工程。

图 4-17 新建对话框

图 4-18 在文本窗口中输入 4 位全加器代码

图 4-19 保存对话框

如果建立文本文件时，还没有创建该工程，则在存盘时弹出的 Save As 对话框中默认的文件夹是 QuartusⅡ的安装文件夹。通过单击该对话框左侧的"我的电脑"图标选择保存路径 F:\adder，在文件名输入栏将默认的 Vhdl.vhd 更改为 full_adder.vhd，还要注意到该 Save As 对话框最下方的复选框 Create new project based on this file 表明要为该文件创建一个工程。单击【保存】按钮，会弹出如图 4-20 所示的问句是否想用该文件创建一个工程对话框，单击【是(Y)】按钮，创建工程步骤同前。单击【否(N)】按钮，要单独创建工程，在创建时将该文件添加到工程。一般来说，应单击【是(Y)】按钮，为该文件创建工程。

图 4-20 询问是否用该文件创建工程对话框

4.4.2 原理图方式输入设计文件

在 F:\adder 创建好工程之后，以建立一个 h_adder.bdf 为例介绍原理图输入流程。

① 打开 QuartusⅡ软件，执行菜单栏上的 File→New 命令，在弹出见图 4-17 所示的 New

第 4 章　Quartus Ⅱ 设计流程

对话框中，选择 Design Files 选项卡下的 Block Diagram/Schematic File 项，并单击对话框的【OK】按钮。在工作区打开原理图编辑窗口，如图 4-21 所示，图中虚线框中部分为模块编辑工具栏。

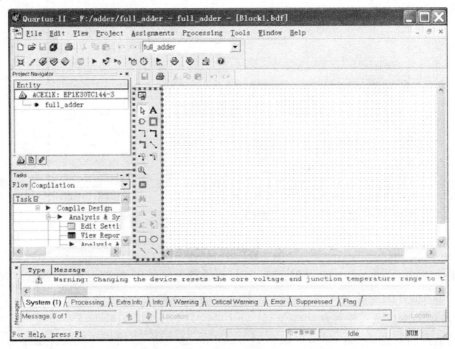

图 4-21　原理图编辑窗口

② 在原理图编辑窗口的任何一个位置单击右键，在弹出的快捷菜单中，选择 Insert→Symbol…命令或者双击鼠标左键或者单击虚线框内符号工具按钮 ，于是弹出如图 4-22 所示的输入元件对话框。由于构成一位半加器只需要简单的与、非和异或门，因而从 Quartus Ⅱ 自带的库中可以找到，按图中所示在 Libraries 栏依次展开 Quartus Ⅱ 安装目录前的＋号，primitives 前的＋号及 logic 前的＋号，可以看到，这里面有不同输入引脚的与门、非门、或门、异或门等元器件。

③ 在 Libraries 栏找到 and2 并单击鼠标左键，该 2 输入的与门符号将出现在原理图编辑窗口以供用户预览，且在 Libraries 栏下方的 Name 栏显示出该符号的名称即 and2，然后再单击该对话框中左下角的【OK】按钮，鼠标会变成十字叉形状且跟随着一个与门的符号，在原理图编辑窗口的合适位置单击鼠标左键，该与门符号就被放置好了。按照相同步骤可以放置非门 not，异或门 xnor。

④ 在图 4-22 的 Libraries 栏依次展开 primitives 前的＋号及 pin 前的＋号，添加 2 个 input 引脚、2 个 output 引脚。在调入的 input 元器件符号上方双击鼠标左键，弹出如图 4-23

第 4 章　Quartus Ⅱ 设计流程

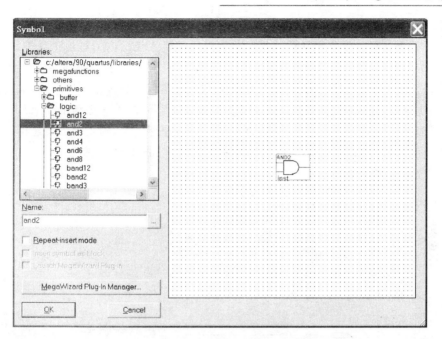

图 4-22　输入元件对话框

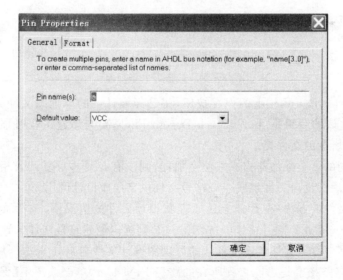

图 4-23　引脚属性对话框

所示的引脚属性对话框,在 General 选项卡的 Pin name(s)栏可以更改默认的引脚名(也可以在 input 符号的 Pin name 上双击鼠标左键使其变黑,再用键盘更改名称),在 Format 选项卡可以更改线条和文本的颜色。

注意：不同的元器件双击后弹出的属性对话框也是不同的。

⑤ 将已经调入的元器件用导线连接。单击模块编辑工具栏内的对角工具按钮 ╲ (Diagonal Dode Tool)或正交节点工具按钮 ┐ (Orthogonal Node Tool),鼠标会变成十字形状且在十字叉的右下角跟着该工具按钮的形状,表示当前选中的是该工具按钮。然后,将鼠标移动至其中一个需要连接的元器件的输出或输入端,按下鼠标左键不放,然后拖动鼠标至另一元器件需要连接的引脚,当十字形状下方出现小的矩形框时放开鼠标左键,则表示已经连接好。对于连错的导线,可以单击鼠标左键选中该导线,然后按下键盘上的 Delete 键将其删除。如图 4-24 所示是已经连接好的半加器。

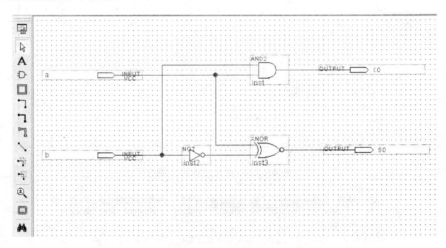

图 4-24　连接好的半加器

⑥ 单击 Quartus Ⅱ 工具栏上的保存按钮,将已经设计好的原理图文件保存,文件命名为 full_adder.bdf(默认的后缀是 .bdf—Block Design File),要与新建工程时顶层实体名完全一致,并存放至工程所在的文件夹。

如果要用相同的 2 个半加器构成一位全加器,则没有必要再重复调入相同的元器件进行连线,可以将该原理图设计文件生成一个符号文件供高层次设计调用。

生成的符号文件的方法:在打开上述原理图设计文件的情况下,选择菜单 File→Create/Update→Create Symbol Files for Current File 项,则弹出创建符号文件(Create Symbol File)对话框,如图 4-25 所示,文件名就是默认的原理图设计文件名 full_adder,后缀为 .bsf(Block Symbol File),保存路径也是当前工程所在的路径 F:\adder,单击该图中【保存】按钮,即可在 F:\adder 内找到生成的 full_adder.bsf 文件。用相同的方法,也可以将前面的 VHDL 文本文件转换成符号文件。

注意：一般来说转换符号文件时,最好是经过编译后没有错误的文件,否则生存的符号文件在被高层设计调用时,编译时会提示该符号文件有错误。

图 4-25 创建符号文件对话框

4.5 设计项目编译前的设置及编译

4.5.1 编译前的设置

在正式编译工程之前,可以对编译器的选项进行设置以控制编译过程。Quartus Ⅱ 9.0 编译器设置选项中,可以指定目标器件系列、Analysis & Synthesis 选项、Fitter 设置等。可以在打开的 Settings 对话框中进行这些选项的设置。打开 Settings 对话框的方法有 3 种:

① 选择 Assignments→Settings 菜单命令;

② 单击 Quartus Ⅱ 软件工具栏上的 ✎ 按钮;

③ 在工程导航(Project Navigator)窗口的 Hierarchy 页中,在顶层文件上方的层标志所在的行上双击。编译器选项的具体设置如下。

1. 指定目标器件

若创建工程时已经对目标器件进行了设置,这一步骤可以跳过去。

① 选择 Assignments 菜单下的 Settings 项,弹出 Settings 对话框,如图 4-26 所示,单击图中 Category 栏下的 Device 项。

② 在 Family 下拉列表框中,可以选择目标器件家族,如 ACE1K 系列。

③ 在 Available devices 下拉列表框中指定一个具体的目标器件,如 EP1KTC144-3。

④ 在 Show in 'Available devices' list 选项中设置目标器件的选择条件,这样可以缩小器

件的选择范围。选项包括封装、引脚数及器件速度等级。

⑤ 单击图 4-26 中的 Device and Pin Options 按钮后,弹出如图 4-27 所示的 Device&Pin Options 窗口。该窗口中有很多选项卡,比如 Configuration 选项卡,如图 4-28 所示,可以选择配置器件和编程方式,可以使用默认的 Configuration scheme:即 Passive Serial (can use Configuration Device);Programming File 选项卡,选中 Hexdecimal-intel 8.(format) output file 复选框,可以对输出设置;Unused Pins 选项卡,在下拉框中选择 As input tri-stated (输入呈三态,推荐选择此项)可以设置目标器件闲置引脚的状态等。

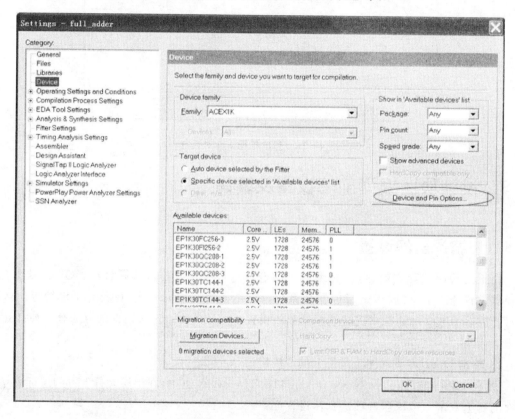

图 4-26 Settings 对话框

⑥ 单击图 4-27 中的【确定】按钮,返回 Settings full adder 对话框,然后单击该对话框中的【OK】按钮,器件设置完毕。

2. 编译过程设置

编译过程设置包括编译速度、编译所用磁盘空间及其他选项。通过下面的步骤可以设定编译过程选项:

① 在 Settings 对话框的 Category 中选择 Compilation Process Settings(编译过程设置),

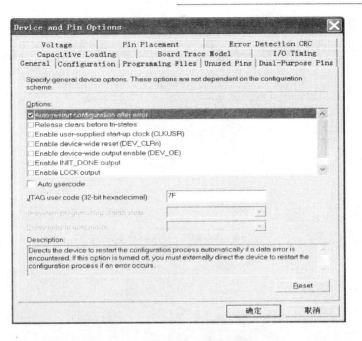

图 4-27 器件与引脚选项窗口

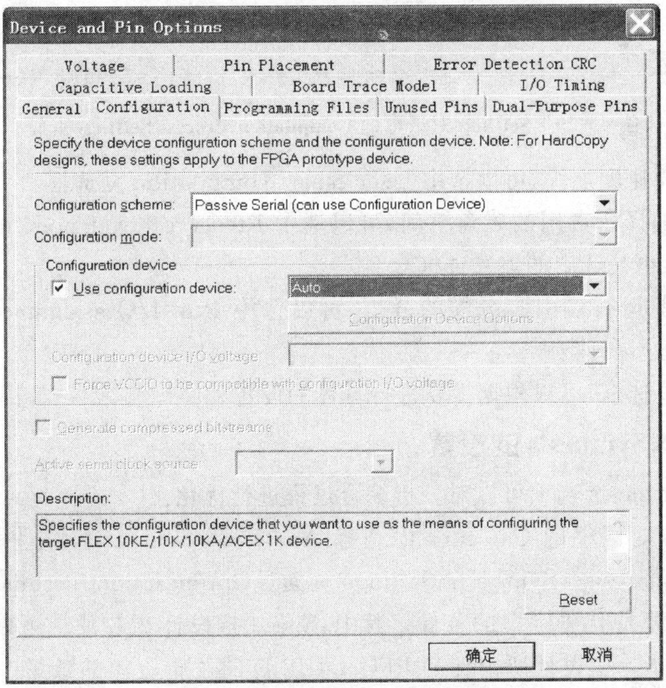

图 4-28 配置选项

则显示如图 4-29 所示的 Compilation Process Settings 页面。

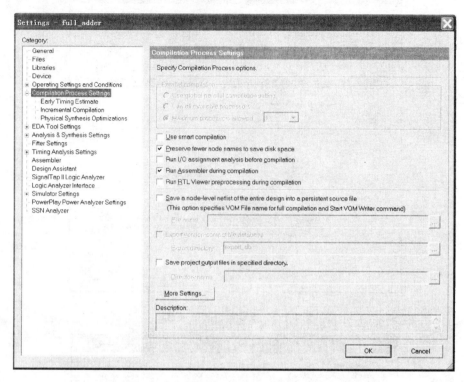

图 4-29 Settings 对话框的 Compilation Process Settings 页面

② 为了使编译速度加快,可以选中 User Smart compilation 复选框。

③ 为了节省编译所占用的磁盘空间,可以选中 Preserve fewer node names to save disk space 复选框(默认也是选中的该复选框)。

④ 在编译之前运行对引脚分配的分析,可以选中 Run I/O assignment analysis before compilation 复选框。

⑤ 还有其他复选框,可以根据需要进行具体的设置。

3. Analysis&Synthesis 的设置

Analysis&Synthesis 选项可以对分析综合过程进行优化。

① 在 Settings 对话框的 Category 中选择 Analysis&Synthesis(分析综合),则显示如图 4-30 所示的 Analysis&Synthesis Settings 页面。Optimazation Technique 用于指定在进行逻辑优化时编译器应优先考虑的条件。其中,Speed 指设计在芯片上可以稳定运行所达到的最高频率,Area 指一个设计所消耗的 FPGA/CPLD 的逻辑资源的数量。而 Speed 和 Area 在 FPGA/CPLD 中是一对矛盾,Balance 指编译器综合时把设计的一部分综合成面积最小,另

一部分速度最快,即作了折中考虑。

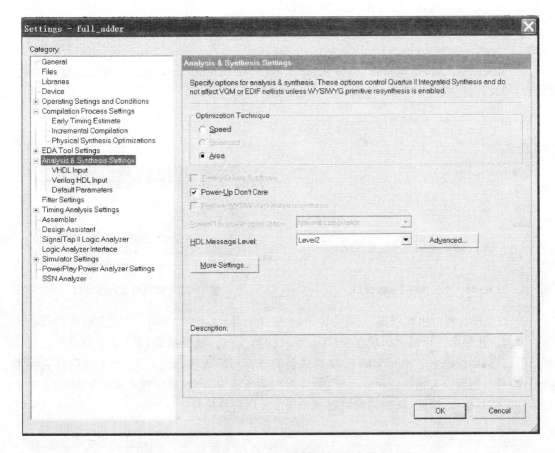

图4-30 综合的参数对话框

② 在图4-30中Category栏下的VHDL Input和Verilog HDL Input,可以选择QuartusⅡ 9.0支持的VHDL和Verilog HDL的版本及库映射文件(.lmf)。

③ 设置完后,单击图4-30的【OK】按钮。

Category栏中的其他设置将在后面的章节中讲解。

注意: 作为QuartusⅡ软件的初学者,编译之前可以不作任何设置而采用默认设置,等深入学习后,再熟悉编译之前的设置内容。

4.5.2 全程编译

以上设置完后,可以启动编译器进行编译了。编译器包括多个模块,各个模块可以单独运行,也可以一起运行进行全编译,全编译的步骤如下:

第4章 QuartusⅡ设计流程

① 执行 Processing→Start Compilation 菜单命令或者单击工具栏 ▶ 按钮,启动全编译。在全编译过程中,Tasks 窗口中显示全编译过程分为 Analysis & Synthesis(综合)、Fitter(适配)、Assemble(汇编)和 Classic Timing Analysis 四个过程及编译的进程,如图 4-31 所示。

② 全编译完成后,若没有错误,则弹出如图 4-32 所示的全编译成功的对话窗口,单击【确定】按钮即可。

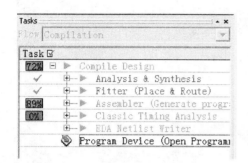

图 4-31 全编译时 Tasks 窗口

图 4-32 成功编译对话窗口

③ 若编译过程中出现错误,则在 Message 窗口中,如图 4-33 所示,显示出错误的行及出错的原因。比如第一个错误出现在 VHDL 文件的第 11 行,错误的原因是少了个分号。双击此错误信息,则快速地定位到 VHDL 文件错误的行并用深蓝色标记显示,改正并保存后再重新编译一次,直到没有错误为止。注意:如果报出多条错误信息,有可能是某一种错误导致了多条错误信息报告,因此,修改错误时要从错误最小的行开始修改。

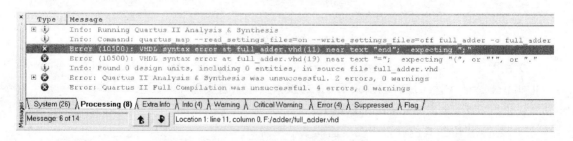

图 4-33 Message 窗口中显示的错误信息

④ 查看编译报告。在编译过程中,编译报告窗口自动显示出来,如图 4-34 所示。编译报告显示了硬件耗用,可以在编译报告左边窗口中展开要查看部分前的加号"+",然后选择要查看的部分,相应报告的内容则在右边窗口中显示出来。

第 4 章 Quartus Ⅱ 设计流程

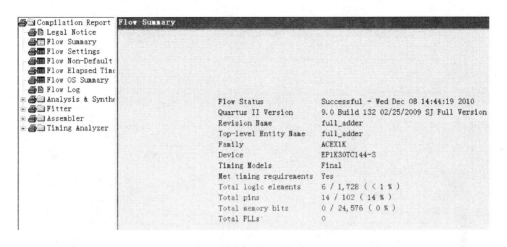

图 4-34 编译报告窗口

4.6 设计项目的仿真

编译成功后，只能说明设计符合一定的语法规范，但并不能保证功能上也能满足设计者的要求，这就需要借助 EDA 仿真工具或 Quartus Ⅱ 仿真器对设计的功能或时序进行全面的仿真。仿真一般需要设置建立波形文件、添加观察信号、添加激励、波形文件的保存和运行仿真器等步骤。这里以 VHDL 文件 full_adder.vhd 讲解操作步骤。

1. 建立矢量波形文件

① 执行 File→New 菜单命令，弹出见图 4-17 所示的 New 对话框。

② 在 New 对话框中，选中 Verification/Debugging Files 项下的 Vector Waveform File，然后单击 New 对话框中的【OK】按钮或直接双击 Vector Waveform File，则打开一个空的波形编辑窗口，如图 4-35 所示，该窗口是单击工具栏最右侧的"向下还原按钮 "后得到的。

③ 设置仿真结束时间。波形编辑器默认的仿真结束时间是 1 μs，根据需要可以改变仿真时间。执行菜单命令 Edit→End Time，弹出 End Time 窗口，如图 4-36 所示，时间单位可选 s、ms、μs、ns 和 ps，本例在 time 栏中输入 50 μs，单击【OK】按钮结束仿真时间设置。

④ 波形文件存盘。执行菜单命令 File→Save，在弹出的 Save As 窗口中单击【保存】按钮，以默认名 full_adder.vwf 将空的波形文件存入到工程文件夹 adder 中。

2. 在矢量波形文件中添加输入、输出节点或端口

① 打开插入节点窗口。有 3 种途径：

Ⅰ. 在图 4-35 的波形编辑窗口左边 Name 栏的空白处双击鼠标左键；Ⅱ. 在 Name 栏的空白处单击鼠标右键，在弹出的快捷菜单中选择 Insert Node Bus 命令；Ⅲ. 执行菜单命令 Edit

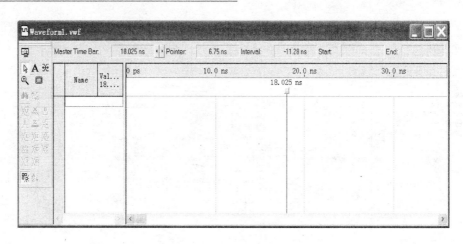

图 4-35 波形编辑窗口

→Insert→Insert Node or Bus…。都会弹出如图 4-37 所示的查找节点窗口。

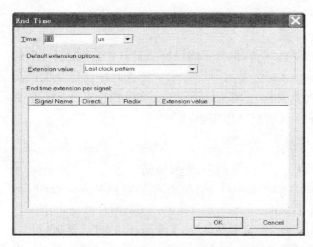

图 4-36 仿真结束时间窗口

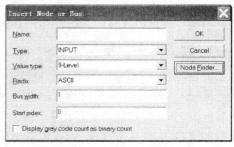

图 4-37 查找节点窗口

② 单击图 4-37 中【Noder Finder】按钮,弹出如图 4-38 所示的 Noder Finder 窗口。

③ 在图 4-38 所示的 Noder Finder 窗口中,Filter 下拉列表框中的"Pin:all"表示工程中的所有引脚,Named 栏的"*"表示引脚的名称为任意,单击【List】按钮,则在 Nodes Found 栏列了工程中的所有输入/输出节点或端口名,端口分配引脚的情况(还没有为端口分配引脚,后面再讲如何分配引脚)及端口的输入/输出情况。

④ 用用鼠标拖动的方式选择要添加的端口,选中的端口会变成深蓝色,然后单击该窗口的复制按钮 ≥ ,选择的端口则出现在右侧的 Selected Nodes 栏,见图 4-38 所示。

第 4 章 Quartus Ⅱ 设计流程

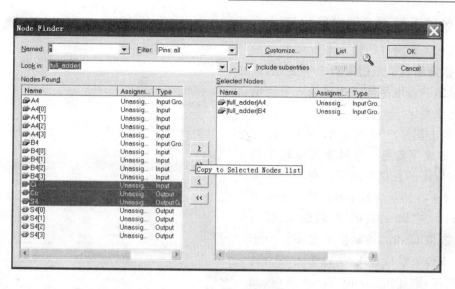

图 4-38 Noder Finder 窗口

⑤ 单击图 4-38 所示的 Noder Finder 窗口中的【OK】按钮，再单击图 4-37 所示的 Insert Node or Bus 窗口的【OK】按钮，则在波形编辑窗口中显示出已经添加的节点，如图 4-39 所示，图中已经单击了 A4、B4 及 S4 前的＋号进行了展开。

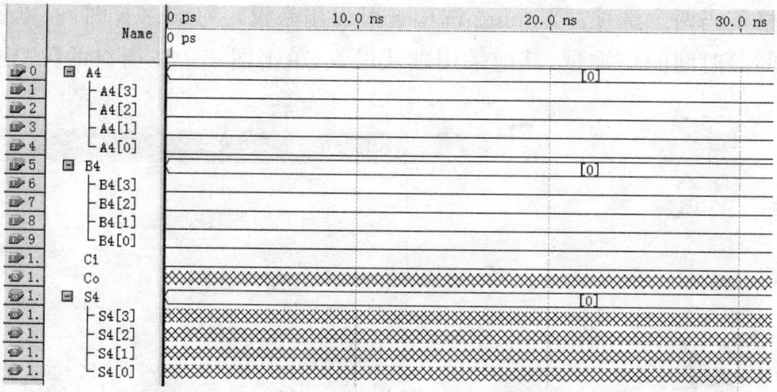

图 4-39 添加了节点的波形编辑窗口

另一种方法在矢量波形文件中添加输入、输出节点步骤如下：执行菜单命令 View→Utility Windows→Node Finder，在弹出的 Noder Finder 窗口中，单击该窗口中的【List】按钮，在该窗口下方的 Nodes Found 栏显示出工程中所有的引脚，如图 4-40 所示。

在图 4-40 中 Nodes Found 栏，单击或拖动鼠标选择要加入的节点，并将鼠标放在选中节点的行上，然后按住左键不放并拖至波形编辑器中的 Name 栏空白处松开鼠标即可。

第 4 章　Quartus Ⅱ 设计流程

3. 给输入节点添加激励信号

在波形编辑窗口给输入节点添加激励信号，即指定输入节点的逻辑电平变化，以便验证输出节点电平能否按照输入节点电平的变化而变化。

① 单击图 4-39 所示的 Name 栏的 A4 使之变成深蓝色。这时波形编辑工具按钮也由原来的灰色变成了蓝色的可用按钮，如图 4-41 所示。该工具按钮上提供了输入逻辑 0、逻辑 1、高阻 Z、弱低 L、弱高 H、总线数值 C 和时钟赋值等按钮。由于 A4 包含 4 位矢量或总线，所以单击该工具栏上 XC 按钮，则弹出 Count Value 窗口，如图 4-42 所示。在 Counting 选项卡的基数 Radix 下拉列表框中可以选择二、八、十六进制及有符号或无符号十进制数等，Start value 用来设定总线的起始值，Count type

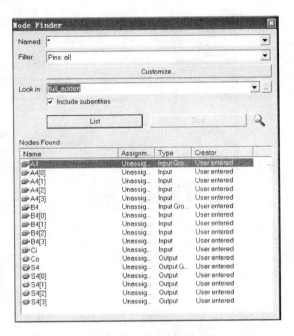

图 4-40　Noder Finder 窗口

栏有二进制或格雷码两个选项。Timing 选项卡可以用来设定每隔多长时间（本例设定 10 μs）增加的数量及间隔时间的倍乘量，其他采用默认设置，单击图 4-42 窗口的【确定】按钮。

图 4-41　波形编辑工具按钮

图 4-42　Count Value 窗口

② 按照相同的方法，在波形编辑窗口中给 B4 添加激励信号。为了熟悉各个按钮，这里给输入端口 Ci 添加时钟，即 Name 栏选中 Ci 后，然后单击波形编辑工具按钮，弹出如图 4-43 所示的 Clock 窗口。在该窗口中可以设置时钟的周期、占空比及时钟的起始偏移量。

③ 添加完后，单击 Quartus Ⅱ 工具栏上的保存按钮，或执行菜单命令 File→Save，将添加了激励信号的波形文件进行保存。

4. 启动仿真器

(1) 设置仿真器

执行菜单 Assignment→Settings 命令打开 Settings 窗口，在 Category 栏单击选中 Simulation Settings 项，则在该窗口的右边显示仿真器设置页面，如图 4-44 所示。在仿真模式(Simulation mode)下拉列表中，可选择功能(Functional)仿真或时序(Timing)仿真(默认是时序仿真)。若选择功能仿真，在仿真前应先执行菜单命令 Processing→Generate Functional Netlist，产生功能仿真网表文件，这里采用默认的时序仿真设置。

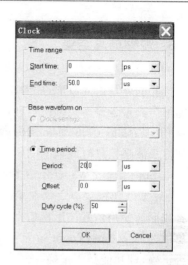

图 4-43 Clock 窗口

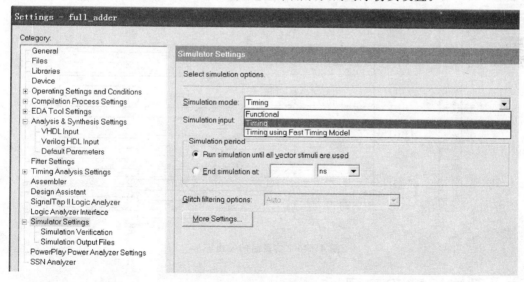

图 4-44 仿真器设置窗口

(2) 启动仿真

单击菜单栏中的 Processing→Start Simulation 选项，或者直接单击工具栏上的启动仿真按钮，即可启动仿真器进行仿真。若没有错误，则会弹出一个仿真成功的窗口，如图 4-45

所示。

5. 观察仿真结果

仿真结束后,仿真报告窗口自动打开,并且默认打开的就是仿真波形,如图 4-46 所示。若关掉了仿真报告窗口想再次打开,则可执行菜单命令 Processing→Simulation Report。如果无法看到仿真波形窗口时间轴上的所有波形,则可右键单击 Simulation Waveforms 窗口中的任何位置。在弹出的快捷菜单中选择 Zoom→Fit in Window 或者执行菜单命令 View→Fit in Window,这样可以观察到从 0 至仿真结束时间内的仿真波形。使用仿真波形窗口上的缩放工具 按钮可对波形进行放大和压缩操作,或在快捷菜单中选择 Zoom→Zoom in 及 Zoom→Zoom out。根据仿真后的波形,可以验证输出的波形是否正确,即功能是否正确。

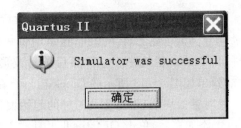

图 4-45 仿真成功窗口

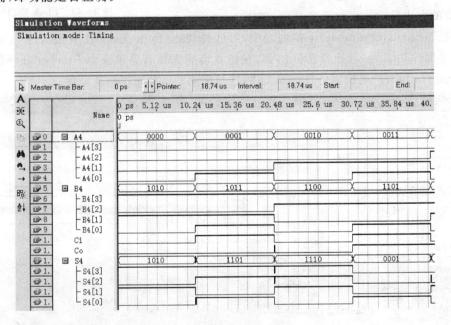

图 4-46 仿真后的输出波形

4.7 引脚设置和配置

时序仿真正确后,就可以将工程中的输入/输出端口分配到可编程器件的引脚上,然后将代码配置或下载到器件上进行硬件验证。

① 在打开该工程情况下,执行菜单命令 Assignments→Assignment Editor 或者单击工具栏上的分配编辑器 按钮,弹出如图 4-47 所示的 Assignment Editor 窗口。

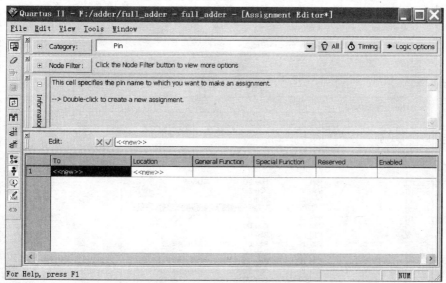

图 4-47 Assignment Editor 编辑窗口

② 在图 4-47 中的 Category 栏下拉列表框中选择 Pin,双击该图中 To 栏的 New,在出现的下拉栏中分别选择要锁定的端口信号名,然后双击对应的 Location 栏的 New,在出现的下拉栏中选择对应端口的器件引脚号,如图 4-48 所示。

注意: 已经分配了的端口和引脚,在下拉框中显示为斜体。

③ 工程中全部的端口分配完引脚号后,执行菜单命令 File→Save,将其保存。

④ 执行菜单命令 Processing→Start Compilation 再次编译,将引脚锁定信息编译到编程下载文件中。

注意: 这一步编译一定不能忘,否则将代码下载后,将无法在硬件上验证。

⑤ 打开编程窗口。执行菜单命令 Tools→Programmer 或者单击工具栏上的编程 按钮或者双击 Tasks 窗口最下面的 Program Device(Open Programmer),弹出如图 4-49 所示的编程窗口,在右侧的空白区域列出了配置的文件 full_adder.sof、编程器件 EP1K30TC144 等信息。

⑥ 下载代码。在实验箱上按分配的引脚连接好导线,单击图 4-49 中的【Start】按钮后,则开始下载代码,在 Progess 栏显示下载的百分数。下载完后,就可以在硬件上验证了。

至此,我们用一个例子给读者演示了 FPGA 的整个开发流程。

如果是初次安装 QuartusⅡ软件,则需要先设置编程器,才能下载代码。单击图 4-49 中的【Hardware Setup…】按钮(设置下载接口方式),弹出如图 4-50 所示的 Hardware Setup

第4章 QuartusⅡ设计流程

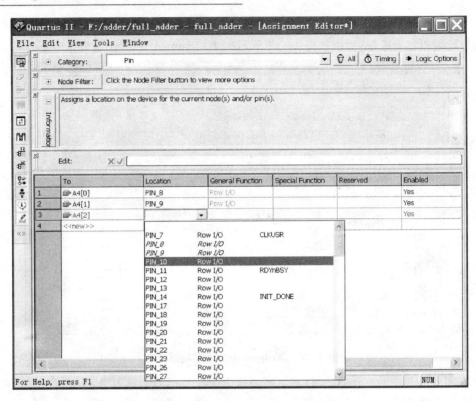

图4-48 分配引脚的 Assignment Editor 窗口

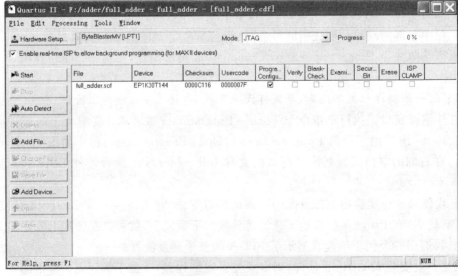

图4-49 编程窗口

（硬件配置）窗口。

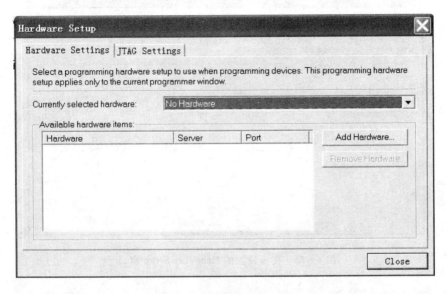

图 4-50　Hardware Setup 窗口

在图 4-50 中的 Hardware Settins（默认）选项卡中，单击【Add Hardware…】按钮，弹出 Add Hardware 窗口，如图 4-51 所示。在 Hardware type 下拉列表框中选择 ByteBlaster MV or ByteBlaster II，在 Port 下拉列表框中选择并口 LPT1，然后单击【OK】按钮，则在 Hardware Setup 窗口中显示如图 4-52 所示的内容，单击图中【Close】按钮，即完成设置。

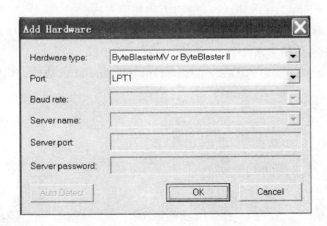

图 4-51　Add Hardware 窗口

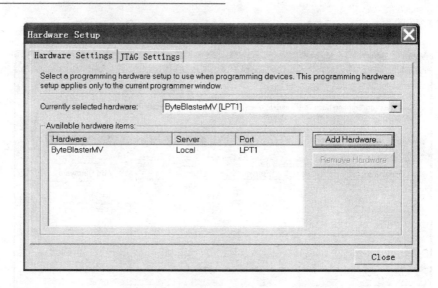

图 4-52　完成设置的 Hardware Setup 窗口

习　题

4.1　简述 QuartusⅡ软件中工程设计的基本流程,并说明各流程的要点。

4.2　概述 Assignments 菜单中 Assignments Editor 的功能,举例说明。

4.3　参考 QuartusⅡ的 Help,详细说明 Assignments 菜单中 Settings 对话框的功能。

① 说明其中的 Timing Requirements & Options 的功能、使用方法和检测途径。

② 说明其中的 Compilation Process 的功能和使用方法。

③ 说明 Analysis & Synthesis Settings 的功能和使用方法,以及其中的 Synthesis Netlist Optimization 的功能和使用方法。

④ 说明 Fitter Settings 中的 Design Assistant 和 Simulator 功能,具体说明它们的使用方法。

第 5 章

VHDL 基本语句

　　VHDL 语言的实体描述只是定义了元件、模块或系统与外部电路的端口界面,而真正要完成的功能是由结构体进行描述的,本章所说的基本语句是指结构体描述的语句,主要分为顺序语句和并行语句两大类。例如进程语句是一条并发描述语句。在一个结构体内可以有几个进程语句同时存在,各进程语句是并发执行的。但是,在各进程内部所有语句应是顺序执行语句,即是按书写的顺序自上而下,一条语句接一条语句地执行。

　　在逻辑系统的设计中,这些语句从多侧面完整地描述了数字系统的硬件结构和基本逻辑功能,其中包括通信方式、信号的赋值、多层次的元件例化及系统行为等。灵活运用这两类语句就可以正确地描述系统的并发行为和顺序行为。

5.1　顺序语句

　　顺序语句是相对于并行语句而言的,其特点如下:

　　每一条顺序语句的执行(指仿真执行)顺序是与它们的书写顺序基本一致的,但其相应的硬件逻辑工作方式未必如此,希望读者在理解过程中要注意区分 VHDL 语言的软件行为及描述综合后的硬件行为间的差异。

　　顺序语句只能出现在进程(Process)和子程序中。在 VHDL 中,一个进程是由一系列顺序语句构成的,而进程本身属并行语句,这就是说,在同一设计实体中,所有的进程是并行执行的。然而任一给定的时刻内,在每一个进程内,只能执行一条顺序语句。一个进程与其设计实体的其他部分进行数据交换的方式只能通过信号或端口。如果要在进程中完成某些特定的算法和逻辑操作,则可以通过依次调用子程序来实现,但子程序本身并无顺序和并行语句之分。利用顺序语句可以描述逻辑系统中的组合逻辑、时序逻辑或它们的综合体。

　　VHDL 有 6 类基本顺序语句:赋值语句、流程控制语句、等待语句、子程序调用语句、返回语句和空操作语句等。

5.1.1　赋值语句

　　赋值语句的功能就是将一个值或一个表达式的运算结果传递给某一数据对象。如信号或变量,或由此组成的数组。VHDL 设计实体内的数据传递以及对端口界面外部数据的读/写都必须通过赋值语句的运行来实现。

赋值语句有两种,即信号赋值语句和变量赋值语句。每一种赋值语句都由 3 个基本元素组成,即赋值目标、赋值符号和赋值源。赋值目标是所赋值的受体,它的基本元素只能是信号或变量,但表现形式可以有多种,如文字、标识符、数组等。赋值符号只有两种,信号赋值符号是"<=";变量赋值符号是":="。赋值源是赋值的主体,它可以是一个数值,也可以是一个逻辑或运算表达式。VHDL 规定,赋值目标与赋值源的数据类型必须严格一致。

变量赋值与信号赋值的区别在于,变量具有局部特征,它的有效范围只局限于所定义的一个进程中,或一个子程序中,它是一个局部的、暂时性数据对象(在某些情况下)。对于它的赋值是立即发生的(假设进程已启动),即是一种时间延迟为零的赋值行为。信号则不同,信号具有全局性特征,它不但可以作为一个设计实体内部各单元之间数据传送的载体,而且可通过信号与其他的实体进行通信(端口本质上也是一种信号)。信号的赋值并不是立即发生的,它发生在一个进程结束时。赋值过程总是有某种延时的,它反映了硬件系统的重要特性,综合后可以找到与信号对应的硬件结构,如一根传输导线、一个输入/输出端口或一个 D 触发器等。

变量赋值与信号赋值及其二者的区别详见 3.3.2 小节 VHDL 数据对象部分。

5.1.2 流程控制语句

流程控制语句通过条件控制开关决定是否执行一条或几条语句,或重复执行一条或几条语句或跳过一条或几条语句。流程控制语句共有 5 种:IF 语句、CASE 语句、LOOP 语句、NEXT 语句和 EXIT 语句。流程控制语句同其他顺序语句一样不能独立使用,只能使用在进程或子程序中。

1. IF 语句

IF 语句是一种条件语句,它根据语句中所设置的一种或多种条件,有选择地执行指定的顺序语句,其语句结构一般有 3 种格式:

① IF　条件句　THEN
　　顺序语句;
　　END IF;

当程序执行到该 IF 语句时,首先检测关键词 IF 后的条件表达式的布尔值是否为真,如果条件为真,则 IF 语句所包含的顺序处理语句将被执行;如果条件检测为假,则程序跳过 IF 语句包含的顺序语句,而执行 END IF 语句后面的语句。这里的条件起到决定是否跳转的作用。该 IF 语句是一种非完整性条件语句,通常用于产生时序电路。

【例 5-1】 用 IF 语句描述一个上升沿触发的基本 D 触发器。

```
LIBRARY IEEE;
```

```
USE IEEE.STD_LOGIC_1164.ALL;
ENTITY dff IS
PORT(d,clk : in STD_LOGIC;
            q : out STD_LOGIC );
END dff;
ARCHITECTURE behaval OF dff IS
BEGIN
 PROCESS(clk)
 BEGIN
    IF RISING_EDGE (clk) THEN            --判断时钟边沿
        q <= d;
    END IF;
 END PROCESS;
END behaval;
```

这个程序用于描述时钟信号边沿触发的时序逻辑电路。进程中的 clk 是敏感信号,变化时进程就要执行一次。表达式 clk'event and clk='1' 用来判断 clk 是否产生上升沿,若产生则执行 qout <=d;否则 qout 保持不变。

② IF   条件句   THEN
        顺序语句;
   ELSE
        顺序语句;
     END   IF;

当 IF 语句所指定的条件满足时,将执行 THEN 和 ELSE 之间所界定的顺序语句;当 IF 语句所指定的条件不满足时,将执行 ELSE 和 END IF 之间所界定的顺序语句。也就是说,用条件来选择两条不同程序执行的路径。这是一种完整性条件语句,它给出了条件句所有可能的条件,因此通常用于产生组合逻辑电路。

【例 5-2】 用 IF 语句描述的一个"二选一"电路。a 和 b 为选择电路的输入信号,sel 为选择控制信号,output 为输出信号。

```
ENTITY selection2 IS
PORT(a,b, sel:IN BIT;
     output:OUT BIT);
END selection2;
ARCHITECTURE data OF selection2 IS
BEGIN
    PROCESS(a,b,sel)
    BEGIN
```

第 5 章 VHDL 基本语句

```
            IF(sel = '1')THEN        -- 控制信号 sel 为 1 则输出 a
              output< = a;
            ELSE
              output< = b;
            END IF;
          END PROCESS;
       END data;
```

③ IF　条件句 1　THEN
　　顺序语句 1；
　ELSIF　条件句 2　THEN
　　　　顺序语句 2；
　　　…
　ELSIF　条件 n　THEN　顺序语句 n；
　ELSE　顺序语句 n+1；
　END　IF

　　这种形式同前两种形式相比,实际上只是多条件分支,是一种完整的条件描述。这是多重 IF 语句嵌套的条件语句,可以产生比较丰富的条件描述,既可以产生时序逻辑电路,也可以产生组合逻辑电路,或者两者的混合。该语句在使用时应注意,END IF 结束句应该与嵌入的 IF 条件句数量一致。

　　在这种多选择控制的 IF 语句中,设置了多个条件,当满足所设置的多个条件之一时,就执行该条件后的顺序语句。如果所有设置的条件都不满足,则执行 ELSE 和 END IF 之间的顺序语句。

【例 5 - 3】 带异步复位、置位端的 D 触发器的描述。综合后的 RTL 电路如图 5-1 所示。

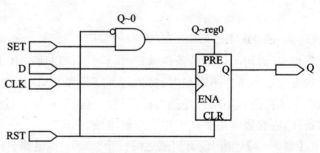

图 5-1　例 5-3 综合后的 RTL 电路

```
LIBRARY IEEE;
USE IEEE.STD_LOGIC_1164.ALL;
ENTITY async_ff IS
PORT(d,clk,set,rst: in STD_LOGIC;
              q : out STD_LOGIC);
END async_ff;
ARCHITECTURE a OF async_ff IS
```

```
BEGIN
    PROCESS(clk,set,rst)
    BEGIN
        IF rst = '1' THEN
            q< = '0';
        ELSIF set = '1'THEN
            q< = '1';
        ELSIF clk'event ant clk = '1' THEN
            q< = d;
        END IF;
    END PROCESS;
END a;
```

该例中,复位信号 RST、置位信号 SET 和时钟信号 CLK 全部列入敏感信号参数表中,而且应该注意到 IF 语句的书写层次,RST 的级别最高,SET 的级别次之,CLK 的级别最低,更重要的是在最后一个关于 CLK 上升沿事件条件子句 ELSIF 中没有 ELSE 分支,使其成为一个不完整的条件句,从而在综合时引入 D 触发器。

2. CASE 语句

CASE 语句和 IF 语句的功能有些类似,是一种多分支开关语句,可根据满足的条件直接选择多个顺序语句中的一个执行。CASE 语句可读性好,很容易找出条件和动作的对应关系,经常用来描述总线、编码和译码等行为。CASE 语句的格式如下:

```
CASE    表达式 IS
    WHEN    条件选择值1=>顺序语句1;
    WHEN    条件选择值2=>顺序语句2;
    WHEN    条件选择值3=>顺序语句3;
            … ;
    WHEN    OTHERS   =>顺序语句n;
END CASE;
```

执行 CASE 语句时,先计算 CASE 和 IS 之间表达式的值,当表达式的值与某一个条件选择值相同(或在其范围内)时,程序将执行对应的顺序语句。表达式可以是一个整数类型或枚举类型的值,也可以是由这些数据类型的值构成的数组。WHEN 的条件选择值有以下几种形式:

- 单个数值,如 WHEN 3。
- 并列数值,如 WHEN 1 | 2,表示取值 1 或者 2。
- 数值选择范围,如 WHEN(1 TO 3),表示取值为 1、2 或者 3。

● 其他取值情况,如 WHEN OTHERS,常出现在 END CASE 之前,代表已给出的各条件选择值中未能列出的其他可能取值。

注意:语句中的=>不是运算符,只相当于 THEN 的作用。

使用 CASE 语句需注意以下几点:

① 条件句中的选择值必须在表达式的取值范围内。

② 除非所有条件句中的选择值能完整覆盖 CASE 语句中表达式的取值,否则最末一个条件句中的选择必须用 OTHERS 表示。它代表已给的所有条件句中未能列出的其他可能的取值。关键词 OTHERS 只能出现一次,且只能作为最后一种条件取值。使用 OTHERS 的目的是为了使条件句中的所有选择值能涵盖表达式的所有取值,以免综合器插入不必要的锁存器。这一点对于定义为 STD_LOGIC 和 STD_LOGIC_VECTOR 数据类型的值尤为重要,因为这些数据对象的取值除了 1 和 0 以外,还可能有其他的取值,如高阻态 Z、不定态 X 等。

③ CASE 语句中每一条件句的选择只能出现一次,不能有相同选择值的条件语句出现。

④ CASE 语句执行中必须选中,且只能选中所列条件语句中的一条。这表明 CASE 语句中至少要包含一个条件语句。

【例 5-4】 用 CASE 语句描述 4 选 1 多路选择器。逻辑图如图 5-2 所示。

```
LIBRARY IEEE;
USE IEEE.STD_LOGIC_1164.ALL;
ENTITY mux41 IS
    PORT(s1,s2: in STD_LOGIC;
         a,b,c,d: in STD_LOGIC;
         z: out STD_LOGIC);
END ENTITY mux41;
ARCHITECTURE art OF mux41 IS
    SIGNAL s :STD_LOGIC_VECTOR(1 DOWNTO 0);
BEGIN
s<= s1 & s2;
PROCESS(s1,s2,a,b,c,d)
BEGIN
    CASE s IS
        WHEN  "00" =>z<= a;
        WHEN  "01" =>z<= b;
        WHEN  "10" =>z<= c;
        WHEN  "11" =>z<= d;
        WHEN  others =>z<= 'x';
        END CASE;
```

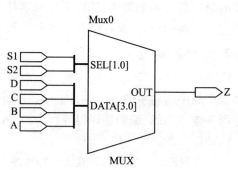

图 5-2 4 选 1 多路选择器

END PROCESS;
END art;

注意：第 5 个条件名是必需的，因为对于定义 STD_LOGIC_VECTOR 数据类型的 S，在 VHDL 综合过程中，它可能的选择值除了 00、01、10 和 11 外，还可以有其他定义于 STD_LOGIC 的选择值。

例 5-5 描述的 4 选 1 选择器是用 IF 语句和 CASE 语句共同完成的。这不是一个多路选择器，它是根据 4 位输入码来确定 4 位输出中哪一位输出为 1。此外，请注意它的选择表达式的数据类型是整数。

【**例 5-5**】 利用 IF 语句和 CASE 语完成 4 选 1 选择器。

```
LIBRARY IEEE;
USE IEEE.STD_LOGIC_1164.ALL;
ENTITY mux41 IS
    PORT(s4,s3,s2,s1: in STD_LOGIC;
         z4,z3,z2,z1:out STD_LOGIC);
END mux41;
ARCHITECTURE  art  OF mux41   IS
    SIGNAL sel:INTEGER  RANGE   0 TO 15
BEGIN
    PROCESS(s4,s3,s2,s1)
    BEGIN
        sel<='0';                          --输入初始值
        IF s1 = '1' THEN   sel<=sel+1;
        ELSIF s2 = '1'   THEN  sel<=sel+2;
        ELSIF s3 = '1'   THEN  sel<=sel+4;
        ELSIF s4 = '1'   THEN  sel<=sel+8;
        ELSE   null;                       --注意，这里使用了空操作语句
        END IF;
    z1<='0';z2<='0';z3<='0';z4<='0';       --输入初始值
    CASE sel IS
        WHEN   0 = >z1<= '1';              --当 sel = 0 时选中
        WHEN   1|3 = >z2<= '1';            --当 sel 为 1 或 3 时选中
        WHEN   4 to 7|2 = >z3<= '1';       --当 sel 为 2、4、5、6 或 7 时选中
        WHEN   others = >z4<= '1';         --当 sel 为 8～15 中任一值时选中
    END CASE;
    END PROCESS;
END art;
```

例 5-5 中的 IF_THEN_ELSIF 语句所起的作用是数据类型转换器的作用，即把输入的

s4、s3、s2、s1 的 4 位二进制输入值转化为能与 sel 对应的整数值,以便可以在条件句中进行比较。

CASE 语句与 IF 语句的主要区别在于:
- 从语句的判断选择上,IF_THEN_ELSE 描述的条件具有优先级,是按代码的顺序逐个进行条件判断的,只要当前条件满足,则后面的条件不会再进行判断,因此,所列条件按顺序具有一个优先级排列。而 CASE 语句则没有优先级,只要所列条件中任何一个满足,就执行所满足条件后面的顺序语句。
- 从语句结构上,CASE 语句显得简洁易读。
- 从耗用的硬件资源上,综合后对相同的逻辑功能,CASE 语句比 IF 语句的描述耗用更多的硬件资源。
- 而且有的逻辑,CASE 语句无法描述,只能用 IF 语句来描述。这是因为 IF_THEN_ELSIF 语句具有条件相与的功能和自动将逻辑值"—"包括进去的功能(逻辑值"—"有利于逻辑化简),而 CASE 语句只有条件相"或"的功能。

3. LOOP 语句

LOOP 语句就是循环语句。它可以使所包含的一组顺序语句被循环执行,其执行次数可由设定的循环参数决定,循环的方式由 NEXT 和 EXIT 语句来控制。其语句格式如下:

[LOOP　标号:][重复模式] LOOP

　　顺序语句

　END LOOP　[LOOP 标号];

重复模式有两种:FOR_LOOP 和 WHILE_LOOP,格式分别为:

[LOOP 标号:] FOR　循环变量　IN　循环次数范围　LOOP　　　--重复次数已知

[LOOP 标号:] WHILE　循环控制条件 LOOP　　　　　　　　　--重复次数未知

循环语句中,LOOP 标号不是必需的。LOOP 标号的使用,主要是增强程序的可读性,尤其是当使用循环嵌套或循环体的顺序语句很长的时候。

① 简单 LOOP 语句的使用。

```
    …
L2: LOOP
    a:=a+1;
    EXIT L2 WHEN a>10;      --当 a 大于 10 时跳出循环
    END LOOP L2;
    …
```

② FOR_LOOP 循环语句

在 FOR_LOOP 语句结构中,FOR 后的"循环变量"是一个临时变量,属 LOOP 语句的局部变量,是隐式定义的,由 FOR_LOOP 循环体自动声明的,不需要使用者定义和声明,即该变量不能在循环体外定义，只是在循环体内可见，而且是只读的，不允许对其进行赋值，其循环次数范围在开始执行 FOR_LOOP 语句之前是必须确定的。

注意，LOOP 循环的范围最好以常数表示，否则，在 LOOP 体内的逻辑可以重复任何可能的范围，这样将导致耗费过多的硬件资源，综合器不支持没有约束条件的循环。并且对于可综合的 FOR_LOOP 语句，循环变量的取值范围和方向（TO 或 DOWN）不能依赖于任何的信号或变量。只有这样，综合器才能确定暂用硬件资源的种类和数量。

【例 5-6】 利用 FOR_LOOP 语句的 8 位奇偶校验逻辑电路的 VHDL 程序之一。

```
LIBRARY IEEE;
USE IEEE.STD_LOGIC_1164.ALL;
ENTITY p_check IS
    PORT (a:in STD_LOGIC_VECTOR(7 DOWNTO 0);
          y:out STD_LOGIC);
END p_check;
ARCHITECTURE art OF p_check IS
    SIGNAL tmp: STD_LOGIC;
BEGIN
    PROCESS(a)
    BEGIN
    tmp <= '0';
    FOR n IN 0 TO 7 LOOP
      tmp <= tmp xor a(n);
    END LOOP;
      y <= tmp;
    END PROCESS;
END art;
```

利用 LOOP 语句中的循环变量能够简化同类顺序语句表达式的使用。

【例 5-7】 利用 FOR_LOOP 语句的 8 位奇偶校验逻辑电路的 VHDL 程序之二。

```
SIGNAL a,b,c: STD_LOGIC_VECTOR(1 TO 3);
    …
FOR n IN 1 TO 3 LOOP
a(n) <= b(n) and c(n);
END LOOP;
```

此段程序等效于顺序执行以下 3 个信号赋值操作：

```
a(1) <= b(1) AND c(1);
a(2) <= b(2) AND c(2);
a(3) <= b(3) AND c(3);
```

③ WHILE_LOOP 循环语句

如果需要一个可变的循环次数,则必须使用 WHILE_LOOP。WHILE_LOOP 的循环控制条件必须是布尔量,一旦计算判断出循环控制条件的值问为 TRUE,就执行 WHILE_LOOP,否则就终止。显然,当 WHILE_LOOP 的循环次数不能确定时,通常是不可综合的。

【例 5-8】 WHILE_LOOP 语句的使用。

```
shift1: PROCESS(inputx)
    VARIABLE n: positive: = 1;
    BEGIN
    L1: WHILE n<= 8 LOOP          --这里的<=是小于或等于的意思
      outputx(n)<= inputx(n+8);
      n: = n+1;
      END LOOP L1;
END PROCESS shift1;
```

在 WHILE_LOOP 语句的顺序语句中增加了一条循环次数的计算语句,用于循环语句的控制。在循环执行中,当 N 的值等于 9 时将跳出循环。

4. NEXT 语句和 EXIT 语句

NEXT 语句和 EXIT 语句都是只能用在循环体中的顺序语句,用于描述有条件或无条件地跳出本次循环。

① NEXT 语句

NEXT 语句的格式按照有 LOOP 标号和无 LOOP 标号以及有条件表达式和无条件表达式分为以下 4 种:

NEXT;

NEXT LOOP　　标号;

NEXT WHEN　　条件表达式;

NEXT LOOP　　标号 WHEN　　条件表达式;

其中,条件表达式的值必须是布尔量。有无 LOOP 标号,其语句的基本功能是相同的,区别在于当有多重 LOOP 语句嵌套时,有 LOOP 标号的语句可以跳转到指定标号的 LOOP 语句处重新开始执行循环操作。语句中没有条件表达式,即不出现 WHEN 子句,且 LOOP 标号缺省时,一旦执行 NEXT 语句,即刻跳回到本次循环 LOOP 语句的开始处,开始下一次循环;否则跳转到指定的 LOOP 语句开始处,开始执行循环操作。当语句有条件表达式时,即出现 WHEN 子句,且条件表达式的值为 TRUE 时,执行 NEXT 语句,进入跳转操作;否则继续向下执行。

【例 5-9】 NEXT 语句的使用。

```
    ...
    L1: FOR cnt_value IN 1 TO 8 LOOP
```

```
        S1:a(cnt_value): = '0';
        NEXT WHEN (b = c);
        S2 :a(cnt_value + 8): = '0';
        END LOOP L1;
```

本例中,当程序执行到 NEXT 语句时,如果条件判断式(b=c)的结果为 TRUE,则执行 NEXT 语句,并返回到 L1,使 CNT_VALUE 加 1 后执行 S1 开始赋值语句;否则将执行 S2 开始的赋值语句。

在多重循环中,NEXT 语句必须如例 5 – 10 所示那样,加上跳转标号。

【例 5 – 10】 在多重循环中,NEXT 语句的使用。

```
    …
    L_X:FOR  cnt_value  IN  1  TO  8 LOOP
        S1:a(cnt_value): = '0';
        k: = 0;
    L_Y:LOOP
        S2:b(k): = '0';
        NEXT  L_X  WHEN  (e>f);
        S3:b(k + 8): = '0';
            K: = K + 1;
    NEXT  LOOP  L_Y;
    NEXT  LOOP  L_X;
    …
```

当 e>f 为 TRUE 时,执行语句 NEXT L_X 跳转到 L_X,使 cnt_value 加 1,从 S1 处开始执行语句;若为 FALSE,则执行 S3 后使 K 加 1。

② EXIT 语句

EXIT 语句的语句格式和操作功能与前述的 NEXT 语句非常相似,唯一的区别是 NEXT 语句是跳向 LOOP 语句的起始点,而 EXIT 语句则是跳向 LOOP 语句的终点。EXIT 语句的语句格式也有如下 4 种形式:

EXIT;
EXIT LOOP   标号;
EXIT WHEN   条件表达式;
EXIT LOOP   标号 WHEN   条件表达式;

下例是一个两元素位矢量值比较程序。在程序中,当发现比较值 A 和 B 不同时,由 EXIT 语句跳出循环比较程序,并报告比较结果。

【例 5 – 11】 一个两元素位矢量值比较程序。

```
SIGNAL a,b:STD_LOGIC_VECTOR(1 DOWNTO 0);
```

第 5 章 VHDL 基本语句

```
    SIGNAL a_less_then_b:BOOLEAN;
      ...
    a_less_then_b<= flase;                  --设初始值
FOR i IN 1 DOWNTO 0    LOOP
    IF (a(i) = '1' and b(i) = '0') THEN
      a_less_then_b<= false;
      EXIT;
    ELSIF (a(i) = '0'and b(i) = '1') THEN
      a_less_then_b<= true;                 --A<B
   EXIT;
   ELSE;
      NULL;
     END IF;
   END LOOP;                                --当 I=1 时返回 LOOP 语句继续比较
```

此例中的 NULL 为空操作语句,是为了满足 ELSE 的转换。程序先比较 a 和 b 的高位,高位是 1 者为大,输出判断结果 TRUE 或 FALSE 后中断比较程序;当高位相等时,继续比较低位,这里假设 a 不等于 b。

5.1.3 等待语句

进程在执行过程中总是处于两种状态:执行或挂起。进程中的敏感信号能够触发进程执行,WAIT 语句也能起到与敏感信号同样的作用。当执行到 WAIT 语句时,运行的程序将即时被挂起,直到满足此语句设置的结束挂起条件后,将重新开始执行进程或过程中的程序。但需要注意的是:VHDL 规定敏感信号列表和 WAIT 语句不能在进程中同时使用,只能使用其中的一种。

WAIT 语句可以设置 4 种不同的条件,这几种条件可以混合使用。

① 无限等待。不设置停止挂起条件的表达式,表示永远挂起。格式如下:

WAIT;

② 等待敏感信号变化。格式如下:

WAIT ON   信号名[,信号名…];

进程中使用敏感信号的程序如下:

```
PROCESS(a,b)                --敏感信号 a,b
    BEGIN
        y <= a AND b;
END PROCESS;
```

将进程中的敏感信号去掉,改为使用 WAIT ON 语句,实现相同的功能。程序如下:

```
PROCESS
    BEGIN
        WAIT ON a,b;
            y <= a AND b;
END PROCESS;
```

当 a 或 b 中任一信号发生变化时,进程将结束等待状态而进入到执行状态。

③ 等待条件满足。格式如下:

WAIT　UNTIL　布尔表达式;

在 WAIT UNTIL 语句中,布尔表达式中隐含一个敏感信号表,当表中的任何一个信号发生变化时,就立即对表达式进行一次计算。如果其计算结果使表达式返回 TURE 值,则进程将被启动;否则进程将进入等待状态。

【例 5-12】 在一个进程中,有一无限循环的 LOOP 语句,其中用 WAIT 语句描述了一个具有同步复位功能的电路。

```
    ...
PROCESS
    BEGIN
        RST_LOOP:LOOP
        WAIT UNTIL clk = '1' and clk = 'event';      --等待时钟上升沿
            NEXT  RST_LOOP  WHEN (rst = '1');        --检测复位信号 rst
            x <= a;                                  --无复位信号,执行赋值操作
        WAIT UNTIL clk = '1' and clk = 'event';      --等待时钟上升沿
            NEXT  RST_LOOP  WHEN (rst = '1');        --检测复位信号 rst
            x <= b;                                  --无复位信号,执行赋值操作
        END LOOP  RST_LOOP
    END PROCESS;
```

上列中每一时钟上升沿的到来都将结束进程的挂起,继而检测电平的复位信号 RST 是否为高电平。如果是高电平,则返回循环的起始点;如果是低电平,则执行正常的顺序语句操作,如示例中的赋值操作。一般地说,在一个进程中使用了 WAIT 语句后,经综合即产生时序逻辑电路。

④ 超时等待。格式如下:

WAIT　FOR　时间表达式;

该语句定义了一个时间段,从执行到当前的 WAIT 语句开始,在这个时间段内进程处于被挂起状态,而超过这段时间后,进程开始执行 WAIT FOR 后的语句。简而言之,进程执行到该语句时被挂起,等待一定的时间后,进程才被启动。例如:

WAIT FOR 30 ns;   --等待 30 ns 后启动进程

由于此语句不可综合，在此不做详细说明。

5.1.4 返回语句

返回语句只能用于子程序体中，并用来结束当前子程序体的执行。其语句格式如下：
RETURN ［表达式］；

当表达式缺省时，只能用于过程，它只是结束过程，并不返回任何值；当有表达式时，只能用于函数，并且必须返回一个值。用于函数的语句中的表达式提供函数返回值。每一函数必须至少包含一个返回语句，并可以拥有多个返回语句，但是在函数调用时，只有其中一个返回语句可以将值带出。

例 5-13 是一过程定义程序，它将完成一个 RS 触发器的功能。注意其中的时间延迟语句和 REPORT 语句是不可综合的。

【例 5-13】 过程定义程序。

```
PROCEDURE rs (signal   s,r:in   STD_LOGIC;
              signal   q,nq:inout STD_LOGIC) IS
  BEGIN
    IF(s = '1' and r = '1')THEN
       REPORT  "FORBIDDEN STATE:s and r are equal to'1'";
       RETURN
    ELSE
       q<= s  and  nq  after  5 ns;
       nq<= s  and  q   after  5 ns;
    END  IF;
END  PROCEDURE  rs;
```

当信号 S 和 R 同时为 1 时，在 IF 语句中的 RETURN 语句将中断过程。

【例 5-14】 函数 OPT 的返回值由输入参量 OPRAN 决定。当 OPRAN 为高电平时，返回相与值"A AND B"；当为低电平时，返回相或值"A OR B"。函数 OPT 的电路结构图如图 5-3 所示。

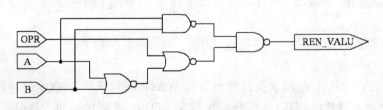

图 5-3 函数 OPT 的电路结构图

```
FUNCTION  OPT(a,b,opr:STD_LOGIC)  RETURN  STD_LOGIC  IS
BEGIN
IF(opr = '1')THEN
    RETURN(a AND b);
ELSE
    RETURN(a OR b);
    END  IF;
END  FUNCTION  OPT;
```

5.1.5 空操作语句

空操作语句即 NULL 语句,不会执行任何操作,其语句格式为:
NULL;

这种空操作语句在 VHDL 的描述中是非常有用的。例如,应用 CASE 语句必须覆盖所有条件,但是具体模块中许多条件都是可以忽略的,这时使用空操作语句可以起到很好的效果。

【例 5-15】 NULL 语句的应用。

```
ENTITY ex_wait IS
    PORT(cntl: in INTEGER RANGE 0 TO 31;
         a,b:in STD_LOGIC_VECTOR(7 DOWNTO 0);
         z:out STD_LOGIC_VECTOR(7 DOWNTO 0));
END ex_wait;
ARCHITECTURE arc_wait OF ex_wait IS
BEGIN
    P_WAIT: PROCESS (cntl)
    BEGIN
      z< = a;
      CASE cntl IS
         WHEN 3|15 = >
             z< = a xor b
         WHEN OTHERS = > NULL;
      END CASE;
    END PROCESS P_WAIT;
END arc_wait;
```

显然,控制信号 cntl 的取值范围是 0~31,而实际只需要 3 或 15,通过使用 NULL 语句满足了 CASE 语句的描述要求。

需要说明的是,在状态机设计中的 CASE 语句,"WHEN OTHERS=>"语句中选择初始值更好。

第 5 章　VHDL 基本语句

5.1.6　子程序调用语句

在进程中允许对子程序进行调用。子程序包括过程和函数，可以在 VHDL 的结构体或程序包中的任何位置对子程序进行调用。

从硬件角度讲，一个子程序的调用类似于一个元件模块的例化，也就是说，VHDL 综合器为子程序的每一次调用都生成一个电路逻辑块。所不同的是，元件的例化将产生一个新的设计层次，而子程序调用只对应于当前层次的一部分。

函数调用和过程调用详见 6.4 节 VHDL 子程序。

5.2　并行语句

在 VHDL 中，并行语句有多种语句格式，各种并行语句在结构体中的执行是同步进行的，其执行顺序与书写的顺序无关。在执行中，并行语句之间可以通过信号来交换信息，也可以是互为独立、互不相干、异步运行的(如多时钟的情况)。每一并行语句内部的语句运行方式可以有两种不同的方式，即并行执行方式(如块语句)和顺序执行方式(如进程语句)。

VHDL 中的并行运行有多层含义，即模块间的运行方式可以有同步运行、异步运行等方式，从电路的工作方式上可以包括组合逻辑运行方式、同步逻辑运行方式和异步逻辑运行方式等。

在 VHDL 中并行语句主要有：进程语句、块语句、并行信号赋值语句、条件信号赋值语句、生成语句、元件例化语句、并发过程调用语句及断言语句。

并行语句在结构体中的使用格式如下：

ARCHITECTURE　结构体名　OF　实体名　IS
　　　说明语句
　　BEGIN
　　　并行语句
　　END ARCHITECTURE 结构体名；

并行语句与顺序语句并不是相互对立的语句，它们往往互相包含、互为依存。严格地说，VHDL 中不存在纯粹的并行行为和顺序行为的语句。例如，相对于其他的并行语句，进程属于并行语句，而进程内部运行的都是顺序语句。一个并行赋值语句，从表面上看是一条完整的并行语句，但实质上却是一条进程语句的缩影，它完全可以用一个相同功能的进程来替代。所不同的是，进程中必须列出所有的敏感信号，而单纯的并行赋值语句的敏感信号是隐性列出的。

5.2.1 进程语句(PROCESS)

PROCESS 语句是结构体行为描述中使用最频繁,也是最具 VHDL 语言特色的语句。在一个结构中可以有多个并发运行的 PROCESS 语句,而每一个进程的内部结构却是由一系列顺序语句来构成。

1. 进程语句的格式

进程语句的格式如下:

[进程标号:] PROCESS (敏感信号表) [IS]
　　　　　　　[进程说明部分]
　　　　　BEGIN
　　　　　　　顺序描述语句
　　　　　END　PROCESS [进程标号];

上述格式中,中扩号内的内容可有可无,视具体情况而定。

进程中的敏感信号表必须列出本进程所有输入信号名。当进程中由敏感信号参数表定义的任一敏感信号的值发生变化时,进程内的所有顺序语句就要重复执行一次,当执行完最后一个顺序语句后,程序将返回到进程的起点,以等待下一次敏感信号的变化,如此无限循环往复。敏感信号表中的敏感信号等价于该进程语句内的最后一个语句是一个隐含的 WAIT 语句,其形式如下:

WAIT　ON　敏感信号表;

就是说,进程既可以通过敏感信号的变化来启动,也可以由满足条件的 WAIT 语句来激活;反之,在遇到不满足条件的 WAIT 语句后进程将被挂起。因此,进程中必须定义显式或隐式的敏感信号。但必须注意的是,含有敏感信号表的进程语句中不允许再显式出现 WAIT 语句。

每个 PROCESS 结构的敏感信号参数表中的敏感信号都具有全局性,当某一信号的值发生变化时,所有将这一信号列入敏感信号参数表中的进程都将被同时激活或者说被启动。显然,这些被激活的进程都是并行运行的。

进程说明部分用于定义该进程所需的一些局部数据环境。可包括数据类型、常数、变量属性、子程序等。但需要注意,在进程说明部分中不允许定义信号和共享变量,在此说明的变量,只有在此进程内才可以对其进行存取。

顺序描述语句部分是一段顺序执行的语句,描述该进程的行为。可分为:

- 信号赋值语句:在进程中将计算或处理的结果向信号赋值;
- 变量赋值语句:在进程中以变量的形式存储计算的中间值;
- 进程启动语句:当 PROCESS 的敏感信号参数表中没有列出任何敏感量时,进程的启动只能通过进程启动语句 WAIT 语句;这时可以利用 WAIT 语句监视信号的变化情

况,以便决定是否启动进程;
- 子程序调用语句:对已定义的过程和函数进行调用并参与计算;
- 进程启动语句:包括 IF 语句、CASE 语句、LOOP 语句、NULL 语句等;
- 进程跳出语句:包括 NEXT 语句和 EXIT 语句,用于控制进程的运行方向。

2. 进程设计要点

进行进程设计时应注意以下问题:

① 进程为一个独立的无限循环语句。它只有两种状态:执行状态和等待状态。满足条件进入执行状态,当遇到 End PROCESS 语句后停止执行,自动返回到起始语句 PROCESS,进入等待状态。

② 进程中的顺序语句具有明显的顺序/并行运行双重性。即在同一 PROCESS 中,10 条语句和 1 000 条语句的执行时间是一样的,即 PROCESS 中的顺序语句具有并行执行的性质。

③ 进程的激活必须由敏感信号表中定义的任一敏感信号的变化来启动,否则必须有一个显式的 WAIT 语句来激活。但是,在一个使用了敏感表的进程(或者由该进程所调用的子程序)中不能含有任何等待语句。

④ 同一设计中的所有进程都是并行运行的,不论它们位于哪一个实体和哪一级结构层次,各进程彼此之间的通信是通过列于敏感信号表中的信号进行的,如果进程位于不同的结构体,通信信号是通过实体接口界面进行的。

⑤ 如果使用了进程标号,则在进程结束语句中必须重复标号。

⑥ 在同一进程中只能放置一个含有时钟边沿检测语句的条件语句。时序电路必须由进程中的顺序语句描述,而此顺序语句必须由不完整的条件语句构成。然而尽管在同一进程中可顺序放置多个条件语句(如 IF 语句),但是只能放置一个含有时钟边沿监测语句的条件语句。

进程是重要的建模工具。进程结构不但为综合器所支持,而且进程的建模方式将直接影响仿真和综合结果。需要注意的是综合后对应于进程的硬件结构,对进程中的所有可读入信号都是敏感的,而在 VHDL 行为仿真中并非如此,除非将所有的读入信号列为敏感信号。

为了使 VHDL 的软件仿真与综合后的硬件仿真对应起来,应当将进程中的所有输入信号都列入敏感表中。不难发现,在对应的硬件系统中,一个进程和一个并行赋值语句确实有十分相似的对应关系,并行赋值语句就相当于一个将所有输入信号隐性地列入结构体监测范围的(即敏感表的)进程语句。

3. 进程语句设计实例

进程语句综合后所对应的硬件逻辑模块,其工作方式可以是组合逻辑方式的,也可以是时序逻辑方式的。例如在一个进程中,一般的 IF 语句,综合出的多为组合逻辑电路(一定条件下);若出现 WAIT 语句,在一定条件下,综合器将引入时序元件,如触发器。

第 5 章　VHDL 基本语句

【例 5-16】 组合电路型十进制加法器。

```
LIBRARY IEEE;
USE IEEE.STD_LOGIC_1164.ALL;
USE IEEE.STD_LOGIC_UNSIGNED.ALL;
ENTITY cnt10 IS
    PORT(clr: in STD_LOGIC;
         in1:in STD_LOGIC_VECTOR(3 DOWNTO 0);
         out1:out STD_LOGIC_VECTOR(3 DOWNTO 0));
END cnt10;
ARCHITECTURE art OF cnt10 IS
BEGIN
    PROCESS (in1,clr)
      BEGIN
        IF (clr = '1' or in1 = "1001") THEN
          out1<= "0000";        --有清 0 信号,或计数已达 9,OUT1 输出 0,
        ELSE                    --否则作加 1 操作
          out1<= in1 + 1;       --注意,使用了重载算符"+",重载算符"+"是在库
        ENG IF                  --STD_LOGIC_UNSIGNED 中预先声明的
    END PROCESS;
END art;
```

程序中有一个产生组合电路的进程,它描述一个十进制加法器,对于每 4 位输入 in1(3 DOWNTO 0),此进程对其作加 1 操作,并将结果由 out1(3 DOWNTO 0)输出。由于是组合电路,故无记忆功能。

程序经综合后产生的逻辑电路图如图 5-4 所示。图中 ADD0 是一个 1 位加 4 位的加法器,即 A(3 DOWNTO 0)+B0=S(3 DOWNTO 0),这里取 B0=1;MUX21 是一个多路选择器,选择方式见图 5-4。由图可以看出,这个加法器只能对输入值作加 1 操作,却不能将加 1 后的值保存起来。如果要使加法器有累加作用,则必须引入时序元件来储存相加后的值。

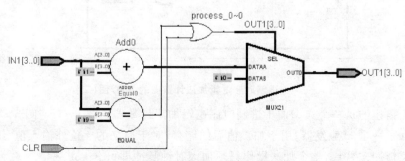

图 5-4　十进制组合逻辑加法计数器的 RTL 图(一)

例 5-17 对例 5-16 作了改进,在进程中增加一条 WAIT 语句,使此语句后的信号赋值有了寄存的功能,从而使综合后的电路变成时序电路,如图 5-5 所示。

【例 5-17】 对例 5-16 的改进。

```
LIBRARY IEEE
USE IEEE.STD_LOGIC_1164.ALL;
USE IEEE.STD_LOGIC_UNSIGNED.ALL;
ENTITY cnt10 IS
   PORT(clr: in STD_LOGIC;
        clk: in STD_LOGIC;
        cnt: buffer STD_LOGIC_VECTOR(3 DOWNTO 0));
END cnt10;
ARCHITECTURE art OF cnt10 IS
BEGIN
 PROCESS
 BEGIN
   WAIT UNTIL clk'event and clk = '1';      --等待时钟 clk 的上沿
    IF (clr = '1' or cnt = 9) THEN
      cnt< = "0000";
    ELSE
      cnt< = cnt + 1;
    END IF;
 END PROCESS;
END art;
```

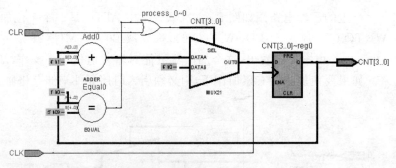

图 5-5 十进制时序逻辑加法计数器的 RTL 图(二)

例 5-17 描述的是一个典型的十进制时序逻辑加法计数器。图 5-5 与图 5-4 电路的唯一区别是增加了一个 D 触发器,用于加 1 值后的储存;对于原来的 4 位外输入值,则由 D 触发器的储存值反馈回来替代,整个加法操作只须加入时钟脉冲即可。

5.2.2 块语句

块(BLOCK)语句是 VHDL 中具有的一种划分机制,这种机制允许设计者合理地将一个模块分为数个区域,在每个块都能对其局部信号、数据类型和常量加以描述和定义。任何能在结构体的说明部分进行说明的对象都能在 BLOCK 说明部分中加以说明。BLOCK 语句的应用只是一种将结构体中的并行描述语句进行组合的方法,它的主要目的是改善并行语句及其结构的可读性,或是利用 BLOCK 的保护表达式关闭某些信号。

1. BLOCK 语句的格式

BLOCK 语句的表达格式如下:

```
块标号:BLOCK [(块保护表达式)]
    接口说明
    类属说明
BEGIN
    并行语句
END BLOCK [块标号];
```

作为 BLOCK 语句结构,在关键词 BLOCK 的前面必须设置一个块标号,并在结尾语句 END BLOCK 右侧也写上此标号(此处的块标号不是必需的)。

接口说明部分有点类似于实体的定义部分,它可包含由关键词 PORT、GENERIC、PORT MAP 和 GENERIC MAP 引导的接口说明等语句,对 BLOCK 的接口设置以及与外界信号的连接状况加以说明。

块中的并行语句部分可包含结构体中的任何并行语句结构。BLOCK 语句本身属并行语句,BLOCK 语句中所包含的语句也是并行语句(包括进程)。

2. BLOCK 的应用

BLOCK 的应用可使结构体层次鲜明,结构明确。利用 BLOCK 语句可以将结构体中的并行语句划分成多个并列方式的 BLOCK,每一个 BLOCK 都像一个独立的设计实体,具有自己的类属参数说明和界面端口,以及与外部环境的衔接描述。在较大的 VHDL 程序的编写中,恰当的块语句的应用对于技术交流、程序移植、排错和仿真都是有益的。以下是两个使用 BLOCK 语句的实例。

【例 5-18】 描述了一个具有块嵌套方式的 BLOCK 语句结构。

```
...
ENTITY gat IS
    GENERIC(l_time:time;s_time:time);          --类属说明
    PORT (b1,b2,b3:inout BIT);                 --结构体全局端口定义
```

第5章 VHDL 基本语句

```
    END ENTITY gat;
    ARCHITECTURE art OF gat IS
        SIGNAL a1:BIT;                                  --结构体全局信号 A1 定义
    BEGIN
        BLK1:BLOCK                                      --块定义,块标号名是 BLK1
        GENERIC (gb1,gb2:time);                         --定义块中的局部类属参量
        GENERIC MAP (gb1 = >1-time,gb2 = >s-time);      --局部端口参量设定
        PORT (pb:in BIT;pb2:inout BIT);                 --块结构中局部端口定义
        POTR MAP(pb1 = >b1,pb2 = >a1);                  --块结构端口连接说明
        CONSTANT DELAY:time: = 1 MS;                    --局部常数定义
        SIGNAL s1:BIT;                                  --局部信号定义
        BEGIN
            s1< = pb1 AFTER DELAY;
            pb2< = s1 AFTER gb1,B1 AFTER gb2;
        END BLOCK BLK1;
    END ARCHITECTURE art;
```

该例中定义了一个块,并作了块的端口说明和端口映射说明,而且这些说明只有在块内有效。本例只是对 BLOCK 语句结构的一个说明,其中的一些赋值实际上是不需要的。

特别需要注意的是,块的类属说明部分和接口说明部分的适用范围仅限于当前 BLOCK。故所有这些在 BLOCK 内部的说明对于这个块的外部来说是完全不透明的,即不能适用于外部环境,但对于嵌套于内层的块却是透明的,即可将信息向内部传递。块的说明部分可以定义的项目主要有:USE 语句、子程序、数据类型、子类型、常数、信号和元件。

例 5-19 是一个含有三重嵌套块的程序,从此例能清晰地了解上述关于块中数据对象的可视性规则。

【例 5-19】 一个含有三重嵌套块的程序。

```
        ...
    B1:BLOCK                        --定义块 B1
        SIGNAL s: BIT;              --在 B1 块中定义 S
        BEGIN
        s< = a  AND  b;             --向 B1 中的 S 赋值
    B2:BLOCK                        --定义块 B2,套于 B1 块中
        SIGNAL s: BIT;              --定义 B2 块中的信号 S
        BEGIN
        s< = a and b;               --向 B2 中的 S 赋值
    B3 :BLOCK
        BEGIN
        z< = s;                     --此 S 来自 B2 块
```

```
END BLOCK B3;
END BLOCK B2;
y<= s;
END BLOCK B1;
```
--此 S 来自 B1 块

本例在不同层次的块中定义了同名的信号，显示了信号的有效范围。它实际描述的是如图 3-18 所示的两个相互独立的 2 输入与门。

与大部分的 VHDL 语句不同，BLOCK 语句的应用，包括其中的类属说明和端口定义，都不会影响对原结构体的逻辑功能的仿真结果。

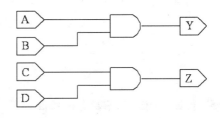

图 5-6 两个 2 输入与门

5.2.3 并行信号赋值语句

并行信号赋值语句有 3 种形式：简单信号赋值语句、条件信号赋值语句和选择信号赋值语句。这 3 种信号赋值语句的共同点是：赋值目标必须都是信号，赋值语句在结构体内的执行是同时发生的，与它们的书写顺序和是否在块语句中没有关系。其任何信号的变化都将启动相关并行语句的赋值操作，而这种启动完全是独立于其他语句的。因此说，每一信号赋值语句都相当于一条缩写的进程语句，而这条语句的所有输入信号都被隐性地列入此过程的敏感信号表中。

赋值语句都可以直接出现在结构体中，可以在进程内部，此时它作为顺序语句形式出现；也可以在结构体的进程之外使用，此时它作为并发语句形式出现。

1. 简单信号赋值语句

简单信号赋值语句是 VHDL 并行语句结构的最基本的单元，它的语句格式如下：

赋值目标<=表达式

式中赋值目标的数据对象必须是信号，它的数据类型必须与赋值符号右边表达式的数据类型一致。例 5-20 是一个简单信号赋值语句示例。

【例 5-20】 用简单信号赋值语句描述表达式 $y=ab+c \oplus d$。

```
ENTITY logic IS
    PORT(a,b,c,d:in BIT;
            y:out BIT);
END logic;
ARCHITECTURE de OF logic IS
    SIGNAL e :BIT;                  --定义 e 为信号
BEGIN
    y <= (a and b)or e;             --以下两条并行语句与顺序无关
    e <= c xor d;
```

第 5 章　VHDL 基本语句

END de；

2. 条件信号赋值语句

条件信号赋值语句也是一种并行信号赋值语句,可以根据不同的条件将不同的表达式值赋给目标信号。格式如下：

赋值目标信号 <= 表达式 1　WHEN　赋值条件 1　ELSE
　　　　　　　 表达式 2　WHEN　赋值条件 2　ELSE
　　　　　　　……
　　　　　　　表达式 n；

执行该语句时首先要进行条件判断,然后再进行信号赋值操作。例如,当条件 1 满足时,将表达式 1 的值赋给目标信号；当条件 2 满足时,将表达式 2 的值赋给目标信号；当所有的条件都不满足时,将表达式 n 的值赋给目标信号。使用条件信号赋值语句时,应该注意以下几点：

① 只有当条件满足时,才能将该条件前面的表达式的值赋给目标信号。
② 对条件进行判断是有顺序的,位置靠前的条件具有较高的优先级,只有不满足本条件时才会去判断下一个条件。
③ 条件表达式的结果为布尔类型数值。
④ 最后一个表达式后面不含有 WHEN 子句。
⑤ 条件信号赋值语句允许条件重叠。

【例 5-21】　用条件信号赋值语句描述四选一电路。

```
LIBRARY IEEE;
USE IEEE.STD_LOGIC_1164.ALL;
ENTITY selection4 IS
    PORT(a:in STD_LOGIC_VECTOR(3 DOWNTO 0);
         sel:in  STD_LOGIC_VECTOR(1 DOWNTO 0);
         y:out STD_LOGIC);
END selection4;
ARCHITECTURE one OF selection4 IS
BEGIN
    y<= a(0) WHEN sel = "00" else        --从第一个条件开始判断
        a(1) WHEN sel = "01" else
        a(2) WHEN sel = "10" else
        a(3);
END one;
```

最后一个表达式可以不跟条件句,表示以上条件均不满足时,将此表达式的值赋给信号。
注意：只有 END 前的表达式后用分号,其他表达式不用任何符号。

在结构体中的条件信号赋值语句的功能与在进程中的 IF 语句具有十分相似的顺序性。在执行条件信号赋值语句时,每一赋值条件是按书写的先后关系逐项测定的,一旦发现赋值条件为 TRUE,立即将表达式的值赋给赋值目标。

条件信号赋值语句与前述的 IF 语句的不同之处在于,后者只能在进程内部使用(因为它们是顺序语句),而且与 IF 语句相比,条件信号赋值语句中的 ELSE 不可省,而 IF 语句中则可以有也可以没有。另外,条件信号赋值语句不能进行嵌套,因此,受制于没有自身赋值的描述,不能生成锁存电路。

3. 选择信号赋值语句

选择信号赋值语句是一种条件分支的并行语句,格式如下:

```
WITH  选择表达式 SELECT
    赋值目标信号<= 信号表达式 1    WHEN  选择条件 1,
                   信号表达式 2    WHEN  选择条件 2,
                   ……  ,
                   信号表达式 n    WHEN  选择条件 n;
```

执行该语句时首先对选择条件进行判断,当选择条件的值符合某一选择条件时,就将该选择条件前面的信号表达式赋给目标信号。例如,当选择条件的值符合条件 1 时,就将信号表达式 1 赋给目标信号;当选择条件的值符合选择条件 n 时,就将信号表达式 n 赋给目标信号。使用选择信号赋值语句时,应注意以下几点:

① 只有当选择条件的值符合某一选择条件时,才将该选择条件前面的信号表达式赋给目标信号。

② 每一个信号表达式后面都含有 WHEN 子句。

③ 由于选择信号赋值语句是并发执行的,所以不能够在进程中使用。

④ 对选择条件的测试是同时进行的,语句将对所有的选择条件进行判断,而没有优先级之分。这时如果选择条件重叠,就有可能出现两个或两个以上的信号表达式赋给同一目标信号,这样就会引起信号冲突,因此不允许有选择条件重叠的情况。

⑤ 选择条件不允许出现涵盖不全的情况。如果选择条件不能涵盖选择条件的所有值,则有可能出现选择条件的值找不到与之符合的选择条件,这时编译将会给出错误信息。

【例 5-22】 用选择信号赋值语句描述四选一电路,并比较与条件信号赋值语句的区别。程序如以下:

```
LIBRARY IEEE;
USE IEEE.STD_LOGIC_1164.ALL;
ENTITY mux4 IS
  PORT(d0,d1,d2,d3:in STD_LOGIC;
       s0,s1:in STD_LOGIC;
```

```
              q:out STD_LOGIC);
    END mux4;
    ARCHITECTURE rt1 OF mux4 IS
      SIGNAL comb: STD_LOGIC_VECTOR(1 DOWNTO 0);
    BEGIN
      comb< = s1 & s0;
      WITH comb SELECT
          q< = d0 WHEN "00",
              d1 WHEN "01",
              d2 WHEN "10",
              d3 WHEN "11",
              'z' WHEN OTHERS;
    END rt1;
```

需要注意的是,以上程序的选择信号赋值语句中,comb 的值"00"、"01"、"10"和"11"被明确规定,而用保留字 OTHERS 来表示 comb 的所有其他可能值。这是因为选择信号 s0 和 s1 的类型是 STD_LOGIC,是一个有 9 种逻辑值的数据,所以信号 comb 的取值共有 81 种可能。因此,为了使选择条件能够涵盖选择条件表达式的所有值,这里用 OTHERS 来代替 comb 的所有其他可能值。

注意:选择信号赋值语句的每一子句结尾是逗号,最后一句是分号。

5.2.4 元件例化语句

元件例化就是将预先设计好的设计实体定义为一个元件,然后利用特定的语句将此元件与当前的设计实体中的指定端口相连接,从而为当前设计实体引入一个新的低一级的设计层次。在这里,当前设计实体相当于一个较大的电路系统,所定义的例化元件相当于一个要插在这个电路系统板上的芯片,而当前设计实体中指定的端口则相当于这块电路板上准备接受此芯片的一个插座。所以说,元件例化是使 VHDL 设计实体构成自上而下层次化设计的一种重要途径。

元件例化是可以多层次的,在一个设计实体中被调用安插的元件本身也可以是一个低层次的当前设计实体,因而可以调用其他的元件,以便构成更低层次的电路模块。因此,元件例化就意味着在当前结构体内定义了一个新的设计层次,这个设计层次的总称叫元件,但它可以以不同的形式出现。如上所述,这个元件可以是已设计好的一个 VHDL 设计实体,可以是来自 FPGA 元件库中的元件。它们可能是以别的硬件描述语言(如 Verilog)设计的实体。该元件还可以是软的 IP 核,或者是 FPGA 中的嵌入式硬 IP 核。

元件例化语句由两部分组成,第一部分是将一个现成的设计实体定义为一个元件,第二部分则是此元件与当前设计实体中的连接说明。它们的语句格式如下:

(1) 元件定义语句

COMPONENT 元件名 IS
  GENERIC（类属表）
  PORT(元件端口名表)
END COMPONENT 元件名；

(2) 元件例化语句

标号:元件名 GENERIC MAP(类属表)
PORT MAP([元件端口名=>] 连接实体端口名,…);

以上两部分语句在元件例化中都是必须存在的。第一部分元件定义语句,相当于对一个现成的设计实体进行封装,使其只留出外面的接口界面。就像一个集成芯片只留几个引脚在外一样,它的类属表可列出端口的数据类型和参数,元件端口名表可列出对外通信的各端口名。

GENERIC（类属表）部分的相关内容在 6.5.3 小节类属参量语句部分有详细介绍。这里从略。

PORT(元件端口名表)部分的相关内容在 3.2.2 小节实体(ENTITY)中有详细介绍。这里从略。

第二部分元件例化语句,其中的元件标号是必须存在的,它类似于标在当前系统(电路板)中的一个插座名,而元件名则是准备在此插座上插入的、已定义好的元件名。

元件例化语句中的 GENERIC MAP(类属表)为类属参数映射语句,PORT MAP()是端口映射语句,下面分别介绍。

1. 端口映射

端口映射语句是本结构体对外部元件调用和连接过程中,描述元件间端口的链接方式。其中的元件端口名是在元件定义语句中的端名表中已定义好的元件端口的名字,连接实体端口名则是当前系统与准备接入的元件对应端口相连的通信端口,相当于插座上各插针的引脚名。元件的端口名与当前系统的连接端口名的接口表达有两种方式:名字关联方式和位置关联方式。

在名字关联方式下,例化元件的端口名和关联（连接）符号"=>"两者都是必须存在的。这时,例化元件端口名与连接实体端口名的对应式,在 PORT MAP()语句中的位置可以是任意的。在位置关联方式下,端口名和关联连接符号都可省去,在 PORT MAP()语句中,只要列出当前系统中的连接实体端口名就行了,但要求连接实体端口名的排列方式与所需例化的元件端口定义中的端口名一一对应。

以下是一个元件例化的示例,例 5-23 中首先完成了一个 2 输入与非门的设计,然后利用元件例化产生了如图 5-7 所示的由 3 个相同的与非门连接而成的电路。

【例 5-23】 一个元件例化示例。

```
LIBRARY IEEE;
USE IEEE.STD_LOGIC_1164.ALL;
ENTITY nd2 IS
    PORT(a,b:in STD_LOGIC;
         c:out STD_LOGIC);
END nd2;
ARCHITECTURE artnd2 OF nd2 IS
BEGIN
    y< = a nand b;
END ARCHITECTURE artnd2;
LIBRARY IEEE;
USE IEEE.STD_LOGIC_1164.ALL;
ENTITY ord41 IS
    PORT(a1,b1,c1,d1:in STD_LOGIC;
         z1:out STD_LOGIC);
END ord41;
ARCHITECTURE artord41 OF ord41 IS
    COMPONENT nd2
      PORT(a,b:in STD_LOGIC;
           c:OUT STD_LOGIC);
    END COMPONENT;
    SIGNAL x,y :STD_LOGIC;
BEGIN
    U1:nd2 PORT MAP (a1,b1,x);              --位置关联方式
    U2:nd2 PORT MAP (a = >c1,c = >y,b = >d1);   --名字关联方式
    U3:nd2 PORT MAP (x,y,c = >z1);          --混合关联方式
END ARCHITECTURE artord41;
```

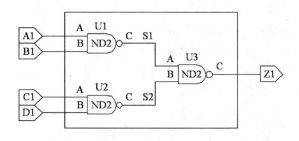

图 5-7 ORD41 逻辑原理图

移位寄存器是一种具有移位功能的寄存器阵列。移位功能是指寄存器里面存储的数据能够在外部时钟信号的作用下进行顺序左移或者右移,因此,移位寄存器常用来存储数据、实现数据的串并转换、进行数值运算以及数据处理等。4 位移位寄存器可由 4 个 D 触发器组成,设触发器采用边沿触发方式,第一个触发器的输入端用来接收 4 位寄存器的输入信号,其余的每一个触发器的输入端均与前面一个触发器的 Q 端相连。采用了上述设定方式的 4 位移位寄存器的电路逻辑图如图 5-8 所示。

【例 5-24】 用元件声明及元件例化语句实现 4 位移位寄存器的设计。
程序设计如下:

```
LIBRARY IEEE;                           --4 位移位寄存器的描述
USE IEEE.STD_LOGIC_1164.ALL;
```

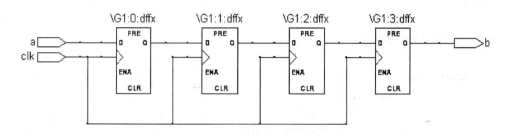

图 5-8　4 位移位寄存器

```
ENTITY  shift IS
  PORT( a:in STD_LOGIC;
        clk:in STD_LOGIC;
        b:out STD_LOGIC);
END shift;
ARCHITECTURE str OF shift IS
  COMPONENT dff                          --元件声明语句,D 触发器的描述见例 5-3
    PORT(d:in STD_LOGIC;
         clk:in STD_LOGIC;
         q:out STD_LOGIC);
  END COMPONENT;
  SIGNAL Q:STD_LOGIC_VECTOR(4 DOWNTO 0);
BEGIN
  Q(0)<= D1;
  DFF1: DFF PORT MAP (Q(0),clk,Q(1));    --元件例化语句
  DFF2: DFF PORT MAP (Q(1),clk,Q(2));
  DFF3: DFF PORT MAP (Q(2),clk,Q(3));
  DFF4: DFF PORT MAP (Q(3),clk,Q(4));
  b<= Q(4);
END str;
```

2. 类属参数映射

类属参数映射语句往往配合端口映射语句 PORT MAP() 使用。参数映射语句可用于设计从外部端口改变元件内部参数或结构规模的元件,或称为类属元件。这些元件在例化中特别方便,在改变电路结构或元件升级方面显得尤为便捷。

类属参数映射与端口映射具有相似的功能和使用方法。它描述相应元件类属参数间的衔接和传递方式,类属参数映射方法同样有名称关联方式和位置关联方式两种。

【例 5-25】 一个通过类属参数定义实现的通用计数器。

第 5 章　VHDL 基本语句

```vhdl
LIBRARY IEEE;
USE IEEE.STD_LOGIC_1164.ALL;
USE IEEE.STD_LOGIC_UNSIGNED.ALL;
ENTITY COUNTER IS
    GENERIC(COUNT_VALUE:INTEGER:=9);
    PORT (clk,clr,en:in STD_LOGIC;
              co:out STD_LOGIC;
            count: out INTEGER RANGE 0 TO COUNT_VALUE);
END COUNTER;
ARCHITECTURE a OF counter IS
    SIGNAL cnt:INTEGER RANGE 0 TO COUNT_VALUE;
BEGIN
    PROCESS(clk,clr)
    BEGIN
        IF clr = '1' THEN
            cnt<=0;
        ELSIF(clk'event and clk = '1')THEN
            IF en = '1' THEN
                IF cnt = COUNT_VALUE THEN
                    cnt<=0;
                ELSE cnt<=cnt+1;
                END IF;
            END IF;
        END IF;
    END PROCESS;
    co<='1' WHEN CNT = COUNT_VALUE ELSE '0';
    COUNT<=CNT;
END a;
```

【例 5-26】 通过使用元件例化语句调用例 5-25 中的通用计数器完成一个六十进制计数器的描述。六十进制计数器的电路如图 5-9 所示。

```vhdl
ENTITY timer IS
    PORT (clk,reset,enable:in STD_LOGIC;
                sh:out INTEGER RANGE 0 TO 5;
                sl:out INTEGER RANGE 0 TO 9);
END timer;
ARCHITECTURE stru OF timer IS
    SIGNAL sh_en:STD_LOGIC;
    COMPONENT counter IS
```

```
        GENERIC(COUNT_VALUE:INTEGER:=9);
        PORT(clk,clr,en:in STD_LOGIC;
                co:out STD_LOGIC;
                count:out INTEGER RANGE 0 TO COUNT_VALUE);
        END component;
BEGIN
    CNT1S:COUNTER
        GENERIC MAP(COUNT_VALUE =>9)
        PORT MAP(clk =>clk,clr =>reset,en =>enable,co =>sh_en,count =>sl);
    CNT10S:COUNTER
        GENERIC MAP(COUNT_VALUE =>5)
        PORT MAP(clk =>clk,clr =>reset,en =>sh_en,count =>sh);
END stru;
```

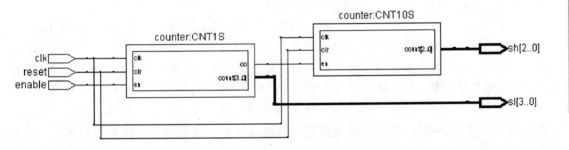

图 5-9 六十进制计数器 RTL 图

元件例化语句与块语句都属于并行语句,元件例化语句主要用于模块化的程序设计中,并且使用该语句可以直接利用以前建立的 VHDL 模块。因此,设计人员常将一些使用频率很高的元件程序放在工作库中,以便于在以后的设计中直接调用,避免了大量重复性的书写工作。元件例化语句也体现了是分层次的思想,每个元件就是一个独立的设计实体,可以把一个复杂的设计实体划分成多个简单的元件来设计。

5.2.5 生成语句

生成语句可以简化有规则设计结构的逻辑描述。它对逻辑器件的重复使用十分有用。生成语句是按照设计中的某些条件,将已经设计好某一元件或设计单位进行复制,从而生成一组结构上完全相同的并行元件或设计单元电路结构。生成语句的语句格式有如下两种形式:

[标号:]FOR 循环变量 IN 取值范围 GENERATE   -- FOR/GENERATE生成语句
    说明部分
    BEGIN
    并行语句

```
            END    GENERATE[标号];
[标号:]IF 条件 GENERATE                    -- IF/GENERATE 生成语句
    说明部分
    BEGIN
    并行语句
            END    GENERATE[标号];
```

这两种语句格式都是由如下 4 部分组成:

① 生成方式:有 FOR 语句结构或 IF 语句结构,用于规定并行语句的复制方式。

② 说明部分:这部分包括对元件数据类型、子程序和数据对象作一些局部说明。

③ 并行语句:生成语句结构中的并行语句是用来"复制"的基本单元,主要包括元件、进程语句、块语句、并行过程调用语句、并行信号赋值语句甚至生成语句。这表示生成语句允许存在嵌套结构,因而可用于生成元件的多维阵列结构。

④ 标号:生成语句中的标号并不是必需的,但如果在嵌套生成语句结构中就是很重要的。

两种语句格式中的生成参数及其取值范围的含义和运行方式与 LOOP 语句十分相似。对于 FOR 语句结构,主要是用来复制一些有规律的单元结构,从软件运行的角度上看,FOR 语句中循环变量的递增或递减方式具有顺序的性质,但是最后生成的设计结构却是完全并行的,这就是为什么必须用并行语句来作为生成设计单元的缘故。需要注意,循环变量是自动产生的,它是一个局部变量,根据取值范围自动递增或递减。取值范围可以采用简单 TO 或者 DOWNTO 方式:

```
表达式 TO 表达式;                    --递增方式, 如 1 TO 5
表达式 DOWNTO 表达式;                --递减方式,如 5 DOWNTO 1
```

其中的表达式必须是整数,也可以采用数组属性语句 ATTRBUTE RANGE 的方式进行重复例化或复制。

1. FOR/GENERATE 生成语句

FOR/GENERATE 语句常用来进行重复结构的描述。例 5-27 就是利用 FOR/GENERATE 语句将例 5-3 的异步复位端的 1 位 D 触发器经过 4 次例化,生成了如图 5-10 所示的带异步复位、置位端的 4 位 D 触发器。由图可见各触发器之间完全是并行关系。程序如下:

【例 5-27】 带异步复位、置位端的 4 位 D 触发器的描述。

```
LIBRARY IEEE;
USE IEEE.STD_LOGIC_1164.ALL;              --4 位 D 触发器的实体描述
ENTITY async_ff_4 IS
    PORT(d,set: in STD_LOGIC_VECTOR(3 DOWNTO 0);
        clk,rst: in STD_LOGIC;
        q: out STD_LOGIC_VECTOR(3 DOWNTO 0));
```

```
END async_ff_4;                          --4 位 D 触发器的结构体描述
ARCHITECTURE gener OF async_ff_4 IS
    COMPONENT async_ff PORT(d,clk,set,rst: in STD_LOGIC;
                       q: out STD_LOGIC);    --需要确定 async_ff 已在 WORK 库中
    END COMPONENT;
BEGIN
    LABLE: FOR I IN 3 DOWNTO 0 GENERATE
    BEGIN
        U1: ASYNC_FF PORT MAP(d(i),clk,set(i),rst,q(i));
    END GENERATE LABLE;
END GENER;
```

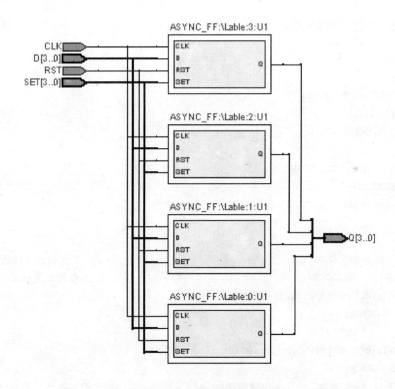

图 5-10 4 位 D 触发器的 RTL 图

例 5-27 用一个 FOR/GENERATE 语句来代替了 4 条元件例化语句。不难看出,当触发器增加时,FOR/GENERATE 语句只需要修改循环变量 i 的循环范围就可以了。

2. IF/GENERATE 语句

IF/GENERATE 语句常用来描述带有条件选择的结构。其中,条件是一个布尔表达式,返回值为布尔类型。当返回值为 TRUE 时,就会去执行生成语句中的并行处理语句;当返回

第5章　VHDL基本语句

值为FALSE时,将不执行生成语句中的并行处理语句。

FOR/GENERATE语句常用来进行重复结构的描述,IF/GENERATE语句主要用于描述含有例外情况的结构,如边界处发生的特殊情况。该语句中只有IF条件为TURE时,才执行结构体内部的语句。由于两种工作模式各有特点,因此在实际的硬件数字电路设计中,两种工作模式常常可以同时使用。

【例5-28】　用FOR/GENERATE语句和IF/GENERATE语句描述8位移位寄存器。程序如下:

```
LIBRARY IEEE;
USE IEEE.STD_LOGIC_1164.ALL;
ENTITY shift1 IS
   PORT(d1: in STD_LOGIC;
        cp: in STD_LOGIC;
        d0: out STD_LOGIC);
END shift1;
ARCHITECTURE str OF shift1 IS
   COMPONENT dff
     PORT( d:in STD_LOGIC;
           clk:in STD_LOGIC;
           q:out STD_LOGIC);
   END COMPONENT;
   SIGNAL q:STD_LOGIC_VECTOR(7 DOWNTO 1);
   BEGIN
   reg:
     FOR i IN 0 TO 7 GENERATE                    -- FOR工作模式生成语句
       g1:IF i = 0 GENERATE                      --IF工作模式生成语句
         dffx:dff PORT MAP(d1,cp,q(i+1));
       END GENERATE;
       g2:IF i = 7 GENERATE
         dffx:dff PORT MAP (q(i),cp,d0);
       END GENERATE;
       g3:IF ((i/ = 0)AND(i/ = 7)) GENERATE      --IF语句描述规则部分
         dffx:dff PORT MAP(q(i),cp,q(i+1));
       END GENERATE;
     END GENERATE reg;
END str;
```

本程序使用了元件说明语句、元件例化语句,用FOR/GENERATE语句和IF/GENERATE语句,实现了一个由8个D触发器构成的8位移位寄存器。其RTL图如图5-11所示。

在 FOR/GENERATE 语句中,IF/GENERATE 语句首先进行条件 i=0 和 i=7 的判断,即判断所产生的 D 触发器是移位寄存器的第一级还是最后一级。如果是第一级触发器,则将寄存器的输入信号 d1 代入到 PORT MAP 语句中;如果是最后一级触发器,则将寄存器的输出信号 d0 代入到 PORT MAP 语句中。这样就方便地实现了内部信号和端口信号的连接,而不需要再采用其他的信号赋值语句了。

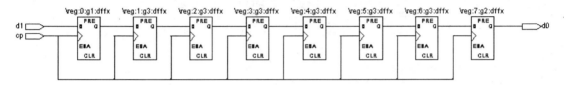

图 5-11 8 位移位寄存器的 RTL 图

对于这种内部由多个规则模块构成而两端结构不规则的电路,可以用 FOR/GENERATE 语句和 IF/GENERATE 语句共同描述。设计中,可以根据电路两端的不规则部分形成的条件用 IF/GENERATE 语句来描述,而用 FOR/GENERATE 语句描述电路内部的规则部分。使用这种描述方法的好处是,使设计文件具有更好的通用性、可移植性和易改性。实用中,只要改变几个参数,就能得到任意规模的电路结构。

5.2.6 并行过程调用语句

并行过程调用语句可以作为一个并行语句直接出现在结构体或块语句中。并行过程调用语句的功能等效于包含了同一个过程调用语句的进程。并行过程调用语句的语句调用格式与前面讲的顺序过程调用语句是相同的,即

过程名(关联参量名)。

【例 5-29】 首先定义了一个完成半加器功能的过程,此后在一条并行语句中调用了这个过程,而在接下去的一条进程中也调用了同一过程。事实上,这两条语句是并行语句,且完成的功能是一样的。

```
    ...
    PROCEDURE ADDER(signal a,b: in STD_LOGIC;      --过程名为 ADDER
                   signal sum:OUT STD_LOGIC);
    ...
    ADDER(a1,b1,sum1);                              --并行过程调用
    ...                                             --在此,A1、B1、SUM1 即为分别对应于 A、B、SUM 的关联参量名
    PROCESS(c1,c2);                                 --进程语句执行
    BEGIN
    ADDER(c1,c2,s1);                                --顺序过程调用,在此 C1、C2、S1 即为分别对
    END PROCESS;                                    --应于 A、B、SUM 的关联参量名
```

第5章　VHDL 基本语句

并行过程的调用,常用于获得被调用过程的多个并行工作的复制电路。例如,要同时检测出一系列有不同位宽的位矢信号,每一位矢信号中的位只能有一个位是1,而其余的位都是0,否则报告出错。完成这一功能的一种办法是先设计一个具有这种位矢信号检测功能的过程,然后对不同位宽的信号并行调用这一过程。

【例 5-30】 设计一个过程 check,用于确定一给定位宽的位矢是否只有一个位是1,如果不是,则将 check 中的输出参量 ERROR 设置为 TRUE(布尔量)。

```
PROCEDURE check(SIGNAL a:in STD_LOGIC_VECTOR;   --在调用时再定位宽
    SIGNANL error:out BOOLEAN) IS
    VARIABLE found_one:BOOLEAN: = false;        --设初始值
    BEGIN
    FOR i IN a'range LOOP                       --对位矢量A的所有的位元素进行循环检测
    IF A(i) = '1'THEN                           --发现A中有1
        IF found_one THEN                       --FOUND_ONE为TRUE,则表明发现了一个以上的1
            error< = true;                      --发现了一个以上的1,令FOUND_ONE为TRUE
            RETURN;                             --结束过程
        END IF;
        found_one: = true;                      --在A中已发现了一个1
    END IF;
    END LOOP;                                   --再测A中的其他位
    error< = not found_one;                     --如果没有任何1被发现,则ERROR将被置TRUE
END PROCEDURE check;
```

【例 5-31】 下面程序是对4个不同位宽的位矢量信号利用例5-30程序进行检测的并行过程调用程序。图5-12为块 check 的逻辑电路结构图。

```
    ...
CHECK: BLOOK
    SIGNAL s1: STD_LOGIC_VECTOR(0 TO 0);        --过程调用前设定位矢尺寸
    SIGNAL s2: STD_LOGIC_VECTOR(0 TO 1);
    SIGNAL s3: STD_LOGIC_VECTOR(0 TO 2);
    SIGNAL s4: STD_LOGIC_VECTOR(0 TO 3);
    SIGNAL e1,e2,e3,e4: BOOLEAN;
BEGIN
    CHECK(s1,e1);                               --并行过程调用,关联参数名为s1、e1
    CHECK(s2,e2);                               --并行过程调用,关联参数名为s2、e2
    CHECK(s3,e3);                               --并行过程调用,关联参数名为s3、e3
    CHECK(s4,e4);                               --并行过程调用,关联参数名为s4、e4
END BLOCK;
    ...
```

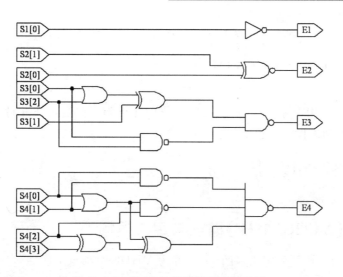

图 5-12　块 check 的逻辑电路结构图

5.2.7　断言语句(ASSERT)

断言语句只能在 VHDL 仿真器中使用,综合器通常忽略此语句。但在仿真时 ASSERT 语句却是很有用的 VHDL 语句。

VHDL 的 ASSERT 语句为检查来自测试平台的值和显示来自测试平台的信息提供了快速和简便的方法,主要为设计者报告一个文本字符串。ASSERT 语句的格式如下:

ASSERT　　条件表达式
REPORT　　字符串
SEVERITY　　错误等级[SEVERITY_LEVEL];

关键字 ASSERT 后跟一个布尔值的条件表达式,它的条件决定 REPORT 子句所规定的字符串是否输出。当条件表达式为 TRUE 时,ASSERT 语句不执行任何动作,如果为 FALSE,则输出一个用户规定的字符串到标准输出终端。

ASSERT 语句有两个可选的子句:REPORT 子句允许设计者输出指定的字符串,如果不指定 REPORT 语句,则默认值是 Assertion　Violation。SEVERITY 子句允许设计者指定断言语句的严重级别,如果没指定 SEVERITY 语句,则其默认值是 ERROR。

设计者规定的输出字符串的严重程度分为 4 个级别:
- Note:可以用在仿真时传递信息;
- Warning:用在非正常的情况,此时仿真仍然可以继续,但是结果可能不可预知;
- Error:在仿真中出现错误,已经不能继续执行下去的情况;
- Failure:发生了致命错误,仿真过程必须立即停止。

下面是 ASSERT 语句的实例：

```
ASSERT(s = s_expected)
REPORT "s dose not match the expected value!"
SEVERITY error;
```

ASSERT 既可以用作并行语句，也可以用作顺序语句。但是用作并行语句时，ASSERT 语句被看作一个被动进程。

5.3 其他语句和说明

5.3.1 属性(ATTRIBUTE)描述与定义语句

在 VHDL 中有一些预先定义好的属性（称为 VHDL 中预定义属性），这些属性的使用有的是程序中必要的，有的会增加程序的可读性，有的会使程序的设计更为方便。VHDL 中可以具有属性的项目有：类型、子类型；过程、函数；信号、变量、常量；实体、结构体、配置、程序包；元件；语句标号。

属性是以上各类项目的属性，某一项目的特定属性通常可以用一个值或一个表达式来表示，通过 VHDL 的预定义属性描述语句就可以加以访问。

属性的值与对象（信号、变量和常量）的值完全不同，在任一给定时刻，一个对象只能具有一个值，但却可以具有多个属性。VHDL 还允许设计者自己定义属性。

预定义属性描述实际上是一个内部预定义的函数，其语句的格式是：

属性对象 ' 属性标识符

下面就可综合的属性项目的使用方法进行说明。

1. 信号类属性(Signal Attributes)

信号类属性中，最常用的当属 S'EVENT：对以 S 为标识符的信号，在当前的一个极小的时间 δ 内发生事件的情况进行检测。所谓发生事件，就是电平发生变化，如从一种电平方式转变到另一种电平方式。如果在此时间段内，信号 S 由 0 变成 1，或由 1 变成 0，则认为发生了事件。于是这一测试事件发生与否的表达式将向测试语句，如 IF 语句，返回一个 BOOLEAN 值 TRUE，否则为 FALSE。

【例 5 - 32】 对 clock 信号上升沿的测试。

```
PROCESS(clock)
  IF( clock'EVENT  AND  clock = '1')THEN
    q< = data;
  END IF;
```

END PROCESS;

本例是对 clock 信号上升沿的测试。即一旦测试到 clock 有一个上升沿时,此表达式将返回一个布尔值 TRUE。

S'STABLE 与 S'EVENT 正好相反,若信号在 δ 时间内无事件发生,则返回一个 BOOLEAN 值 TRUE,否则为 FALSE。以下两语句的功能是一样的。

```
NOT clock' STABLE  AND  clock = '1'            --不可综合
 clock'  EVENT  AND  clock = '1'
```

在实际应用中,属性 EVENT 比 STABLE 更常用。对于目前常用的 VHDL 综合器来说,EVENT 属性只能用于 IF 语句和 WAIT 语句。

需要注意的是,对于普通的 BIT 数据类型的 clock,它只有 1 和 0 两种取值,因而语句 clock' EVENT AND clock='1' 的表述作为对信号上升沿到来与否的检测是正确的。但如果 clock 的数据类型已定义为 STD_LOGIC,则其可能的值有 9 种。这样,就不能从 clock =1 来简单地推断 δ 时刻前 clock 一定是 0。因此,对于这种数据类型的始终信号的边沿检测,可用以下表达式来完成。

```
RISING_EDGE (clock)
```

RISING_EDGE ()是 VHDL 在 IEEE 库中标准程序包内的预定义函数,这条语句只能用于标准位数据类型的信号,其用法如下:

IF RISING_EDGE (clock) THEN

或

WAIT RISING_EDGE (clock)

2. 数据区间类属性(Range Attributes)

数据区间类属性有 'RANGE 和 'REVERSE_RANGE[(n)]。这类属性函数主要是对属性项目取值区间进行测试,返回的内容不是一个具体值,而是一个区间。对于同一属性项目,属性 'RANGE 和 'REVERSE_RANGE 返回的区间次序相反,前者与原项目次序相同,后者相反,用于返回有限制的指定数组类型的范围。

【例 5 - 33】 数据区间类属性示例。

```
    ...
  SIGNAL range1: in  STD_LOGIC_VECTOR(0  TO  7);
    ...
  FOR  i  IN  range1'RANGE  LOOP
    ...
```

例 5-33 中的 FOR—LOOP 语句与语句"FOR i IN 0 TO 7 LOOP"的功能是一样的,如果

用 'REVERSE_RANGE,则返回的区间正好相反,是(7 DOWNTO 0)

3. 数值类型属性(Value Type Attribute)

数值类型属性用于返回一个数据类型(Data type)或是一个子类型(Subtype)的最左边或最右边、或上限或下限的数值。

其基本语法为:

Type_name'High	返回 Type_name 的上限值
Type_name'Low	返回 Type_name 的下限值
Type_name'Left	返回 Type name 的左边值
Type_name'Right	返回 Type_name 的右边值

【例 5-34】 写出下列数据类型所返回的数值。

```
Type Fruit is (Apple ,peach ,Lemon ,Mango, banana);
Type Count is Natural Range 1 to 30 ;
Fruit'High     返回的数值为 banana
Fruit'Low      返回的数值为 Apple
Fruit'Left     返回的数值为 Apple
Fruit'Right    返回的数值为 banana
Count'High     返回的数值为 30
Count'Low      返回的数值为 1
Count'Left     返回的数值为 1
Count'Right    返回的数值为 30
```

4. 数值数组属性(Value Array Attribute)

数值数组属性用于返回指定数组的长度,基本的语法为:

array_ name'LENGTH

【例 5-35】 写出下列数组返回的数值。

```
Type Byte is array(0 to 7)of Bit;
Type Data_Bus is array(12 downto 3)of Std logic;
Byte'Length        返回的数值为 8(7-0+1=8)
Data Bus'Length    返回的数值为 10(12-3+1=10)
```

【例 5-36】 数值数组属性示例。

```
    …
TYPE   ARRY1   IS ARRAY (0  TO  7)  OF BIT;
    …
VARIABLE   WTH1:INTEGER;
    …
WTH1: = ARRY1'LENGTH;                    --WTH1 = 8
    …
```

5. 用户自定义属性

用户也可以自定义 IEEE 规范中没有定义的新属性。

属性与属性值的自定义格式如下：

ATTRIBUTE　　属性名:数据类型;

ATTRIBUTE　　属性名　OF　　对象名:对象类型 IS 值;

VHDL 综合器和仿真器通常使用自定义的属性实现一些特殊的功能。由综合器和仿真器支持的一些特殊的属性一般都包括在 EDA 工具厂商的程序包里,例如 Synplify 综合器支持的特殊属性都在 SYNPLIFY.ATTRIBUTES 程序包中,使用之前加入以下语句即可:

```
LIBRARY SYNPLIFY;
USE SYNPLICITY.ATTRIBUTES.ALL;
```

又如在 DATA I/O 公司的 VHDL 综合器中,可以使用属性 PINNUM 为端口锁定芯片引脚。自定义属性的 VHDL 代码可以包括在程序包中,也可以直接包括在用户的 VHDL 设计描述中。一旦属性已经被定义了,并且给定了一个属性名,在设计描述中如果需要就可以引用它。

【例 5-37】 下面的代码为一个自定义属性的示例。

```
LIBRARY IEEE;
USE IEEE.STD_LOGIC_1164.ALL;
ENTITY cntbuf IS
    PORT( dir:in STD_LOGIC;
          clk,clr,oe:in STD_LOGIC;
          a,b:inout STD_LOGIC_VECTOR(0 TO 1);
          q:inout STD_LOGIC_VECTOR(3 DOWNTO 0) );
ATTRIBUTE pinnum :STRING;
ATTRIBUTE pinnum OF clk:SIGNAL IS "1";
ATTRIBUTE pinnum OF clr:SIGNAL IS "2";
ATTRIBUTE pinnum OF dir:SIGNAL IS "3";
ATTRIBUTE pinnum OF oe: SIGNAL IS "11";
ATTRIBUTE pinnum OF a:  SIGNAL IS "13,12";
ATTRIBUTE pinnum OF b:  SIGNAL IS "19,18";
ATTRIBUTE pinnum OF q:  SIGNAL IS "17,16,15,14";
END ENTITY cntbuf;
```

5.3.2　综合工具对属性的支持

综合工具一般只支持部分预定义属性,不支持自定义属性。在预定义属性中,通常综合工具会支持下面的属性: LEFT、RIGHT、HIGH、LOW、RANGE、REVERS_RANGE、LENGTH、EVENT、STABLE、LAST_VALUE 等。

如果综合工具遇到不支持的属性,则会报告错误或者忽略。其他综合工具不支持的预定义属性可以用来描述电路,但是只用于仿真和测试。预定义属性函数功能如表 5-1 所列。

表 5-1 预定义的属性函数功能表

属性名	功能与含义	适用范围
LEFT[(N)]	返回类型或者子类型的左边界,用于数组时,N 表示二维数组行序号	类型、子类型
RIGHT[(N)]	返回类型或者子类型的右边界,用于数组时,N 表示二维数组行序号	类型、子类型
HIGH[(N)]	返回类型或者子类型的上限值,用于数组时,N 表示二维数组行序号	类型、子类型
LAST_ACTIVE	返回自信号前面一次事件处理至今所经历时间	信号
DELAYED[(TIME)]	建立和参考信号同类型的信号,该信号紧跟着参考信号之后,并有一个可选的时间表达式指定延迟时间	信号
STABLE[(TIME)]	每当在可选的时间表达式指定的时间内信号无事件时,该属性建立一个值为 TRUE 的布尔型信号	信号
QUIET[(TIME)]	每当参考信号在可选的时间内无事项处理时,该属性建立一个值为 TRUE 的布尔型信号	信号
TRANSACTION	在此信号上有事件发生,或每个事项处理中,它的值翻转时,该属性建立一个 BIT 型的信号(每次信号有效时,重复返回 0 和 1 的值)	信号
RANGE[(N)]	返回按指定排序范围,参数 N 指定二维数组的第 N 行	数组
REVERSE_RANGE[(N)]	返回按指定逆序范围,参数 N 指定二维数组的第 N 行	数组
LOW[(N)]	返回类型或者子类型的下限值,用于数组时,N 表示二维数组行序号	类型、子类型
LENGTH[(N)]	返回数组范围的总长度(范围个数),用于数组时,N 表示二维数组行序号	数组
STRUCTURE[(N)]	如果块或结构体只含有元件具体装配语句或被动进程时,属性'STURCTURE 返回 TRUE	块、构造
BEHAVIOR	如果由块标志指定块或由构造名指定结构体,又不含有元件具体装配语句,则 'BEHAVIOR 返回 TRUE	块、构造
POS(VALUE)	参数 VALUE 的位置序号	枚举类型
VAL(VALUE)	参数 VALUE 的位置值	枚举类型
SUCC(VALUE)	比 VALUE 的位置序号大的一个相邻位置值	枚举类型
PRED(VALUE)	比 VALUE 的位置序号小的一个相邻位置值	枚举类型
LEFTOF(VALUE)	在 VALUE 左边位置的相邻值	枚举类型
RIGHTOF(VALUE)	在 VALUE 右边位置的相邻值	枚举类型
EVENT	如果当前的 Δ 期间内发生了事件,则返回 TRUE,否则返回 FALSE	信号
ACTIVE	如果当前的 Δ 期间内信号有效,则返回 TRUE,否则返回 FALSE	信号
LAST_EVENT	从信号最近一次的发生事件至今所经历的时间	信号
LAST_VALUE	最近一次事件发生之前信号的值	信号

习 题

5.1 什么是顺序语句?什么是并行语句?它们各自有何特点?

5.2 使用 CASE 语句需要注意哪些问题?

5.3 比较 CASE 语句与和选择信号赋值语句,IF 语句和条件信号赋值语句,条件信号赋值语句和选择信号赋值语句,说明它们的异同点。

5.4 试用选择信号赋值语句描述 4 个 16 位输入,1 个 16 位输出的 4 选 1 多路选择器。

5.5 如在进程中加入 WAIT 语句,应注意哪些问题?

5.6 使用进程语句设计时应注意哪些问题?

5.7 说明什么是元件例化语句?元件例化语句由哪两部分组成?

5.8 设计一个半加器和一个或门,并利用元件例化语句完成全加器的顶层设计,电路如图 5-13 所示。

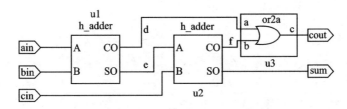

图 5-13 习题 5.8 图

5.9 比较 FOR/GENERATE 语句和 IF/GENERATE 语句不同之处。试使用 FOR/GENERATE 语句和 IF/GENERATE 语句实现一个 10 位的奇偶发生器。

5.10 分析下面的 VHDL 程序,说明电路功能,并绘出电路原理图。

```
LIBRARY IEEE;
USE IEEE.STD_LOGIC_1164.ALL;
ENTITY cnt4b IS
PORT( clk: in STD_LOGIC;
      clr: in STD_LOGIC;
      din: in INTEGER RANGE 0 TO 15;
      load: in STD_LOGIC;
      dout: out INTEGER RANGE 0 TO 15);
END cnt4b;
ARCHITECTURE one OF cnt4b IS
    SIGNAL qq: INTEGER RANGE 0 TO 15;
BEGIN
    PROCESS(clk, clr, din, load)
    BEGIN
```

```vhdl
            IF(clr = '1') THEN
                qq< = 0;
            ELSIF(clk'event AND clk = '1') THEN
                IF(load = '1') THEN
                    qq< = din;
                ELSE
                    qq< = qq + 1;
                END IF;
            END IF;
            dout< = qq;
        END PROCESS;
    END one;
```

第 6 章

VHDL 设计共享

通过前面的学习,不难发现 VHDL 系统设计具有强大的系统硬件描述能力、设计灵活、易于修改、设计独立于器件、与工艺无关等特点。同时,VHDL 系统设计还具有下面的特点——易于共享和复用。VHDL 采用基于库(LIBRARY)的设计方法,可以建立各种可再利用的模块。这些模块可以预先设计或使用以前设计中的存档模块,将这些模块存放到库中,就可以在以后的设计中进行复用,可以使设计成果在设计人员之间进行交流和共享,减少硬件电路设计。

本章介绍了 VHDL 中的库、程序包和子程序的使用和构建方法,目的是了解使用标准库中资源的正确方法,同时,也可以将已定义的常数、数据类型、子程序、设计好的元件等正确地添加到程序包中,以方便被其他的设计实体调用和共享,提高设计的效率和质量。另外,通过利用 QuartusⅡ工具分别介绍了常用的存储器(RAM、ROM、FIFO)IP 模块的使用方法。

6.1 VHDL 设计库

在利用 VHDL 进行工程设计中,为了提高设计效率以及使设计遵循某些统一的语言标准或数据格式,有必要将一些有用的信息汇集在一个或几个库中以供调用。这些信息可以是预先定义好的数据类型、子程序等设计单元的集合体(程序包),或预先设计好的各种设计实体(元件库程序包)。因此,可以把库看成是一种用来存储预先完成的程序包和数据集合体的仓库。

在 VHDL 中,库的说明总是放在设计单元的最前面。库(LIBRARY)的语句格式如下:

LIBRARY 库名;

这一语句即相当于为其后的设计实体打开了以此库名命名的库,以便设计实体可以利用其中的程序包,在设计单元内的语句就可以使用库中的数据。如语句"LIBRARY IEEE;"表示打开 IEEE 库。

VHDL 语言允许存在多个不同的库,但各个库之间是彼此独立的,不能互相嵌套。VHDL 语言的库分为两类:一类是设计库,如在具体设计项目中设定的文件目录所对应的 WORK;另一类是资源库,资源库是常规元件和标准模块存放的库。

第 6 章 VHDL 设计共享

6.1.1 库的种类

VHDL 语言中常用的设计库有以下 5 种:

1. IEEE 库

IEEE 是 VHDL 设计中最常用的库。IEEE 库中包含 IEEE 标准的程序包,包括 STD_LOGIC_1164、NUMERIC_BIT、NUMERIC_STD 以及其他一些程序包。其中 STD_LOGIC_1164 是最重要和常用的程序包,大部分可用于可编程逻辑器件的程序包都以这个程序包为基础。

此外,还有一些程序包虽非 IEEE 标准,但由于其已成事实上的工业标准,也都并入了 IEEE 库。这些程序包中,最常用的是 Synopsys 公司的 STD_LOGIC_ARITH、STD_LOGIC_SIGNED 和 STD_LOGIC_UNSIGNED 程序包。目前流行于我国的大多数 EDA 工具都支持 Synopsys 公司程序包。一般基于大规模可编程逻辑器件的数字系统设计,IEEE 库中的 4 个程序包 STD_LOGIC_1164、STD_LOGIC_ARITH、STD_LOGIC_SIGNED 和 STD_LOGIC_UNSIGNED 已经足够使用。另外需要注意的是,在 IEEE 库中符合 IEEE 标准的程序包并非符合 VHDL 语言标准,如 STD_LOGIC_1164 程序包。因此,在使用 VHDL 设计实体的前面必须以显式表达出来。

2. STD 库

STD 库是 VHDL 的标准库,库中包含预定义包集合 STANDARD 与 TEXTIO。

STANDARD 包集合中定义了许多基本的数据类型、子程序和函数。由于 STANDARD 包集合是 VHDL 标准程序包,实际应用中已隐性地打开了,所以不必再使用 USE 语句另作声明。TEXTIO 包集合定义了支持文本文件操作的许多类型和子程序。在使用本程序包之前,需加语句:

```
LIBRARY STD;
USE STD.TEXTIO.ALL;
```

TEXTIO 包集合仅供仿真器使用。可用文本编辑器建立一个数据文件,文件中包含仿真时需要的数据,然后仿真时用 TEXTIO 包集合中的子程序存取这些数据文件。在 VHDL 综合器中,此程序包被忽略。

3. WORK 库

WORK 库是用户的 VHDL 设计的现行工作库。用于存放用户设计和定义的一些设计单元和程序包,因而是用户自己的仓库,用户可以将设计项目的成品、半成品模块以及先期设计好的元件都放在其中。WORK 库自动满足 VHDL 语言标准,是默认打开的,所以在实际调用中,不必以显示写出 LIBRARY WORK。同时设计者所描述的 VHDL 语句不须作任何说明,都将存放在 WORK 库中。

按照 VHDL 语言标准对 WORK 库的要求，在 PC 机或工作站上使用 VHDL 进行工程设计是不容许在根目录下进行的，必须为其设定一个文件夹，用于保存此工程项目的所有设计文件，VHDL 综合器将此文件默认为 WORK 库。需要注意的是，综合器只是将指示器指向工程文件夹的路径，不存在 WORK 库的实名。

4. 面向 ASIC 的库

在 VHDL 中，为了进行门级仿真，各公司可提供面向 ASIC 的逻辑门库。在该库中存放着与逻辑门一一对应的实体。为了使用面向 ASIC 的库，对库进行说明是必需的。

5. 用户定义库

用户为自身设计需要所开发的共用程序包和实体等，也可汇集在一起定义成一个库，这就是用户库。在使用时同样需要说明库名。

6.1.2 库的使用

在 VHDL 语言中，库的说明语句总是放在实体单元前面，通常与 USE 语句一起使用。库语言关键词 LIBRARY，指明所使用的库名。USE 语句指明库中的程序包。一旦说明了库和程序包，整个设计实体都可进入访问或调用，但其作用范围仅限于所说明的设计实体。VHDL 要求一项含有多个设计实体的更大的系统，每一个设计实体都必须有自己完整的库说明语句和 USE 语句。USE 语句的使用将其所说明的程序包对本设计实体可以部分开放或者全部开放，相应的也有两种使用格式：

USE 库名.程序包名.项目名；

USE 库名.程序包名.ALL；

第一语句格式的作用是，向本设计实体开放指定库中的特定程序包内所选定的项目。第二语句格式的作用是，向本设计实体开放指定库中的特定程序包内所有的内容。

库和程序包正确使用的示例：

```
LIBRARY IEEE;
USE IEEE.STD_LOGIC_1164.ALL;
USE IEEE.STD_LOGIC_UNSIGNED.ALL;
```

以上的 3 条语句表示打开 IEEE 库，再打开此库中的 STD_LOGIC_1164 程序包和 STD_LOGIC_UNSIGNED 程序包的所有内容。关键词 ALL 表示程序包中的所有公共资源，并且所有这些公共资源对本语句后面的 VHDL 设计实体程序全部开放。

【例 6-1】 库和程序包使用示例。

```
LIBRARY IEEE;
USE IEEE.STD_LOGIC_1164.STD_ULOGIC;
```

USE IEEE.STD_LOGIC_1164.RISING_EDGE;

此例中向当前设计实体开放了 STD_LOGIC_1164 程序包中的 RISING_EDGE 函数。但由于此函数需要用到数据类型 STD_ULOGIC,所以在上一条 USE 语句中开放了同一程序包中的这一数据类型。

对于一个好的 VHDL 程序设计者来说,最好的库的设置方法是自定义一个资源库,库中再设置几个程序包,然后分门别类把设计好的单元、设计资料、使用过的标准库资源等分别装入各自的程序包中,以备后用。

6.2 VHDL 程序包

设计实体中声明的数据类型、子程序或数据对象对于其他设计实体是不可再利用的。为了使已定义的常数、数据类型、元件以及子程序能被其他的设计实体方便地访问和共享,可以将它们收集在一个 VHDL 程序包中。多个程序包可以并入一个 VHDL 库中,使之适用于更一般的访问和调用范围。这一点对于大系统开发、多个或多组开发人员并行工作显得尤为重要。

VHDL 程序包必须经过定义之后才可以使用,程序包的结构中至少要包含数据类型声明、子类型声明、常数声明、信号声明、元件声明、子程序声明其中的一种。

- 常数声明:主要用于预定义系统的宽度,如数据总线通道的宽度。
- 数据类型声明:主要用于说明在整个设计中通用的数据类型,例如通用的地址总线数据类型定义等。
- 元件定义:主要规定在 VHDL 设计中参与元件例化的文件(已完成的设计实体)对外的接口界面。
- 子程序声明:用于说明在设计中任一处可调用的子程序。

程序包由程序包的说明部分即程序包包首,和程序包的内容部分即程序包包体两部分组成。一个完整的程序包中,程序包包首名与程序包包体名同为一个名字。其语句结构如下:

```
PACKAGE  程序包名  IS
    包首说明语句                                    --包首部分
END  程序包名


PACKAGE  BODY  程序包名  IS
    包体说明语句以及包体内容                          --包体部分
END  程序包名;
```

包首是主设计单元,它可以独立编译并插入设计库中。包体是次级设计单元,它可以在其对应的标题编译并插入设计库之后,再独立进行编译并插入设计库中。

1. 程序包首

程序包首的说明部分可收集多个不同的 VHDL 设计所需的公共信息,其中包括数据类型说明、信号说明、子程序说明及元件说明等。

【例 6-2】 程序包首使用示例。

```
PACKAGE pac1 IS                              --程序包首开始
TYPE byte IS RANGE 0 TO 255;                 --定义数据类型 byte
SUBTYPE nibble IS byte RANGE 0 TO 15;        --定义子类型 nibble
CONSTANT byte_ff :byte : = 255;              --定义常数 byte_ff
SIGNAL addend :nibble;                       --定义信号 addend
COMPONENT byte_adder IS                      --定义元件 byte_adder
PORT(a,b:in byte;
END COMPONENT;
FUNCTION my_function(a:in byte ) RETURN BYTE;  --定义函数 my_function
END pac1;                                    --程序包首结束
```

如果要使用这个程序包中的所有定义,则可用 USE 语句访问此程序包:

```
LIBRARY WORK;                                --此句可省去
USE WORK.PAC1.ALL;
ENTITY…
ARCHITECTURE…
…
```

2. 程序包体

程序包体用于定义在程序包首中已定义的子程序的子程序体。程序包体说明部分的组成可以是 USE 语句(允许对其他程序包的调用)、子程序定义、子程序体、数据类型说明、子类型说明和常数说明等。程序包结构中,如果仅仅是定义数据类型或定义数据对象等内容,则程序包体是不必要的,程序包首可以独立定义和使用。但是,当程序包首中作了子程序(函数和过程)或元件等声明后,程序包体是必需的。因为子程序和部件必须具有具体的内容,所以将这些内容安排在了程序包体中。

程序包常用来封装属于多个设计单元分享的信息,程序包定义的信号、变量不能在设计实体之间共享。

【例 6-3】 程序包定义示例。

```
LIBRARY IEEE;
USE IEEE.STD_LOGIC_1164.ALL;
USE IEEE.NUMERIC_STD.ALL;
PACKAGE my_pkg IS                            --程序包首声明
```

第6章 VHDL 设计共享

```
        TYPE byte IS INTEGER RANGE 0 TO 255;
        SUBTYPE helf_byte IS byte RANGE 0 TO 15;
        CONSTANT byte_max: byte: = 255;
        FUNCTION min (left, right: INTEGER) RETURN INTEGER;
        COMPONENT signed_adder                              --假定实体和结构体在 WORK 库中
            GENERIC(data_width : NATURAL : = 8);
            PORT(a : IN SIGNED((data_width-1) DOWNTO 0);
                 b : IN SIGNED((data_width-1) DOWNTO 0);
                 result : OUT SIGNED ((data_width-1) DOWNTO 0));
        END COMPONENT;
    END my_pkg;
    PACKAGE BODY my_pkg IS                                  --程序包体声明
        FUNCTION min (left, right: INTEGER) RETURN INTEGER IS
            BEGIN
            IF left< right THEN RETURN left;
            ELSE RETURN right;
            END IF;
        END min;
    END my_pkg;
```

该例的程序包定义中,程序包首定义了一个新的数据类型 byte 和它的子类型 helf_byte,定义了一个常数 byte_max,并对函数 min 和元件 signed_adder 进行了声明。由于函数和元件有具体的内容,必须在程序包体中声明,因此,在程序包体中对函数 min 的函数体进行了说明。本例假定元件 signed_adder 的实体和结构体已经在 my_pkg 的 WORK 库中,因此,不必要在程序包的包体中再次进行说明,否则必须在包体中进行说明。

3. 程序包的使用

程序包的使用需用 USE 语句说明,例如:

```
USE  IEEE.STD_LOGIC_1164.ALL;
```

例 6-3 中如需要使用 my_pkg 程序包中声明的内容,就用下面的语句在设计实体前打开 my_pkg 程序包。

```
USE WORK. my_pkg.ALL;
```

由于 WORK 库是默认打开的,所以前面省去了 LIBRARY WORK 语句,只要加入相应的 USE 语句即可。程序包也可以在设计实体前定义并立即投入使用,如例 6-4 所示。

【例 6-4】 一个 4 位 BCD 数向 7 段译码显示码转换的 VHDL 描述。

```
PACKAGE  seven  IS                                          --定义程序包
TYPE bcd IS RANGE 0 TO 9;
```

```
SUBTYPE segments IS BIT_VECTOR(0 TO 6);
END seven;
USE WORK.seven.ALL;                              --打开程序包,以便后面使用
ENTITY decoder IS
    PORT(input:IN bcd;
         drive:OUT segments);
END decoder;
ARCHITECTURE art OF decoder IS
BEGIN
    WITH input SELECT
    drive< = B"1111110" WHEN 0,
            B"0110000" WHEN 1,
            B"1101101" WHEN 2,
            B"1111001" WHEN 3,
            B"0110011" WHEN 4,
            B"1011011" WHEN 5,
            B"1011111" WHEN 6,
            B"1110000" WHEN 7,
            B"1111111" WHEN 8,
            B"1111011" WHEN 9,
            B"0000000" WHEN OTHERS;
END ARCHITECTURE art;
```

此例是在程序包 seven 中定义了两个新的数据类型 segments 和 bcd。通过 USE WORK.seven.ALL 语句,在后面 decoder 的实体描述中就可以使用这两个数据类型了。

常用的预定义的程序包有:

(1) STD_LOGIC_1164 程序包(多值逻辑体系)

STD_LOGIC_1164 预先编译在 IEEE 库中,是 IEEE 的标准程序包,其中定义了一些常用的数据和子程序。

此程序包定义的数据类型 STD_LOGIC、STD_LOGIC_VECTOR 以及一些逻辑运算符都是最常用的,许多 EDA 厂商的程序包都以它为基础。

(2) STD_LOGIC_ARITH 程序包(基本算术运算)

此程序包在 STD_LOGIC_1164 程序包的基础上扩展了 3 个数据类型 UNSIGNED、SIGNED 和 SMALL_INT,并为其定义了相关的算术运算符号和数据类型转换函数。

(3) STD_LOGIC_UNSIGNED 程序包(无符号向量的算术运算)

STD_LOGIC_UNSIGNED 程序包预先编译在 IEEE 库中,是 Synopsys 公司的程序包。此程序包重载了可用于 INTEGER、STD_LOGIC 和 STD_LOGIC_VECTOR 三种数据类型混合运算的运算符,并定义了一个由 STD_LOGIC_VECTOR 型到 INTEGER 型的转换函数。

第 6 章　VHDL 设计共享

(4) STD_LOGIC_SIGNED 程序包(有符号向量的算术运算)

STD_LOGIC_SIGNED 程序包与 STD_LOGIC_UNSIGNED 程序包类似,只是 STD_LOGIC_SIGNED 中定义的运算符考虑到了符号,是有符号的运算。

另外,STANDARD 和 TEXTIO 也是常用的程序包。它是 STD 库中预先编译的程序包,STANDARD 程序包中定义了若干基本的数据类型、子类型和函数。TEXTIO 程序包定义了支持文件操作的许多类型和子程序。使用本程序包之前,需加语句 USE STD. TEXTIO. ALL。TEXTIO 程序包主要供仿真器使用。

IEEE1076 标准规定,在所有 VHDL 程序的开头隐含有下面的语句:

```
LIBRARY  WORK.STD;
USE   STD.STANDARD.ALL;
```

因此,不需要在程序中使用这两条语句。

6.3　PLD 系统设计的常用 IP 模块

6.3.1　IP 模块概述

IP(Intellectual Property 知识产权)核是具有知识产权的集成电路芯核的简称。其作用是把一组拥有知识产权的电路设计集合在一起,构成芯片的基本单位,以供设计时"搭积木"之用。比如人们将一些在数字电路中常用,但比较复杂的功能块,如 FIR 滤波器、SDRAM 控制器、PCI 接口等设计成可修改参数的模块,这些模块就称为 IP 核。IP 核的重用是设计人员赢得迅速上市时间的主要策略。随着 CPLD/FPGA 的规模越来越大,设计越来越复杂(IC 的复杂度以每年 55%的速率递增,而设计能力每年仅提高 21%),设计者的主要任务是在规定的时间周期内完成复杂的设计。调用 IP 核能避免重复劳动,大大减轻工程师的负担,因此使用 IP 核是一个发展趋势。

IP 核包括硬 IP 和软 IP。硬 IP 最大的优点是确保性能,如速度、功耗等。然而,硬 IP 难以转移到新工艺或集成到新结构中,是不可重配置的。软 IP 是以综合形式交付的,因而必须在目标工艺中实现,并由系统设计者验证。其优点是源代码灵活,可重定目标于多种制作工艺,在新功能级中重新配置。

PLD 的开发工具软件,如 QuartusⅡ、ISE 等,一般都会提供一些经过验证的 IP 模块。这些 IP 模块是芯片厂家提供的,所以只能用于该厂家的 CPLD/FPGA 芯片设计中。这些 IP 主要包括以下几类:

- 算术类——加法器、乘法器、除法器等;
- 逻辑门类——与门、或门、非门等;

- 存储器类——RAM、ROM、FIFO、移位寄存器等；
- I/O 类——双向 I/O、锁相环(PLL)、接收器和发送器 LVDS 等；
- 接口类——以太网 MAC、PCI 接口控制器、高速串行收发器 SERDES 等；
- 商业 IP 核——需要付费购买的。

IP 模块的实现方式主要有 3 种：使用 HDL 代码描述、使用综合约束属性例化或类推、使用器件商的 IP 核生成器。典型功能的 IP 模块都可以通过这 3 种途径来实现。第 1 种方法将在 8.3 节存储器的设计中介绍。第 2 种方法需要学习综合 RAM、ROM、CAM 等存储单元的 Coding Style 或约束属性，本书不作介绍。最后一种方法非常方便、直接，建议首先掌握使用器件商 IP 核生成器设计 FIFO、RAM、ROM 等存储单元的方法。

6.3.2 QuartusⅡ中 IP 模块的使用方法

本节通过 QuartusⅡ工具分别介绍常用的存储器（FIFO、RAM、ROM）IP 模块的使用方法。

1. FIFO 的使用方法

(1) 打开宏模块向导管理器

在 QuartusⅡ中，IP 模块的生成都是通过 Mega Wizard Plug-In Manager(宏模块向导管理器)实现的。它通过 QuartusⅡ工具栏中的 Tools 菜单打开。

(2) 选择新建宏模块

进入 MegaWizard Plug-In Manager 对话框第 1 页，如图 6-1 所示。此页中可以选择创建一个新宏功能模块、编辑已经存在的宏功能模块和复制已有的宏功能模块。此处选择第一项创建一个新的宏功能模块，单击 Next 进入第 2 页。

图 6-1 新建宏模块

(3) 选择宏模块

在宏模块向导管理器的第 2 页，管理器提供了支持的宏模块树形目录。通过在该目录中选择相应的宏模块实现调用。同时在这一页中还可以选择应用的 FPGA 器件系列和宏模块的描述语言，并使用用户自定义的模块名，如图 6-2 所示。在本例中选择 FIFO 模块来实现。

(4) 设置 FIFO 的宽度和深度

在宏模块向导管理器的第 3 页，可以设置 FIFO 的深度和宽度，同时在本页的左下角会计算出实现这样一个深度和宽度所消耗的 FPGA 资源，如图 6-3 所示。

(5) 设置 FIFO 的控制信号

在宏模块向导管理器的第 4 页，可以设置 FIFO 的控制信号，包括满信号 full、空信号

第 6 章 VHDL 设计共享

图 6-2 选择宏模块

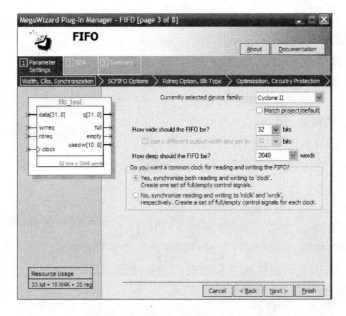

图 6-3 设置 FIFO 的深度和宽度

empty、使用字节信号组 usedw[ ]、几乎满信号 almost full(可编程)、几乎空信号 almost empty(可编程)、异步清 0 信号和同步清 0 信号等。通过选择是否打开这些信号来构造一个用户自定义的 FIFO,如图 6-4 所示。

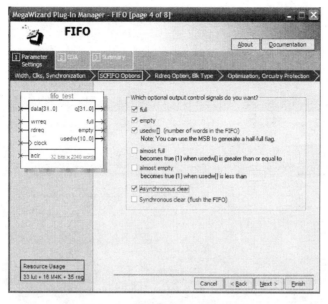

图 6-4 设置 FIFO 的控制信号

(6) 设置 FIFO 的模式

在宏模块向导管理器的第 5 页，可以设置 FIFO 的模式。分为 Lagacy 同步模式和 Show-ahead 同步模式。区别在于输出数据是在 FIFO 的读请求信号 rden 发生之前还是之后有效，用户可以根据需要进行选择，如图 6-5 所示。

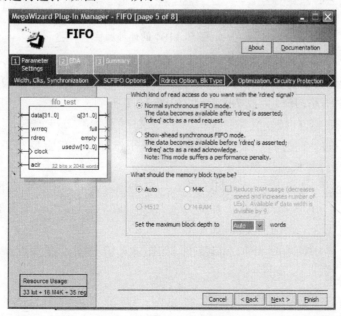

图 6-5 设置 FIFO 的模式

第6章　VHDL 设计共享

(7) 设置 FIFO 的外部属性

在宏模块向导管理器的第 6 页，可以设置 FIFO 的外部属性。包括输出寄存器是使用最佳速度策略还是最小面积策略，数据溢出及读空状态下的保护机制，还可以强制只利用逻辑单元来构造 FIFO，如图 6-6 所示。

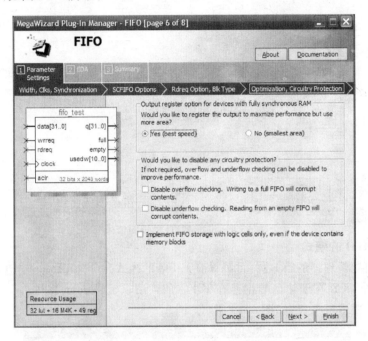

图 6-6　设置 FIFO 的外部属性

(8) 选择生成的 FIFO 模块文件

在宏模块向导管理器的第 7 页，可以选择生成的 FIFO 模块文件。在 Quartus Ⅱ 软件中，宏模块向导管理器可为 FIFO 生成 7 个文件，如图 6-7 所示。

(9) 向工程添加 FIFO 模块文件

生成 FIFO 模块的文件后，在工程的目录下生成了选择的文件。要在工程中调用这些模块，首先要将这些文件添加到工程中来。

打开 Project 菜单，选择其中的 Add/Remove Files in Project…选项，如图 6-8 所示。

在打开的对话框中，选择向工程添加的文件。添加成功后，在工程浏览器中，可以看到器件设计文件中已经包含了添加的文件，如图 6-9 所示。

打开工程浏览器中的 fifo_test.vhd 文件，如图 6-10 所示。即可看到 FIFO 的 VHDL 代码：

第 6 章 VHDL 设计共享

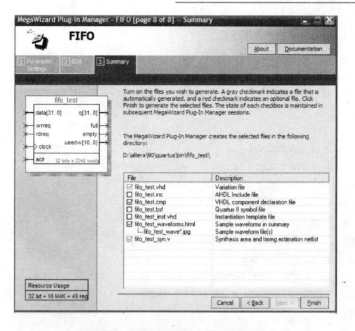

图 6-7 选择生成的 FIFO 模块文件

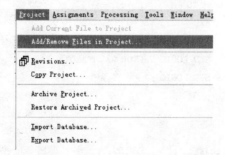

图 6-8 打开工程添加/删除文件对话框

图 6-9 工程浏览器

图 6-10 工程浏览器中的 fifo_test.vhd 文件

第6章 VHDL 设计共享

```vhdl
LIBRARY ieee;
USE ieee.std_logic_1164.all;
LIBRARY altera_mf;
USE altera_mf.all;                          --使用宏功能库中的所有元件

ENTITY fifo_test IS
    PORT
      ( aclr   : IN STD_LOGIC ;
        Clock  : IN STD_LOGIC ;
        data   : IN STD_LOGIC_VECTOR (31 DOWNTO 0);
        rdreq  : IN STD_LOGIC ;
        wrreq  : IN STD_LOGIC ;
        empty  : OUT STD_LOGIC ;
        full   : OUT STD_LOGIC ;
        q      : OUT STD_LOGIC_VECTOR (31 DOWNTO 0);
        usedw  : OUT STD_LOGIC_VECTOR (10 DOWNTO 0));
END fifo_test;

ARCHITECTURE SYN OF fifo_test IS
    SIGNAL sub_wire0   : STD_LOGIC_VECTOR (10 DOWNTO 0);
    SIGNAL sub_wire1   : STD_LOGIC ;
    SIGNAL sub_wire2   : STD_LOGIC_VECTOR (31 DOWNTO 0);
    SIGNAL sub_wire3   : STD_LOGIC ;

    COMPONENT scfifo                        --例化 scfifo 元件
    GENERIC (                               --参数传递语句
        add_ram_output_register  : STRING;  --类属参量数据类型定义
        intended_device_family   : STRING;
        lpm_numwords   : NATURAL;
        lpm_showahead  : STRING;
        lpm_type       : STRING;
        lpm_width      : NATURAL;
        lpm_widthu     : NATURAL;
        overflow_checking   : STRING;
        underflow_checking  : STRING;
        use_eab        : STRING);
    PORT (usedw   : OUT STD_LOGIC_VECTOR (10 DOWNTO 0);
        rdreq   : IN STD_LOGIC ;
        empty   : OUT STD_LOGIC ;
```

```vhdl
        aclr        : IN STD_LOGIC ;
        clock       : IN STD_LOGIC ;
        q           : OUT STD_LOGIC_VECTOR (31 DOWNTO 0);
        wrreq       : IN STD_LOGIC ;
            data    : IN STD_LOGIC_VECTOR (31 DOWNTO 0);
            full    : OUT STD_LOGIC );
    END COMPONENT;

BEGIN
    usedw <= sub_wire0(10 DOWNTO 0);
    empty <= sub_wire1;
    q <= sub_wire2(31 DOWNTO 0);
    full <= sub_wire3;

    scfifo_component : scfifo
    GENERIC MAP (
        add_ram_output_register => "ON",            --参数传递映射
        intended_device_family => "Cyclone II",
        lpm_numwords => 2048,
        lpm_showahead => "OFF",
        lpm_type => "scfifo",
        lpm_width => 32,
        lpm_widthu => 11,
        overflow_checking => "ON",
        underflow_checking => "ON",
        use_eab => "ON"
    )
    PORT MAP (
        rdreq => rdreq,                             --端口映射
        aclr => aclr,
        clock => clock,
        wrreq => wrreq,
        data => data,
        usedw => sub_wire0,
        empty => sub_wire1,
        q => sub_wire2,
        full => sub_wire3);
END SYN;
```

第6章 VHDL 设计共享

(10) FIFO 模块例化

对 FIFO 模块例化的途径有多种，如可以在 Bloch Editor 中直接例化；在 VHDL 代码中例化（通过端口和参数定义例化，或使用 Mega Wizard Plug - In Manager 对宏功能模块进行参数化并建立包装文件），也可以通过界面，在 Quartus Ⅱ 中对 Altera 公司的宏功能模块 LPM (Library of Parameterized Modules，参数可设置模块库)函数进行例化。

Altera 公司推荐使用 Mega Wizard Plug - In Manager 对宏功能模块进行例化以及建立自定义宏功能模块变量。此向导将提供一个供自定义和参数化宏功能模块使用的图形界面，并确保正确设置所有宏功能模块的参数。

2. RAM 的使用方法

这里介绍双口 RAM 模块的生成方法，模块的构成方法与 FIFO 模块类似，不作详细介绍。

(1) 打开宏模块向导管理器并新建宏模块

具体参见 FIFO 的方法。

(2) 选择宏模块

这里选择 Memory Compiler 下的 RAM:2_PORT 模块来实现，如图 6-11 所示。

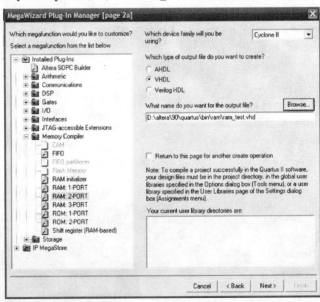

图 6-11 选择宏模块

(3) 设置 RAM 的端口数及容量单位

在宏模块向导管理器的第 3 页，可以设置 RAM 端口数及容量单位。支持两种端口 RAM：1 个读端口和 1 个写端口的 RAM，2 个读端口和 2 个写端口的 RAM。可以设置 RAM

容量单位为位或是字节。同时,在本页的左下角会计算出实现这样一个 RAM 所消耗的 FPGA 资源,如图 6-12 所示。

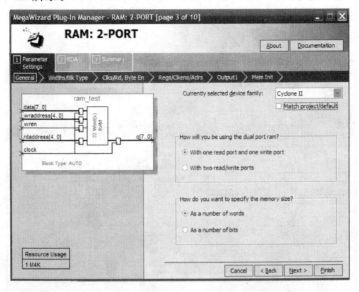

图 6-12　设置 RAM 的端口数及容量

(4) 设置 RAM 的数据宽度及容量

在宏模块向导管理器的第 4 页,可以设置 RAM 的数据宽度及容量。同时可以设置输入/输出端口为不同的宽度实现串并或并串转换,如图 6-13 所示。

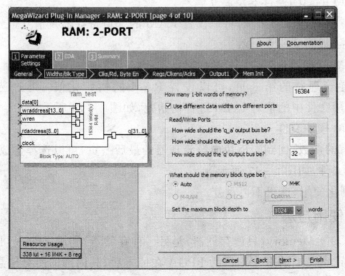

图 6-13　设置 RAM 的数据宽度及容量

第6章 VHDL 设计共享

(5) 设置 RAM 的时钟及使能

在宏模块向导管理器的第 5 页,可以设置 RAM 的时钟和使能信号,可以将 RAM 设置为单时钟(输入/输出使用同一个时钟),也可以使用独立的时钟。另外还可以为 RAM 增加读使能信号 rden,如图 6-14 所示。

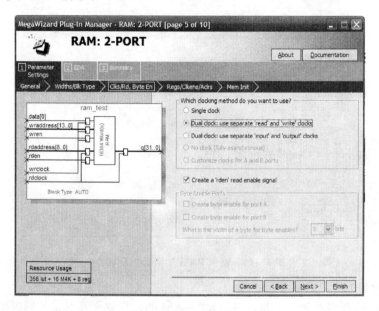

图 6-14 设置 RAM 的时钟及使能

(6) 设置 RAM 的端口寄存器及清 0 信号

在宏模块向导管理器的第 7 页,可以设置 RAM 的端口寄存器及清 0 信号,可以选择是否增加端口的寄存器,如图 6-15 所示。

(7) 设置 RAM 的初始化值

在宏模块向导管理器的第 8 页,可以设置 RAM 的初始化值。通过选择 MIF 文件或 HEX 文件可以使用文件中的值对 RAM 进行初始化,如图 6-16 所示。

(8) 完成 RAM 模块文件

设置完成所有的参数,回到宏模块向导管理器的最后一页,可以选择生成的 RAM 模块文件,共有 6 个生成文件,如图 6-17 所示。

对 RAM 的例化使用,这里不再重复。

3. ROM 的使用方法

ROM(Read Only Memory,只读存储器)是另一种存储器,利用 FPGA 可以实现 ROM 的功能,但其不是真正意义上的 ROM,因为 FPGA 在掉电后,其内部的所有信息都会丢失,再次工作时需要重新配置。具体应用见 6.5.2 小节。

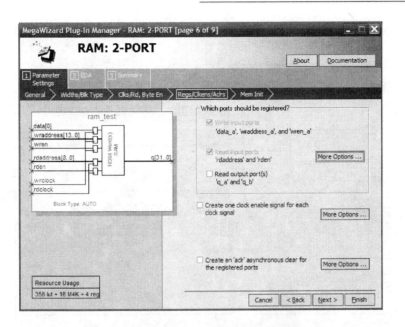

图 6-15　设置 RAM 的端口寄存器及清 0 信号

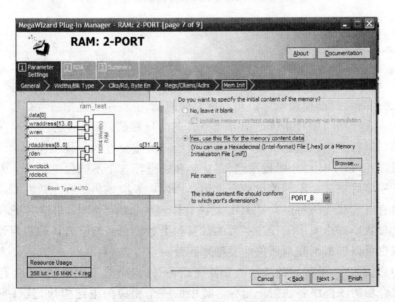

图 6-16　设置 RAM 的初始化值

第 6 章　VHDL 设计共享

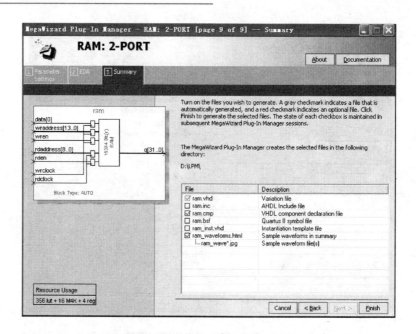

图 6-17　生成 RAM 模块文件

6.4　VHDL 子程序

在 VHDL 中,子程序是一个程序模块,这个模块是利用顺序语句来定义和完成算法的,子程序与进程十分相似,只能使用顺序语句。所不同的是,子程序不能像进程那样可以从本结构体的并行语句或进程结构中直接读取信号值或者向信号赋值,而只能通过子程序调用及与子程序的界面端口进行通信。应用子程序能更有效地完成重复性的设计工作。

子程序可以在 VHDL 程序的程序包、结构体和进程等 3 个不同位置定义。但只有在程序包中定义的子程序可被几个不同的设计所调用。所以一般应该将子程序放在程序包中。

子程序具有可重载性的特点。VHDL 允许有许多重名的子程序,但这些子程序的参数形式是不同的。参数形式指明了子程序参数的数目和类型。它们能够具体确定应该调用的子程序。函数重载也可以根据函数返回值的类型来区分。

在实用中必须注意,子程序的应用与元件例化、元件调用是不同的,它不会产生一个新的设计层次。综合后的子程序将映射于目标芯片中的一个相应的电路模块,且每一次调用都将在硬件结构中产生具有相同结构的不同的模块,这一点与在普通的软件中调用子程序有很大的不同。因此,在面向 VHDL 的实用中,要密切关注和严格控制子程序的调用次数,每调用一次子程序都意味着增加了一个硬件电路模块。

子程序有两种类型,即过程(PROCEDURE)和函数(FUNCTION)。

6.4.1 VHDL 函数

在 VHDL 中有多种函数形式,有用户自定义函数和库中预定义的函数。例如转换函数和决断函数。转换函数用于从一种数据类型到另一种数据类型的转换;决断函数用于在多驱动信号时解决信号竞争问题。函数的语法格式如下:

```
FUNCTION    函数名(参数表)    RETURN 数据类型;            --函数首
FUNCTION    函数名(参数表)    RETURN 数据类型 IS          --函数体开始
[说明部分];
BEGIN
顺序语句;
END FUNCTION    函数名;                                   --函数体结束
```

一般地,函数定义由函数首和函数体组成。但是,在进程或结构体中不必定义函数首,在程序包中必须定义函数首。

1. 函数首

函数首是由函数名、参数表和返回值的数据类型 3 部分组成的。函数首的名称即为函数的名称,需放在关键词 FUNCTION 之后,它可以是普通的标识符,也可以是运算符(这时必须加上双引号)。函数的参数表指定函数的输入参数,可以是信号或常量,它们可以是任何可综合的数据类型。参数名需放在关键词 CONSTANT 或 SIGNAL 之后,若没有特别说明,则参数被默认为常数。函数的参数表也是可选的,如果有函数不需要输入参数,则可以省略参数表。变量是不可以作为函数的参数的。

如果要将一个已编制好的函数并入程序包,则函数首必须放在程序包的说明部分,而函数体需放在程序包的包体内。由此可见,函数首的作用只是作为程序包的有关此函数的一个接口界面。如果只是在一个结构体中定义并调用函数,则仅需函数体即可。函数首示例如下:

```
FUNCTION FOUC1(a,b,c:REAL) RETURN REAL;
FUNCTION " * " (a,b:INTEGER) RETURN INTEGER;          --注意函数名 * 要用引号括住
FUNCTION AS2(SIGNAL in1,in2:REAL) RETURN REAL;        --注意信号参量的写法
```

以上是 3 个不同的函数首,它们都放在某一程序包的说明部分。

2. 函数体

函数体是函数具有实质性内容的部分,包含一个对数据类型、常数、变量等的局部说明,以及用以完成规定算法或转换的顺序语句部分,并以关键词 END FUNCTION 以及函数名结尾。一旦函数被调用,就将执行这部分语句。

下面给出函数首、函数体定义的示例。

【例 6-5】 一个函数定义在程序包 pack_exam 中的实例。

```
LIBRARY IEEE;
USE IEEE.STD_LOGIC_1164.ALL;
PACKAGE pack_exam IS
    FUNCTION max (a, b: IN STD_LOGIC_VECTOR )          --函数首声明
        RETURN STD_LOGIC_VECTOR;
    END pack_exam;
PACKAGE BODY pack_exam IS
    FUNCTION max   (a, b: IN STD_LOGIC_VECTOR )        --函数体声明
        RETURN STD_LOGIC_VECTOR IS
        BEGIN
        IF a > b THEN RETURN a;
        ELSE RETURN b;
        END IF;
    END FUNCTION max;
END pack_exam;
```

该例定义了一个函数 max,函数是以形参 a、b 为输入,其数据类型是标准逻辑矢量,比较两个输入量的大小后返回其最大值,返回值的数据类型也是标准逻辑矢量。

注意:函数体声明中使用了返回语句(RETURN)。

返回语句只能使用在子程序体中,用来结束当前子程序体的执行,其语句格式如下:

RETURN 表达式;

表达式是可选的,当表达式缺省时,只能用于过程,表示过程结束,不返回任何值;当有表达式时,只能用于函数,表示函数调用结束,并且返回表达式的值。

【例 6-6】 函数返回语句示例。

```
ARCHITECTURE demo OF func IS
FUNCTION sam(x ,y ,z : STD_LOGIC) RETURN STD_LOGIC IS
BEGIN
RETURN ( x AND y ) OR y ;
END FUNCTION sam;
```

该例是在结构体内定义的函数,这个函数没有函数首。

3. 函数调用

函数不能从所在的结构体中直接读取信号值或者向信号赋值,只能通过函数调用与函数的端口界面进行通信。函数一旦被调用,就将执行函数体中的这部分语句,并将计算或转换结果用函数名返回。

函数在结构体的描述中,通常是作为表达式或语句的一部分,其调用格式如下:

函数名(实参数表)

【例 6-7】 这是一个对例 6-6 中定义的函数进行调用的示例。

```
LIBRARY IEEE;
USE IEEE.STD_LOGIC_1164.ALL ;
ENTITY func IS
   PORT( a : IN STD_LOGIC_VECTOR (0 to 2 );
         m : OUT STD_LOGIC_VECTOR (0 to 2 ));
   END ENTITY func;
   ARCHITECTURE demo OF func IS                          --定义函数 sam,该函数无函数首
     FUNCTION sam(x ,y ,z : STD_LOGIC) RETURN STD_LOGIC IS
     BEGIN
     RETURN ( x AND y ) OR y;
     END FUNCTION sam;
BEGIN
PROCESS ( a )
BEGIN
   m(0)< = sam( a(0),   a(1),   a(2));
   m(1)< = sam( a(2),   a(0),   a(1));
   m(2)< = sam( a(1),   a(2),   a(0));
END PROCESS;
END ARCHITECTURE demo;
```

该例先在结构体内定义了一个函数,后在进程 PROCESS 中调用了此函数。在进程中,输入端口矢量 a 被列为敏感信号,当 a 的 3 个位输入元素 a(0)、a(1)、a(2)中的任何一位有变化时,将启动对函数 sam 的调用,并将函数的返回值赋给 m 输出。

4. 重载函数

在 VHDL 中,允许对已经使用过的函数(表现形式是函数名)进行多次重新定义,这样的函数被称为重载函数。但这时要求函数中定义的操作数具有不同的数据类型,以便调用时用以分辨不同功能的同名函数。在具有不同数据类型操作数构成的同名函数中,以运算符重载式函数最为常用。这种函数为不同数据类型间的运算带来极大的方便。

例 6-8 中以加号"＋"为函数名的函数即为运算符重载函数。VHDL 中预定义的操作符如"＋"、"AND"、"MOD"、"＞"等运算符均可以被重载,以赋予新的数据类型操作功能,也就是说,通过重新定义运算符的方式,允许被重载的运算符能够对新的数据类型进行操作,或者允许不同的数据类型之间用此运算符进行运算。

例 6-8 给出了一个 Synopsys 公司的程序包 STD_LOGIC_UNSIGNED 中的部分函数结构。示例没有把全部内容列出,在程序包 STD_LOGIC_UNSIGNED 的说明部分只列出了 4 个函数的函数首。在程序包体部分只列出了对应的部分内容,程序包体部分的 UNSIGNED()函

数是从 IEEE.STD_LOGIC_ARITH 库中调用的,在程序包体中的 MAXIUM 函数只有函数体,没有函数首,这是因为它只在程序包体内调用。

【例 6-8】 重载函数示例。

```vhdl
LIBRARY IEEE;
USE IEEE.STD_LOGIC_1164.ALL;
USE IEEE STD_LOGIC_ARITH.ALL;
PACKAGE std_logic_unsigned IS                    --函数包包首定义
FUNCTION " + "(L:STD_LOGIC_VECTOR;R:INTEGER)
        RETURN STD_LOGIC_VECTOR;
FUNCTION " + "(L:INTEGER; R:STD_LOGIC_VECTOR)
        RETURN STD_LOGIC_VECTOR;
FUNCTION " + "(L ;STD_LOGIC_VECTOR;R:STD_LOGIC)
        RETURN STD_LOGIC_VECTOR;
FUNCTION SHR(ARG:STD_LOGIC_VECTOR;
        COUNT:STD_LOGIC_VECTOR) RETURN STD_LOGIC_VECTOR;
        ...
END STD_LOGIC_UNSIGNED;
LIBRARY IEEE;
USE IEEE.STD_LOGIC_1164.ALL;
USE IEEE.STD_LOGIC_ARITH.ALL;
PACKAGE BODY STD_LOGIC_UNSIGNED IS               --函数包包体定义
FUNCTION MAXIMUM(L,R:INTEGER) RETURN INTEGER IS
BEGIN
IF L>R THEN
    RETURN  L;
ELSE
        RETURN R;
 END IF;
END;
FUNCTION " + "(L:STD_LOGIC_VECTOR;R:INTEGER)
    RETURN STD_LOGIC_VECTOR IS
    VARIABLE RESULT:STD_LOGIC_VECTOR(L'RANGE);
    BEGIN
    RESULT: = UNSIGNED(L) + R;
    RETURN STD_LOGIC_VECTOR(RESULT);
  END;
    ...
END STD_LOGIC_UNSIGNED;
```

通过例6-8,我们注意到,在函数首的3个函数名都是同名的,即都是以加法运算符"+"作为函数名。以这种方式定义函数即所谓运算符重载。

实用中,如果已用 USE 语句打开了程序包 STD_LOGIC_UNSIGNED,这时,如果设计实体中有一个 STD_LOGIC_VECTOR 位矢和一个整数相加,则程序就会自动调用第1个函数,并返回位矢类型的值。若是一个位矢与 STD_LOGIC 数据类型的数相加,则调用第3个函数,并以位矢类型的值返回。

6.4.2 VHDL 过程

VHDL 中,子程序的另一种形式是过程。与函数一样,过程也分为过程首和过程体,分别放置在程序包首和程序包体中,供 VHDL 程序共享。过程与函数不同的是:
- 过程是一种语句结构,而函数是表达式的一部分;
- 过程可以单独存在,而函数只是作为语句的一部分;
- 过程有输入参数、输出参数和双向参数,而函数入口处的所有参数都是输入参数;
- 过程通过调用可以从其端口界面获得多个返回值,而函数调用后只能返回一个值。

过程的语句格式是:
```
PROCEDURE 过程名(参数表);              --过程首
PROCEDURE 过程名(参数表)  IS           --过程体开始
[说明部分];
BEGIN
顺序语句;
END PROCEDURE 过程名;                  --过程体结束
```

过程由过程首和过程体两部分组成。过程首不是必须的,过程体可以独立存在和使用。即在进程或结构体中不必定义过程首,可以直接定义过程体并使用,而在程序包中必须定义过程首。

1. 过程首

过程首由过程名和参数表组成。参数表用于对常数、变量和信号3种数据对象目标作出说明,并用关键词 IN、OUT 和 INOUT 定义这些参数的工作模式,即信息的流向。

【例6-9】 3个过程首定义示例。

```
PROCEDURE pro1(VARIABLE a,b:INOUT REAL);
PROCEDURE pro2 (CONSTANT a1:IN INTEGER;VARIABLE  b1:OUT INTEGER);
PROCEDURE pro3 (SIGNAL sig:INOUT BIT);
```

过程 pro1 定义了两个实数双向变量 a,b;过程 pro2 定义了两个参量,第1个是常数,它的数据类型为整数,流向模式是 IN,第2个参量是变量,它的数据类型为整数,流向模式是

OUT；过程 pro3 中只定义了一个信号参量，即 sig，它的流向模式是双向 INOUT，数据类型是 BIT。

一般地说，可在参量表中定义 3 种流向模式，即 IN、OUT 和 INOUT。如果只定义了 IN 模式而未定义目标参量类型，则默认为常量；若只定义了 INOUT 或 OUT，则默认目标参量类型是变量。

2. 过程体

过程体是由顺序语句组成的，过程的调用即启动了对过程体的顺序语句的执行。过程体中的说明部分只是局部的，其中的各种定义只能适用于过程体内部。过程体的顺序语句部分可以包含任何顺序执行的语句，包括 WAIT 语句。但如果一个过程是在进程中调用的，且这个进程已列出了敏感参量表，则不能在此过程中使用 WAIT 语句。

【例 6-10】 过程体声明示例。

```
PROCEDURE count_zeros (a: IN  BIT_VECTOR;
       SIGNAL q: OUT INTEGER) IS
       VARIABLE zeros : INTEGER;
  BEGIN
    zeros : = 0;
    FOR i IN a'RANGE LOOP
    IF A(i) = '0' THEN
    zeros : = zeros + 1;
    END IF;
    END LOOP;
    q< = zeros;
 END count_zeros;
```

这是一个计算输入标准向量 A 中含有多少个 0 比特位的过程体，计算结果由信号 q 进行传递，因此规定它的端口模式为 OUT。结构体内定义了一个局部变量 zeros，是为了保存中间结果，只能在过程体内部有效。

3. 过程调用

过程调用就是执行一个给定名字和参数的过程。过程调用的语句格式如下：

  过程名（参数表）；

根据调用环境的不同，过程调用有两种方式，即顺序语句方式和并行语句方式。在一般的顺序语句自然执行过程中，一个过程被执行，则属于顺序语句方式；当某个过程处于并行语句环境中时，其过程体中定义的任一 IN 或 INOUT 的目标参量发生改变时，将启动过程的调用，这时的调用是属于并行语句方式的。过程与函数一样可以重复调用或嵌套式调用。综合器一般不支持含有 WAIT 语句的过程。以下是两个过程体的使用示例。

【例 6-11】 过程定义和调用示例。

```
LIBRARY IEEE;
USE IEEE.STD_LOGIC_1164.ALL;
PACKAGE pkg IS                                          --过程首定义
    PROCEDURE nand_4 (SIGNAL s1, s2, s3, s4: IN STD_LOGIC;
                     SIGNAL y           : OUT STD_LOGIC);
END pkg;
PACKAGE BODY pkg IS                                     --过程体定义
    PROCEDURE nand_4 (SIGNAL s1, s2, s3, s4: IN STD_LOGIC;
                     SIGNAL y           : OUT STD_LOGIC) IS
    BEGIN
        y< = NOT( s1 AND s2 AND s3 AND s4 );
        RETURN;
    END nand_4;
END pkg;
LIBRARY IEEE;                                           --对定义过程调用的主程序
USE IEEE.STD_LOGIC_1164.ALL;
USE WORK.pkg.ALL;
ENTITY nand_8 IS
    PORT( a1, a2, a3, a4: IN STD_LOGIC;
          a5, a6, a7, a8: IN STD_LOGIC;
                       f: OUT STD_LOGIC);
END;
ARCHITECTURE data_flow OF nand_8 IS
    SIGNAL middle1, middle2: STD_LOGIC;
    BEGIN
    nand_4( a1, a2, a3, a4, middle1);                   --并行过程调用
    nand_4( a5, a6, a7, a8, middle2);                   --并行过程调用
    f< = middle1 OR middle2;
END data_flow;
```

该例通过两次调用程序包 pkg 中的过程 nand_4(4 输入与非门),实现了一个 8 输入与非门。图 6-18 是其综合后的 RTL 图,由图可见,两次调用 nand_4,插入了两个并行的 4 输入与非门。

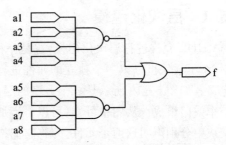

图 6-18　例 6-11 的 RTL 图

4. 重载过程

与函数重载一样,两个或两个以上具有相同

的过程名但参数数量及数据类型互不相同的过程称为重载过程,重载过程也是靠参量的数据类型来辨别究竟调用哪一个过程。

【例 6-12】 过程重载示例。

```
PROCEDURE cal(v1,v2:IN REAL;
        SIGNAL out1:INOUT INTEGER);
PROCEDURE cal(v1,v2:IN INTEGER;
        SIGNAL out1:INOUT REAL);
  ...
cal(20.15,1.42,SIGN1);        --调用第 1 个重载过程 cal,SIGN1 为 INOUT 式的实数信号
cal(23,320,SIGN2);            --调用第 2 个重载过程 cal,SIGN1 为 INOUT 式的整数信号
  ...
```

上例中定义了两个重载过程,它们的过程名、参量数目及参量的模式是相同的,但参量的数据类型是不同的。第一个过程中定义的两个输入参量 v1,v2 为实数型常数,out1 为 INOUT 模式的整数信号;而第二个过程中的 v1,v2 则为整数常数,out1 为实数信号。当调用 cal 过程时,系统会按照调用语句所给出的实际参数的数量和数据类型,自动在程序包中寻找形参与之完全一致的过程进行调用,并将输出值返回到实参表定义为 out 和 INOUT 的变量或信号中。所以上例在后面的过程调用中将首先调用第一个过程。

如前所述,在过程结构中的语句是顺序执行的,调用者在调用过程前应先将初始值传递给过程的输入参数。一旦调用,即启动过程语句,按顺序自上而下执行过程中的语句,执行结束后,将输出值返回到调用者的 out 和 INOUT 所定义的变量或信号中。

从上例可见,过程的调用方式与函数有所不同。函数的调用是将所定义的函数作为语句中的一个因子,如一个操作数或一个赋值数据对象或信号等,而过程的调用是将所定义的过程名作为一条语句来执行。

6.5　层次化建模与元件例化

6.5.1　层次化建模

VHDL 允许进行层次化建模,这是一种模块化设计方法。一个模块可以分解为多个子模块,每个子模块可以以一个独立的元件进行描述。各个子模块之间的连接可以在顶层模块进行定义。如图 6-19 所示是一个典型的层次化设计的全加器模块框图。全加器由两个半加器和一个或门组成。从图中可知,可以将半加器定义为一个元件,或门定义为一个元件,然后在主模块中分别声明这两个元件,并将它们按照图示的连接要求定义它们的连接。

在顶层的模型中,并不需要去描述子模块,只需要包含子模块的描述元件即可。这样对于

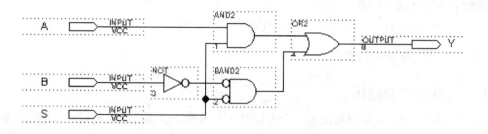

图 6-19 全加器的层次化建模图示

大规模的系统设计非常有效,可以充分实现代码的重使用和项目的模块化设计。

6.5.2 元件例化

一个实际实体包括实体和结构体。实体提供了设计单元的端口信息,结构体描述设计单元的结构和功能,最后通过综合、仿真等一系列操作,得到一个具有特定功能的电路元件。这些设计好的元件保存在当前工作目录中,其他设计实体的结构体可以调用这些元件。元件声明和元件例化是在一个结构体中定义元件和实现元件调用的两部分内容。元件声明放在结构体的 ARCHITECTURE 和 BEGIN 之间,指出该结构体调用哪一个具体的元件。元件例化是指元件的调用,语句中的 PORT MAP 是端口映射的意思,表示结构体与元件端口之间交换数据的方式(元件调用时要进行数据交换)。其语句的格式如下:

元件定义:
COMPONENT 元件名
GENERIC(类属表);
PORT(端口名表);
END COMPONENT 元件名;
元件例化:
例化名:元件名 GENERIC MAP(类属表)
　　　　　PORT MAP([元件端口名=>]连接实体端口名,…);
　　　　元件名 PORT MAP([端口名 =>]连接端口名,....);

以上两部分在元件例化中都是必须存在的。第一部分语句是元件定义语句,相当于对一个现成的设计实体进行封装,使其只留出对外的接口界面。就像一个集成芯片只留几个引脚在外一样,它的类属表可列出端口的数据类型和参数,端口名表可列出对外通信的各端口名。元件例化的第二部分语句即为元件例化语句,其中的例化名是必须存在的,它类似于标在当前系统(电路板)中的一个插座名,而元件名则是准备在此插座上插入的、已定义好的元件名。PORT MAP 是端口映射的意思,其中的端口名是在元件定义语句中的端口名表中已定义好的元件端口的名字,连接端口名则是当前系统与准备接入的元件对应端口相连的通信端口,相当于插座上各插针的引脚名。

元件例化的内容在5.2.4小节元件例化语句部分已做了详细讲解。这里不再赘述。

6.5.3 类属参量语句

1. GENERIC 参数传递

GENERIC(类属)关键词是指定一个 GENERIC 参数的方式,也就是说,一个静态参数很容易通过这种方式指定并用到不同的应用对象。这样做的目的是使代码更灵活,并且可重用。

GENERIC 是一个在实体中传递信息的常用方式。传递给实体的信息可以是 VHDL 的大部分数据类型。通常,传递给实体的信息有用于元件建模的上升和下降延迟的延迟时间,当然也可以传递其他相关的信息,比如用户定义的信息。对于可综合的参数,比如数据深度和信号宽度等,也可以通过 GENERIC 传递。GENERIC 语句必须在 ENTITY 内部声明,其指定的参数是全局的,也就是说整个设计都是可见的,包括 ENTITY 自身。它的语法格式如下:

GENERIC(参数名:数据类型[:=设定参数值]);

关键字:GENERIC

参数名:是由设计者定义的类属常数名;

数据类型:常取 INTEGER 或 TIME 的类型;

设定参数值:为参数名所代表的数值,是可选的。

类属参量以关键字 GENERIC 引导一个类属参量表,在表中提供时间参数或总线宽度等静态信息。在模型进行仿真时,静态数据是不会改变的,也就是说在仿真过程中,GENERIC 是不能被赋值的。总之,传递给一个元件应用或一个块的 GENERIC 定义信息可以用来改变仿真结果,但是仿真结果不能修改 GENERIC 定义信息。

类属能从环境,如设计实体,外部动态地接受赋值,其行为又有点类似于端口 PORT,因此常如以上的实体定义语句那样将类属说明放在其中,且放在端口说明语句的前面。例如:

```
ENTITY body IS
    GENERIC(datawidth: INTEGER := 8);
    ...
```

此例类属表中对数据总线的类型和宽度做了定义,类属参数 datawith 的数据类型为整数,数据宽度为8位。

下面的实例代码是一个 and 门的描述,具有4个 GENERIC 参数声明。也就是说在一个实体中,可以指定多个 GENERIC 参数。

```
ENTITY and2 IS
    GENERIC(rise,fall :TIME;load :INTEGER;k :integer:=16);    --GENERIC 参数声明
    PORT(a,b :IN BIT;
```

```
        c:OUT BIT);
    END and2;
```

上面的实体定义允许用户传送一个用于上升和下降延迟的值,以及作用于输出的加载参数。使用这些信息,模型可以正确地对设计中的and门建模。例如下面的and门的结构体:

```
ARCHITECTURE load_dependent OF and2 IS
    SIGNAL internal :BIT;
BEGIN
    internal< = a AND b;
    c< = internal AFTER(rise + (load * 2 ns))WHEN internal = '1'
    ELSE internal AFTER(fall + (load * 3 ns));
END load_dependent;
```

该结构体声明一个 internal 局部信号,以便存储表达式"a AND b"的值。预计算好的值分别用于多个表达式中(例如 load 参数),这是非常有效的一种方式。

GENERIC 参数 rise、fall 和 load 也可以包含元件(COMPONENT)初始化语句所传递的参数,例如 6-13 示例模型。其中 rise、fall 和 load 参数也映射给了元件 U1 和 U2 的实体 and2 中,作为元件的参数进行传递。

【例 6-13】 示例模型。

```
LIBRARY IEEE;
USE IEEE.std_logic_1164.ALL;
ENTITY test IS
    GENERIC(rise,fall :TIME;            --GENERIC 参数说明
            Load :INTEGER);
    PORT(ina,inb,inc,ind :IN std_logic;
        Out1,out2 :OUT std_logic);
END test;
ARCHITECTURE test_arch OF test IS
    COMPONENT and2
    GENERIC(rise,fall :TIME; Load :INTEGER);   --元件实体的 GENERIC 参数声明
    PORT(a,b :IN std_logic; c:OUT std_logic);
    END COMPONENT;
BEGIN
    U1 :and2 GENERIC MAP(10 ns,12 ns,3)      --映射静态参数给元件 U1 的 AND2
        PORT MAP(ina,inb,out1);
    U2 :and2 GENERIC MAP(9 ns,11 ns,5)       --映射静态参数给元件 U1 的 AND2
        PORT MAP(inc,ind,out2);
END test_arch;
```

第6章 VHDL 设计共享

例6-14和例6-15给出对于元件的定义以及GENERIC参数在元件中传递的示例。

例6-15的程序是一个顶层设计文件。它在例化语句中调用了例6-14程序。读者应注意到，在例6-14程序中的类属变量n并没有明确规定它的取值，n的具体取值是在例6-15程序中的类属映射语句GENERIC MAP( )中指定的，并在两个不同的类属映射语句中作了不同的赋值。

程序例6-14和例6-15是类属语句的一种典型应用。显然，类属语句的应用为方便而迅速地改变电路的结构和规模提供了极便利的条件。

【例6-14】 类属语句应用一。

```
LIBRARY IEEE;
USE IEEE.STD_LOGIC_1164.ALL;
ENTITY andn IS
  GENERIC ( n : INTEGER );
  PORT(a : in  STD_LOGIC_VECTOR(n-1 DOWNTO 0);
       c : OUT  STD_LOGIC);
END;
ARCHITECTURE behav OF andn IS
  BEGIN
    PROCESS (a)
    VARIABLE  int : STD_LOGIC;
    BEGIN
     int : = '1';
     FOR i IN a'LENGTH - 1 DOWNTO 0 LOOP
     IF a(1) = '0' THEN
      int : = '0';
     END IF;
      END LOOP;
      c <= int;
    END PROCESS;
END;
```

【例6-15】 类属语句应用二。

```
LIBRARY IEEE;
USE IEEE.STD_LOGIC_1164.ALL;
ENTITY exn IS
   PORT(d1,d2,d3,d4,d5,d6,d7 : IN  STD_LOGIC;
        q1,q2 : OUT  STD_LOGIC);
END;
ARCHITECTURE exn_behav OF exn IS
```

```
    COMPONENT andn
        GENERIC ( n : INTEGER);
        PORT(a: IN STD_LOGIC_VECTOR(n-1 DOWNTO 0);
            c: OUT STD_LOGIC);
        END COMPONENT;
BEGIN
    u1: andn   GENERIC MAP (n => 2)
               PORT MAP (a(0) => d1,a(1) => d2,c => q1);
```

程序例 6-15 给出了类属映射语句 GENERIC MAP() 配合端口映射语句 PORT MAP() 语句的使用范例。端口映射语句 PORT MAP() 是本结构体对外部元件调用和连接过程中描述元件间端口的衔接方式的,而类属映射语句 GENERIC MAP() 具有相似的功能,它描述相应元件类属参数间的衔接和传送方式。

2. GENERIC 映射

在元件映射语句中必须使用 GENERIC MAP 关键词,以便将信息传递到 GENERIC 参数。使用 GENERIC MAP 的语法规则如下:

元件序号:元件名   GENERIC MAP(参数表)
                 PORT MAP(当前实体的连接信号,当前实体的连接信号……);

或者,

元件序号:元件名   GENERIC MAP(参数表)
                 PORT MAP(元件的端口信号 => 当前实体的连接信号,
                         元件的端口信号 => 当前实体的连接信号……);

与端口映射相比,GENERIC MAP 语句只是将类属参数传递给元件,而端口信号的映射还是一样的。下面的实例描述了使用 GENERIC MAP 实现类属参数在元件间的传递。传递的参数为 wid。

【例 6-16】 例化一个带类属说明的元件。

```
LIBRARY IEEE;
USE IEEE.STD_LOGIC_1164.ALL;
USE IEEE.STD_LOGIC_ARITH.ALL;
USE IEEE.STD_LOGIC_UNSIGNED.ALL;
ENTITY reg_example IS
  GENERIC (wid:positive);
PORT (rst,clk : IN STD_LOGIC;
            d16: IN STD_LOGIC_VECTOR(15 DOWNTO 0);
            q16:OUT STD_LOGIC_ VECTOR(15 DOWNTO 0));
END reg_exa mple;
```

第6章 VHDL设计共享

```
ARCHITECTURE example OF reg_exa mple IS
COMPONENT dffr
        GENERIC (wid: POSITIVE );
        PORT (rst,clk:IN STD_LOGIC;
             d: IN STD_LOGIC_VECTOR(wid - 1 DOWNTO 0);
             q:OUT STD_LOGIC_ VECTOR(wid - 1 DOWNTO 0));
END COMPONENT;
CONSTANT wid16 : POSITIVE : = 16;
BEGIN
    FF16:dffr GENERIC MAP(wid16);
          PORT MAP(rst,clk,d16,q16);
END example;
```

例6-17的代码为元件的声明程序,其实体的说明使用了GENERIC属性,声明了一个wid参数。这就是需要从实体传递到元件的参数。

【例6-17】 元件的声明程序。

```
LIBRARY IEEE;
USE IEEE.STD_LOGIC_1164.ALL;
ENTITY dffr IS
  GENERIC(wid: POSITIVE);
  PORT(rst,clk:IN STD_LOGIC;
       d: IN STD_LOGIC_VECTOR(WID - 1 DOWNTO 0);
       q: OUT STD_LOGIC_ VECTOR(WID - 1 DOWNTO 0));
    END dffr;
ARCHITECTURE behavioral OF dffr IS
BEGIN
  PROCESS(rst,clk)
      VARIABLE qreg : STD_LOGIC_VECTOR(WID - 1 DOWNTO 0);
      BEGIN
          IF rst = 1   THEN
             qreg: = (OTHERS = >'0');
          ELSE IF   CLK = '1'AND CLK'EVENT   THEN
             FOR i IN qreg'RANGE LOOP
                 qreg(i): = d(i);
                 END LOOP;
          END IF;
          q< = qreg;
          END PROCESS;
END behavioral;
```

6.6 IP 模块应用实例

QuartusⅡ的 IP 功能模块内容丰富,每一模块的功能、参数含义、使用方法、硬件描述语言、模块参数设置及调用方法都可以在 QuartusⅡ的帮助文档中查到。本节以一个正弦波发生器为例,熟悉 IP 模块的使用方法和 Altera 公司的 QuartusⅡ高级调试功能 SignalTapⅡ。同时使用基于 Altera FPGA 的开发板将该实例进行下载验证,完成工程设计的硬件实现。

6.6.1 工程系统框图及工作原理

正弦波发生器的原理比较简单,如图 6-20 所示为正弦波发生器的模块化结构,该信号发生器由以下 2 部分组成:计数器或地址发生器(如果你用的最小系统版的晶振频率过高,在计数器前再加一分频器)和正弦信号数据 ROM。结构图中,地址发生器由 6 位计数器担任;正弦数据 ROM 有 6 位地址线,8 位数据线,含 64 个 8 位数据(一个周期)。

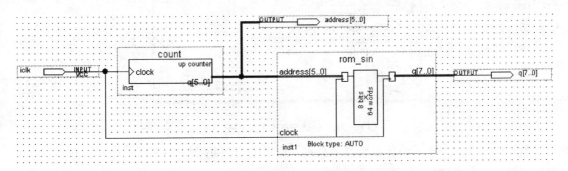

图 6-20 正弦波发生器原理图

地址发生器的时钟 clk 的输入频率 f_0 与每周期的波形数据点数(在此选择 64 点),以及输出的频率 f 的关系是:$f = f_0/64$。正弦信号数据的采样率是 64,即 clk 频率为正弦信号频率的 64 倍。

硬件实现也比较简单:首先设计一个 ROM,用来存放正弦函数的幅度数据;用一个计数器来指定 ROM 地址的增加,输出相应的幅度值。这样在连续的时间内显示的就是一个完整的正弦波形。ROM 和计数器都可以通过 QuartusⅡ自带的 IP 模块生成。

6.6.2 添加 QuartusⅡ系统自带 IP 模块

1. 建立 ROM 初始化文件

在菜单中选择新建文件,在 Other Files 中选择 Memory Initialization File 选项,如图 6-21 所示。

第 6 章 VHDL 设计共享

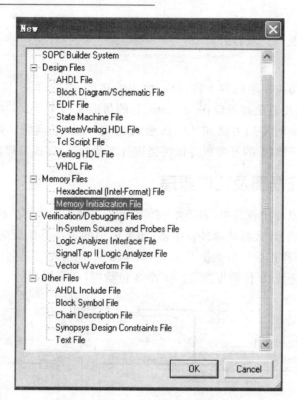

图 6-21 新建 ROM 的初始化文件

填入如图 6-22 所示的正弦波幅度数据。当然也可以用 MATLAB、C++或 Excel 的函数生成数据。保存文件,命名 sin.mif。

Addr	+0	+1	+2	+3	+4	+5	+6	+7
0	255	254	252	249	245	239	233	225
8	217	207	197	186	174	162	150	137
16	124	112	99	87	75	64	53	43
24	34	26	19	13	8	4	1	0
32	0	1	4	8	13	19	26	34
40	43	53	64	75	87	99	112	124
48	137	150	162	174	186	197	207	217
56	225	233	239	245	249	252	254	255

图 6-22 输入正弦波幅度数据

2. 添加自带宏模块

在 Tools 菜单中选择 Mega Wizard Plug-Pn Manager 选项,出现如图 6-23 所示的对话框,选择新建宏模块单击【Next】按钮。

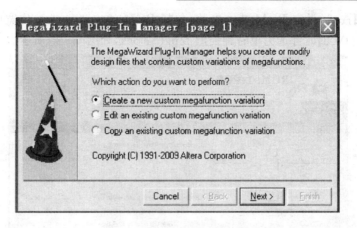

图 6-23　引用自带宏对话框

图 6-24 左侧是 Quartus Ⅱ 自带的免费的宏模型,可以看到 Quartus Ⅱ 提供了很多免费的 IP 核。其中 ROM 在 Memory Complet 目录中,计数器 counter 在 Arithmetic 目录中。

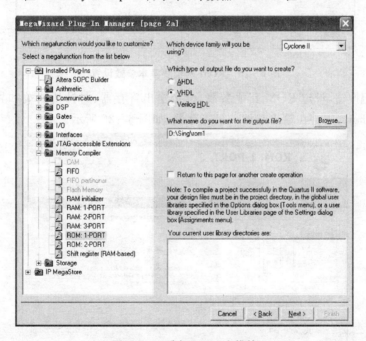

图 6-24　选择 ROM 宏模块

3. 添加 ROM

在 Memory Compiler 中选择 ROM-1PORT,并在右侧的选项栏中选择 Cyclone Ⅱ 系列芯片,output file 类型选择 VHDL,并在下方选择 ROM 文件的生成地址及名称,见图 6-24。

单击【Next】按钮,设定 ROM 基本参数,包括 ROM 的位宽 q、地址位宽(存储深度)和时钟。一般来说 ROM 的时钟选为单时钟控制 Single clock,如图 6-25 所示。

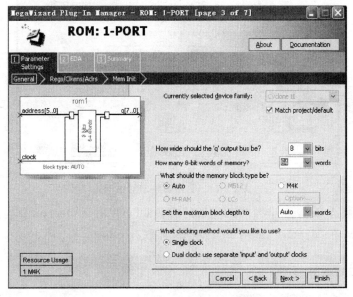

图 6-25　ROM 宏模块基本参数设置

单击【Next】按钮,设定 ROM 其他参数,设定输出寄存器、时钟使能端和异步清 0。如果选中'q'output port,则会在输出端加一级寄存器,如图 6-26 所示。

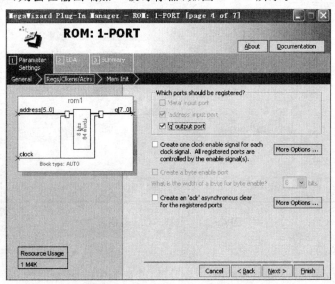

图 6-26　设置 ROM 宏模块其他参数

单击【Next】按钮,接下来在对话框中填入 ROM 初始化文件,并选中 Allow In-System Memory 选项,并选择名称为 NONE,如图 6-27 所示。

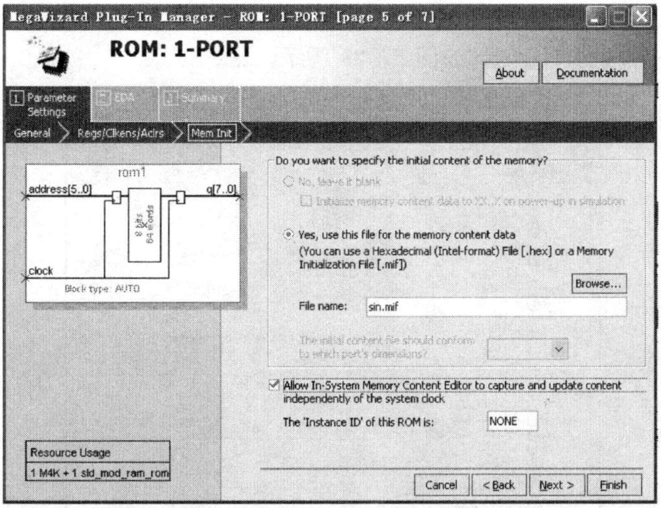

图 6-27 设置 ROM 宏模块初始化文件

单击【Next】按钮,完成设置,向导生成的文件如图 6-28 所示。

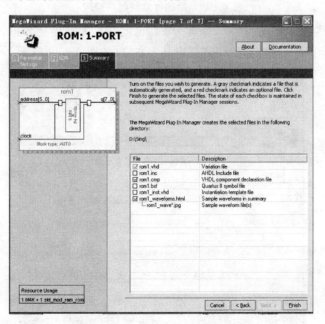

图 6-28 设置 ROM 宏模块完成

4. 添加计数器

引入计数器作为 ROM 的地址,当计数器地址递增时,相应的 ROM 的地址递增(正弦波的相位增加)。同样的在 Mega Wizard Plug – In Manager 中选择 arithmetic 数学库中的 LPM – COUNTER 宏模块,添加计数器,如图 6 – 29 所示。

图 6 – 29 新建计数器模块参数

本实例中使用的 ROM 宽度为 8,深度为 64,也就是数据宽度是 8 位,可以存 64 个数据。ROM 有 64 个地址,因此,计数器的位宽要定义为 6 位,如图 6 – 30 所示。

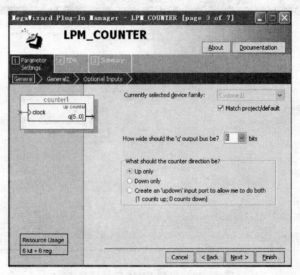

图 6 – 30 设置计数器宏模块参数

一直单击【Next】按钮,使用系统默认设置,直到生成如图6-31所示的文件输出。

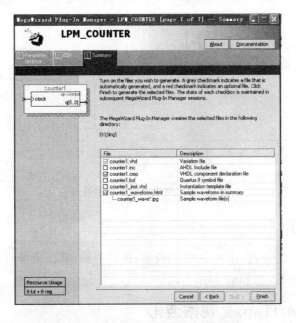

图6-31 完成计数器宏模块设置

6.6.3 添加端口

要添加输入/输出端口,选择 按钮,打开如图6-32所示的对话框,然后选择需要增加的端口形式。

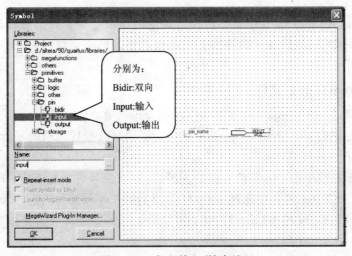

图6-32 加入输入/输出端口

添加后双击端口,给端口命名,总线型端口要命名 name[N..0]的格式,如图 6-33 所示。

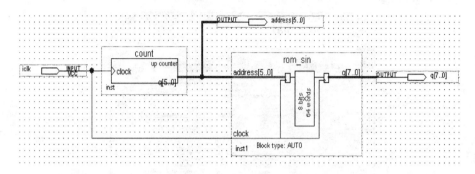

图 6-33　完成工程原理图输入

6.6.4　编译工程

按照 2.5 节进行语法分析,指定 FPGA 设备,指定引脚,整体编译程序。在本实例中只需要对主时钟引脚进行分配,如 pin _143。

6.6.5　使用 SignalTap Ⅱ 观察波形

SignalTap Ⅱ 逻辑分析仪是 Quartus Ⅱ 软件中集成的一个内部逻辑分析软件,主要用来观察设计的内部信号波形,方便查找设计中的缺陷等。在复杂的设计中,不能从外部的输入/输出引脚上观察内部端口之间(如模块与模块之间)的信号波形是否正确,就可以使用 SignalTap Ⅱ 逻辑分析仪来进行观察,对于外部的输入/输出信号,则没有必要在 SignalTap Ⅱ 逻辑分析仪中进行观察。

在实际检测中,SignalTap Ⅱ 逻辑分析仪将测得的样本信号暂存于目标器件中的嵌入式 RAM(如 ESB、M4K)中,然后通过器件的 JTAG 端口将采得的信息传出,送入计算机进行显示和分析。

1. 建立 SignalTap Ⅱ 文件

在菜单中选择 Tools/SignalTap Ⅱ Logic Analyzer 选项,打开如图 6-34 所示的界面。

把资源数据栏中的 auto_singaltap_0 改为 singt。同时数据日志栏的 auto_singaltap_0 自动变为 singt。如图 6-35 所示。

双击信号显示栏或单击 Clock 栏后面的 图标,打开信号查找栏 Node Found。在 Node Finder 对话框中,在 Filter 列表中选择 SignalTap Ⅱ:pre-synthesis。在 Named 框中,输入作为采样时钟的信号名称;或单击【List】按钮,在 Nodes Found 列表中选择作为采集时钟的信号。如图 6-36～图 6-37 所示。

添加采样时钟、定义采样深度等,如图 6-38 所示。

第 6 章　VHDL 设计共享

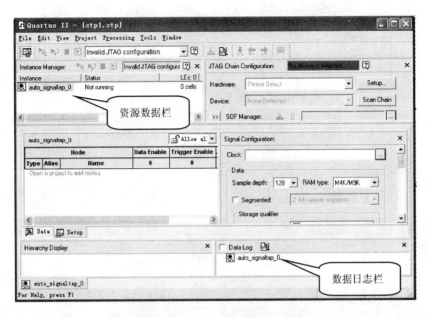

图 6-34　新建 SignalTap Ⅱ 文件

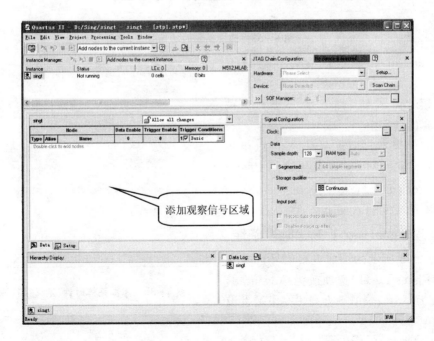

图 6-35　SignalTap Ⅱ 文件设置

第 6 章 VHDL 设计共享

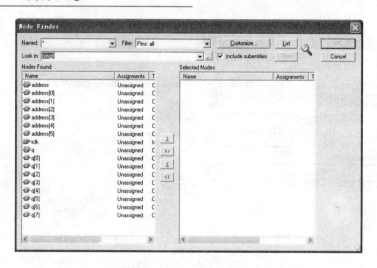

图 6-36 选择采集时钟信号的名称

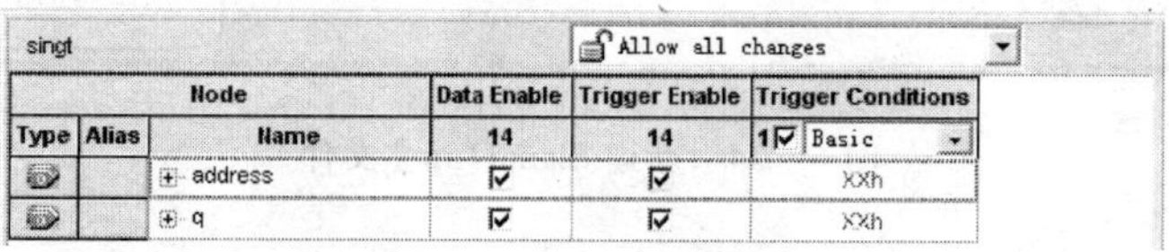

图 6-37 选择采集时钟信号

对 SignalTap Ⅱ 基本设置需注意以下问题。

- 分频时钟作为采样信号,不要放到被观察的信号中。
- 采样信号不宜用作主时钟,可以用作分频后的时钟,采样条件可用 Center trigger position。

下载程序,就可以看见仿真的波形了。

2. 设置 SignalTap Ⅱ 高级触发条件

在图 6-35 所示的添加观察信号区域窗口中,将 Trigger Levels 选项改为 Advanced,将 Basic 改为 Advanced,则会弹出高级触发设置页面,如图 6-39～图 6-40 所示。

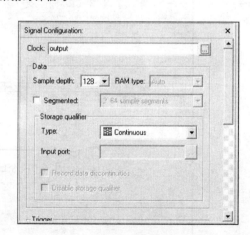

图 6-38 添加采样时钟、定义采样深度

本例中设置当地址信号 address=0 时开始触发。从 Node list 中拖入 address 信号,在 Object Library/Comparison Operator 中加入 equality,最后加入 Input Objects/Bus Value,得

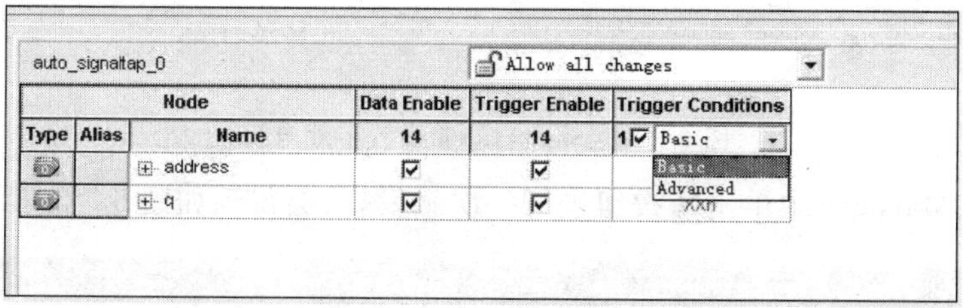

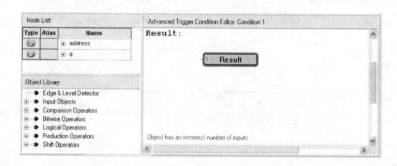

图 6-39　打开 SignalTap Ⅱ 高级触发设置

图 6-40　SignalTap Ⅱ 文件高级触发设置

到如图 6-41 所示的触发条件。

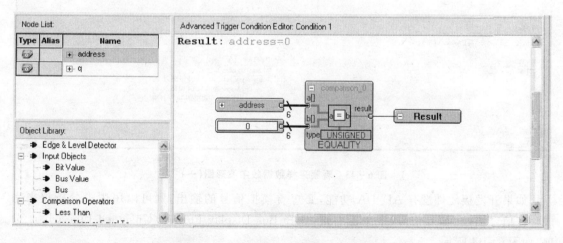

图 6-41　SignalTap Ⅱ 高级触发设置结果

3. 运行 SignalTap Ⅱ 并观察波形

首先整体编译工程,在菜单栏中单击 ▶ 按钮,开始编译。之后使用 JTAG 模式将程序下载到 FPGA 中运行。打开 SignalTap Ⅱ 文件,选择如图 6-42 所示的下载电缆。

第6章 VHDL 设计共享

图 6-42 SignalTap Ⅱ 设置下载电缆

在 Instance Manager 中单击 按钮进行一次触发，将会得到如图 6-43 所示的节点数据。

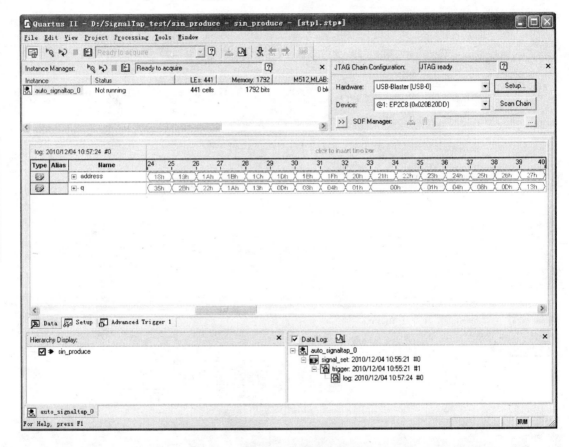

图 6-43 观察采样数据数字波形图（一）

如果开发板硬件没有 AD/DA 功能，要想看模拟信号的输出，则可以用逻辑分析仪来完成。在信号名（比如 q 信号）上单击右键，选择 Bus Display Format/Unsigned Line Chart 选项，如图 6-44 所示。

此时，就可以显示如图 6-45 所示的模拟波形了。

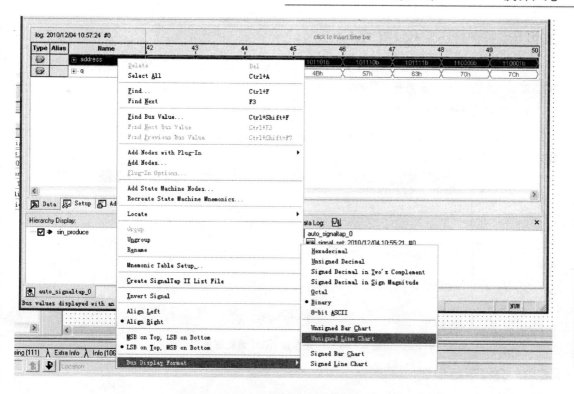

图 6-44 观察采样数据模拟波形图(二)

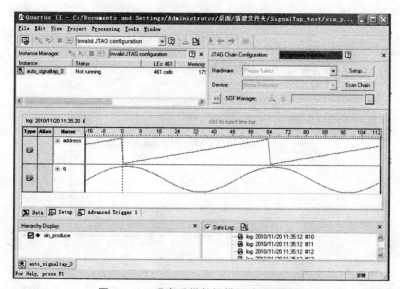

图 6-45 观察采样数据模拟波形结果图

6.6.6 使用在线 ROM 编辑器

嵌入式存储数据编辑器是通过 JTAG 下载电缆来察看 FPGA 中 ROM 加载的数据的,不仅能察看,还能在线修改数据,无须重新编译与下载。

1. 打开 ROM 编辑器

选择 Tools/In system Memory Content Editor 选项,打开如图 6-46 所示的 ROM 编辑器。

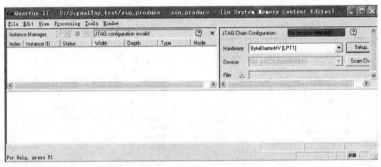

图 6-46 打开在线 ROM 编辑器窗口

2. 选择下载电缆

使用打印口 LPT1 下载电缆,如图 6-47 所示。

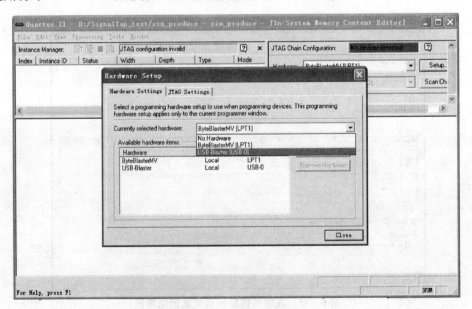

图 6-47 设置下载电缆

3. 选择 ROM 标号并读取 ROM 数据

单击设置 ROM 参数时指定的 NONE 的文件,将出现 FPGA 运行之中的 ROM 数据,如图 6-48 所示。右键单击 NONE,选择 Read Data from System Memory 选项,就可以得到 ROM 中的数据了,如图 6-49 所示。

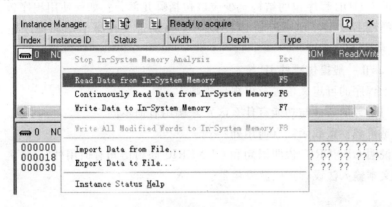

图 6-48　选择 ROM 标号

```
000000 FF FE FC F9 F5 EF E9 E1 D9 CF C5 BA AE A2 96 89 7C 70 63 57 4B 40 35 2B
000018 22 1A 13 0D 08 04 01 00 00 01 04 08 0D 13 1A 22 2B 35 40 4B 57 63 70 7C
000030 89 96 A2 AE BA C5 CF D9 E1 E9 EF F5 F9 FC FE FF
```

图 6-49　读取 ROM 数据

4. 修改 ROM 数据

通过编辑器,可以修改 ROM 中的数据。例如可以把数据中的几个数改成 0,将图 6-49 中的数据改变为图 6-50 所示的数据。然后单击【Write】按钮,再回到逻辑分析仪中观察波形,就可以发现其中的变化,如图 6-51 所示。

```
000000 FF 00 FC F9 F5 EF E9 E1 D9 CF C5 BA AE A2 96 89 7C 70 63 57 4B 40 35 2B
000018 22 1A 13 0D 08 04 01 00 00 01 04 08 0D 13 1A 22 2B 35 40 4B 57 63 70 7C
000030 89 96 A2 AE BA C5 CF D9 E1 E9 EF F5 F9 FC 00 FF
```

图 6-50　更改 ROM 中的数据

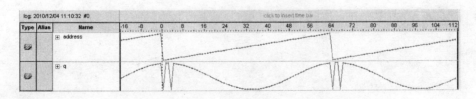

图 6-51　更改 ROM 数据后的显示结果

第6章 VHDL 设计共享

本设计也可以通过编写正弦波发生器的顶层 VHDL 代码,通过元件例化语句来调用计数器和 ROM 数据文件来实现。这一方法留给读者练习。

习 题

6.1 完整的 VHDL 程序包的结构至少应该包括哪几部分?如何使用程序包?

6.2 数据类型 BIT INTEGER 和 BOOLEAN 分别定义在哪个库和程序包,以便总是可见的?

6.3 Quartus Ⅱ 一般提供哪些 IP 核?

6.4 试述子程序的可定义位置及可视性规则。

6.5 过程与函数的设计与功能有什么区别?调用有何不同?

6.6 什么是重载?重载函数有何用处?

6.7 举例说明 GENERIC 说明语句和 GENERIC 映射语句有何用处?

6.8 试用文本输入法设计正弦波发生器。

第 7 章 有限状态机的设计

有限状态机 FSM(Finite State Machine)及其设计技术是实用数字系统中的重要组成部分,也是实现高效率、高可靠性逻辑控制的重要途径。在有限状态机的设计技术中,主要使用"状态转换图"和"状态转换表"来清晰直观地表达数字系统中各个工作状态之间的转换关系,因此,有限状态机是数字系统设计中用于描述控制特性的一种数学建模方法,可以应用于数字系统的分析和设计的全过程。

状态机有多种表现形式,从状态机的结构上可以分为单进程状态机和多进程状态机;从状态机的信号输出方式上分为 Moore 和 Mealy 两种形式;从状态表达方式上分为符号化状态机和确定状态编码状态机;从编码方式上分为顺序编码状态机、一位热码编码状态机等。

本章基于实用的目的,重点介绍用 EDA 工具设计 Moore 型和 Mealy 型状态机的 VHDL 方法,同时介绍有限状态机的基本结构、有限状态机的编码方式及规则等问题,力图使读者对有限状态机有一个基本的认识。

7.1 有限状态机概述

7.1.1 采用有限状态机描述的优势

利用 VHDL 设计的实用逻辑系统中,有许多是可以利用有限状态机的设计方案来描述和实现的。无论与基于 VHDL 的其他设计方案相比,还是与可完成相似功能的 CPU 相比较,状态机都有其无可比拟的优越性,它主要表现在以下几方面:

① 由于状态机的结构模式相对简单,设计方案相对固定,特别是可以定义符号化枚举类型的状态,这一切都为 VHDL 综合器尽可能发挥其强大的优化功能提供了有利条件。而且,性能良好的综合器都具备许多可控或自动的专门用于优化状态机的功能。

② 状态机容易构成性能良好的同步时序逻辑模块,这对于对付大规模逻辑电路设计中的竞争冒险问题是一个上佳的选择。为了消除电路中的毛刺现象,在状态机设计中有多种设计方案可供选择。

③ 状态机的 VHDL 设计表述丰富多样,程序层次分明,结构清晰,易读易懂。

④ 有限状态机克服了纯硬件数字系统顺序方式控制不灵活的缺点。状态机的工作方式是根据控制信号按照预先设定的状态进行顺序运行的,状态机是纯硬件数字系统中的顺序控制电路,因此状态机在其运行方式上类似于控制灵活和方便的 CPU,而在运行速度和工作可靠性方面都优于 CPU。

⑤ 就运行速度和控制方面,状态机更有其巨大的优势。由于在 VHDL 中,一个状态机可以由多个进程构成,一个结构体中可以包含多个状态机,而一个单独的状态机(或多个并行运行的状态机)以顺序方式所能完成的运算和控制方面的工作与一个 CPU 的功能类似。因此,一个设计实体的功能更类似于一个含有并行运行的多 CPU 的高性能微处理器的功能。事实上,这种多 CPU 的微处理器早已在通信、控制和军事等领域有了十分广泛的应用。

尽管 CPU 和状态机都是按照时钟节拍以顺序时序方式工作的,但 CPU 是按照指令周期,以逐条执行指令的方式运行的;每执行一条指令,通常只能完成一项简单的操作,而一个指令周期须由多个机器周期构成,一个机器周期又由多个时钟节拍构成;相比之下,状态机状态变换周期只有一个时钟周期,而且,由于在每一状态中,状态机可以完成许多并行的运算和控制操作。一般由状态机构成的硬件系统比 CPU 所能完成同样功能的软件系统的工作速度要高出 3~4 个数量级。

⑥ 就可靠性而言,状态机的优势也是十分明显的。在设计要求高可靠性的特殊环境中的电子系统时,以 CPU 作为主控部件,是一项错误的决策。因为 CPU 本身的结构特点与执行软件指令的工作方式决定了任何 CPU 都不可能获得圆满的容错保障。而状态机系统就不同,首先它是由纯硬件电路构成,它的运行不依赖于软件指令的逐条执行,不存在 CPU 运行软件过程中许多固有的缺陷;其次是由于状态机的设计中能使用各种完整的容错技术;再有是当状态机进入非法状态并从中跳出,进入正常状态所耗的时间十分短暂,通常只有 2、3 个周期,约数十个 ns,尚不足以对系统的运行构成损害,而 CPU 通过复位方式从非法运行方式中恢复过来,耗时达数十 ms,这对于高速、高可靠系统显然是无法容忍的。

7.1.2 有限状态机的基本结构

有限状态机是数字逻辑电路以及数字系统的重要组成部分,尤其应用于数字系统核心部件的设计,以实现高效率、高可靠性的逻辑控制。其基本结构如图 7-1 所示。在有限状态机的设计中,需要有 3 个不可缺少的设计要素,除了输入信号、输出信号外,状态机还包括一组寄存器记忆状态机的内部状态。状态机寄存器的下一个状态及输出,不仅同输入信号有关,而且还与寄存器的当前状态有关,状态机可认为是组合逻辑和寄存器逻辑的特殊组合。它包括两个主要部分:组合逻辑部分和寄存器部分。寄存器部分用于存储状态机的内部状态;组合逻辑部分又分为状态译码器和输出译码器,状态译码器确定状态机的下一个状态,即确定状态机的激励方程;输出译码器确定状态机的输出,即确定状态机的输出方程。状态机从结构上又分为 Mealy 型状态机和 Moore 型状态机。二者在结构上最显著的差别就在于 Mealy 机的输出不仅与其现态有关,还与其输入相关;而 Moore 机的输出仅与其现态变量相关。二者结构上的差异反映在功能上,表现为前者比后者要快一个时钟周期,但同时也会将输入信号的的噪声传递给输出;而 Moore 型最大的优点就是可以将输入部分与输出部分隔离开。

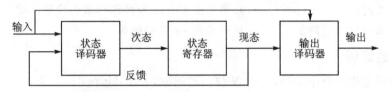

图 7-1 有限状态机的基本结构示意图

大多数实用的状态机都是同步的时序电路,由时钟信号触发状态的转换。时钟信号同所有的边沿触发的状态寄存器和输出寄存器相连,这使得状态的改变发生在时钟的上升沿或下降沿。此外,还有利用组合逻辑的传播延迟实现状态机存储功能的异步状态机,这样的状态机难以设计并且容易发生故障,所以下面仅讨论同步时序状态机。

7.2 有限状态机的状态编码

有限状态机设计是基于状态描述的,因此首先必须对系统中的每一个工作状态有一个合理的表达。例如,状态机的每一状态在实际电路中是以一组触发器的当前二进制数位的组合来表示的,但设计者在状态机的设计中,为了更利于阅读、编译和 VHDL 综合器的优化,往往将表征每一状态的二进制数组用文字符号来代表,即所谓状态符号化。用文字符号定义各状态变量的状态机称为符号化状态机。对于设计者而言,为了表达简捷方便,通常使用符号化状态机。

7.2.1 有限状态机的编码规则

为了使高层次的综合工具能识别一般的有限状态机的描述程序,必须要求在有限状态机描述程序中,包含以下几个方面。
- 状态变量:用于定义有限状态机描述的状态;
- 时钟信号:用于为有限状态机状态转换提供时钟信号;
- 状态转换指定:用于有限状态机状态转换逻辑关系;
- 输出指定:用于有限状态机两状态转换结果;
- 状态复位:用于有限状态机任意状态复位转换。

另外,可以在进程或块语句中指定时钟和复位信号,但只能在进程中指定状态转移。

7.2.2 有限状态机的状态编码

通常在设计状态机时,状态编码方式的选择是非常重要的,选得不好,可能会导致速度太慢或占用太多逻辑资源。实际设计中,必须考虑多方面因素选择最为合适的编码方式。

状态机的编码有二进制编码、一位热码编码、格雷编码等。

1. 二进制编码

二进制编码也称为顺序编码,是用 N 位二进制数,表示 M 个工作状态,当然必须满足 2^N 大于等于 M。如两位状态码(00,01,10,11)可以表示 4 个不同的状态,它们可以在控制信号作用下进行状态转换。

这种编码方式最为简单,每一位状态码对应一个触发器,因此使用的触发器的数量最少。冗余码最少,因而需要考虑的容错技术也最为简单。这种编码方式的缺点也是十分明显的。在节省触发器的同时,必然增加了从一种状态向另一种状态转换的译码组合逻辑电路,这对于在触发器资源丰富而逻辑资源相对较少的 FPGA 中的实现是不利的。

在采用这种方案进行设计时,如果各触发器不能同时准确地改变其输出值,则在状态从 01 变到 10 时,则会出现暂时的 11 或 00 状态输出,这类竞争冒险可能使整个系统造成不可预测的结果。这时,采用格雷码二进制编码是特别有益的,因为格雷码编码方案的相邻编码仅有一位码值发生变化,可以有效减少竞争冒险的机会。

2. 枚举类型编码

枚举类型编码是在设计中将状态机的状态值定义为枚举类型,并使用枚举类型定义状态变量。综合时一般转化为二进制的序列,因此与二进制编码方式本质上是相同的。

3. 格雷码编码

格雷码编码,即相邻两个状态的编码只有一位不同,这使得采用格雷码表示状态值的状态机,可以较大程度上消除由传输延时引起的过渡状态。

该方式使得在相邻状态之间跳转时,只有一位变化,降低了产生过渡状态的概率,但当状态转换有多种路径时,就无法保证状态跳转时只有一位变化。所以在一定程度上,格雷码编码是二进制的一种变形,总体思想是一致的。

4. 一位热码编码

一位热码编码就是使每个状态占用状态寄存器的一位,如 4 个状态的状态机需要 4 个触发器,同一时间仅有一个状态位处于逻辑电平 1,4 个状态分别是 0001、0010、0100、1000。这种编码方法看起来好像很浪费资源,例如,对于一位热码编码来说,一个具有 16 个状态的在限状态机需要 16 个触发器,而如果使用二进制编码,则只需要 4 个触发器。但是,一位热码编码方法可以简化组合逻辑和逻辑之间的内部连接,可以产生较小的并且更快的有效状态机。这对于顺序逻辑资源比组合逻辑资源更丰富的可编程 ASIC 来说,是比较有效的编码方式。

此外,许多面向 FPGA/CPLD 设计的综合器都有符号化状态机自动优化设置为一位热码编码状态的功能。对于 FPGA 来说,Quartus Ⅱ对一位热码编码方式是默认的,对于 CPLD,可通过选择开关决定使用顺序编码还是一位热码编码方式。选择方法是在 Assignments 窗口下,选择菜单项 Settings,然后在 Category 栏选 Analysis & Synthesis Setting 选项,在 State Machine 选择 One-Hot 编码方式。

7.2.3 定义编码方式的语法格式

当有限状态机的可能状态由枚举类型定义时,应运用下面的格式:

TYPE   type_name IS(枚举元素 1,枚举元素 2,…,枚举元素 n);

这个定义是通用的格式,不管使用何种编码方式,这个定义语句是必需的。在该枚举类型定义语句后,就可以声明信号为所定义的枚举类型,以表示所需要的状态。如:

TYPE State_Type IS(st1,st2,st3,st4,st5,st6,st7);
SIGNAL CS,NS: State_Type;

上面的语句就定义了 7 个状态,信号 CS(当前状态)和 NS(下一个状态)的可能值为 st1、st2、st3、st4、st5、st6、st7。

为了选择有限状态机的状态编码方式,需要指定状态矢量。当然,也可以通过综合工具指定编码方式。当在程序中指定编码方式时,如上面的示例,可以在枚举类型定义语句后面指定状态矢量。比如,当选择二进制编码方式时,可以选择状态矢量为:st1=000、st2=001、st3=010、st4=011、st5=100、st6=101 和 st7=110。上面的示例中,定义二进制编码的状态矢量的语句为:

ATTRIBUTE enum_encoding:STRING;
ATTRIBUTE enum_encoding OF State_Type:Type IS "000 001 010 011 100 101 110";

7.2.4 状态机的剩余状态与容错技术

在状态机设计中,不可避免地会出现大量剩余状态,即未被定义的编码组合。若不对剩余状态进行合理的处理,状态机可能进入不可预测的状态,后果是对外界出现短暂失控或者始终无法摆脱剩余状态而失去正常功能。因此,对剩余状态的处理,即容错技术的应用是必须慎重考虑的问题。但是,剩余状态的处理要不同程度地耗用逻辑资源,因此,设计者在选用状态机结构、状态编码方式、容错技术及系统的工作速度与资源利用率方面需要做权衡比较,以适应自己的设计要求。

剩余状态的转移去向大致有如下几种:

● 转入空闲状态,等待下一个工作任务的到来;

第 7 章 有限状态机的设计

- 转入指定的状态,去执行特定任务;
- 转入预定义的专门处理错误的状态,如预警状态。

对于前两种编码方式可以将多余状态做出定义,在以后的语句中加以处理。处理的方法有 2 种:

① 在语句中对每一个非法状态都做出明确的状态转换指示;

如增加如下的语句:

```
WHEN State7 => next_state <= st0
WHEN State8 => next_state <= st0
    ...
```

② 利用 others 语句对未提到的状态作统一处理。剩余状态的转向不一定都指向初始态 st0,也可以被导向专门用于处理出错恢复的状态中。

【例 7-1】 利用 others 语句对未提到状态作统一处理示例。

```
    ...
TYPE states IS (st0, st1, st2, st3,st4, st_ilg1,st_ilg2 ,st_ilg3);
SIGNAL current_state, next_state: states;
    ...
COM:PROCESS(current_state, state_Inputs)        -- 组合逻辑进程
BEGIN
    CASE current_state IS                        -- 确定当前状态的状态值
        ...
        WHEN OTHERS => next_state <= st0;
    END case;
```

对于 One-Hot 编码方式,其剩余状态数将随有效状态数的增加呈指数式剧增,就不能采用上述的处理方法。鉴于 One-Hot 编码方式的特点,任何多于 1 个触发器为 1 的状态均为非法状态。因此,可编写一个检错程序,判断是否在同一时刻有多个寄存器为 1,若有,则转入相应的处理程序。

如增加如下的语句:

【例 7-2】 检错程序示例。

```
    ...
Alarm <= (st0 AND (st1 OR st2 OR st3 OR st4 OR st5)) OR
         (st1 AND (st0 OR st2 OR st3 OR st4 OR st5)) OR
         (st2 AND (st0 OR st1 OR st3 OR st4 OR st5)) OR
         (st3 AND (st0 OR st1 OR st2 OR st4 OR st5)) OR
         (st4 AND (st0 OR st1 OR st2 OR st3 OR st5)) OR
         (st5 AND (st0 OR st1 OR st2 OR st3 OR st4));
```

当 Alarm 为高电平时，表明状态机进入了非法状态，可以由此信号启动状态机复位操作。对于更多状态的状态机的报警程序也类似于以上程序，即依次类推地增加或项。

7.2.5 毛刺和竞争处理

毛刺的产生，一方面由于状态机中包含有组合逻辑进程，使得输出信号在时钟的有效边沿产生毛刺；另一方面当状态信号是多位值时，由于传输延迟的存在，各信号线上的值发生改变的时间会有先后，使得状态迁移时出现临时状态。当状态机的输出信号作为其他功能模块的控制信号使用时，将会使受控模块发生误动作，造成系统工作混乱。因此，在这种情况下必须通过改变设计消除毛刺。

消除状态机输出信号的毛刺一般可从以下几点改进：

① 在电路设计时，选用延迟时间较小的器件，且尽可能采用级数少的电路结构；或者把时钟信号引入组合进程，用时钟来同步状态迁移，保证了输出信号没有毛刺。但这样增加了输出寄存器，硬件开销增大，这对于一些寄存器资源较少的目标芯片是不利的；而且还会限制系统时钟的最高工作频率；由于时钟信号将输出加载到附加的寄存器上，所以在输出端得到信号值的时间要比状态的变化延时一个时钟周期。

② 调整状态编码，使相邻状态间只有 1 位信号改变，避免毛刺的产生。常采用的编码方式为格雷码，它适用于顺序迁移的状态机。

③ 直接把状态机的状态码作为输出信号，即采用状态码直接输出型状态机，使状态和输出信号一致，使得输出译码电路被优化掉了。这种方案，占用芯片资源少，信号与状态变化同步，速度快，是一种较优方案。但在设计过程中对状态编码时可能增加状态向量，出现多余状态。虽然可用 CASE 语句中 WHEN-OTHERS 来安排多余状态，但有时难以有效控制多余状态，运行时可能会出现难以预料的情况。因此，它适用于状态机输出信号较少的场合。

④ 消除毛刺的另一种常见的方法是：利用 D 触发器的 D 输入端对毛刺信号不敏感的特点，在输出信号的保持时间内，用触发器读取组合逻辑的输出信号，这种方法类似于将异步电路转化为同步电路。但对于 D 触发器的时钟端，置位端，清 0 端，则都是对毛刺敏感的输入端，任何一点毛刺就会使系统出错，因此要认真处理，可以把危害降到最低直至消除。

有限状态机综合中的竞争现象是指由于敏感信号的频繁变化导致状态机在同一个节拍内多次改变状态，影响电路的正常工作。当输出信号反馈回来作为输入信号时，就会发生竞争。这里要指出的是在综合前模拟的时候往往不能发现描述中潜在的竞争现象，只有在综合后，竞争才会完全暴露出来。消除竞争的办法是把造成竞争的信号从敏感信号表中除去，而改成由时钟信号来触发进程，这样就使状态一个节拍只改变一次。

另外，为了消除竞争冒险现象，设计时在结构上通常遵循以下几点：各模块只描述一个状态机；将无关逻辑减至最少；将状态寄存器从其他逻辑中分离出来等。

7.3 一般有限状态机的设计

7.3.1 一般有限状态机的 VHDL 组成

状态机有多种形式,而最一般和最常用的状态机通常都包含说明部分、主控时序进程、主控组合进程及辅助进程等几个部分。

(1) 说明部分

说明部分中有新数据类型 TYPE 的定义及其状态类型(状态名),以及在此新数据下定义的状态变量。状态类型一般用枚举类型,其中每一个状态名可任意选取。但为了便于辨认和含义明确,状态名最好有明显的解释意义。状态变量一定要定义为信号,以便于信号传递。说明部分放在结构体的定义语句区,即 ARCHITECTURE 和 BEGIN 之间。例如:

```
ARCHITECTURE … IS
    TYPE states IS (st0, st1, st2, st3, st4, st5);   --定义新的数据类型和状态名
    SIGNAL present_state, next_state: states;        --定义状态变量
    …
BEGIN
    …
```

(2) 主控时序进程

主控时序进程的任务是负责状态机运转和在外部时钟驱动下实现内部状态转换的进程。状态机是随外部时钟信号,以同步时序方式工作的,因此,状态机中必须包含一个对工作时钟信号敏感的进程,作为状态机的"驱动泵"。当状态机发生有效跳变时,状态机的状态才发生变化。一般来讲,主控时序进程只是机械地将代表下一状态的信号 next_state 中的内容送入当前状态的信号 current_state 中,而信号 next_state 中的内容完全由其他的进程根据实际情况来决定,时序进程的实质是一组触发器,因此,该进程中往往也包括一些清 0 或置位的输入控制信号,如 Reset 信号。

(3) 主控组合进程

主控组合进程完成次态和输出译码的功能。其任务是根据状态机外部输入的状态控制信号(包括来自外部的和状态机内部的非进程的信号)和当前的状态值 current_state 来确定下一状态 next_state 的取值内容,以及对外部或对内部其他进程输出控制信号的内容。

(4) 辅助进程

辅助逻辑部分主要是用于配合状态机的主控组合逻辑和主控时序逻辑进行工作,以完善和提高系统的性能。可分为辅助组合进程(如为了完成某种算法的进程)、辅助时序进程(如为了稳定输出设置的数据锁存器)。

7.3.2 一般有限状态机的描述

一个状态机的最简单结构应至少由两个进程构成(也有单进程状态机,但并不常用),一个进程描述状态寄存器工作状态的输出;另一个进程描述组合逻辑,包括进程间状态值的传递逻辑以及状态转换的输出。当然,必要时还可以引进第3个进程和第4个进程,以完成其他的逻辑功能。例7-3是二进程一般状态机的描述。其中进程 REG 是主控时序进程,COM 是主控组合进程。

【例 7-3】 二进程一般状态机描述示例。

```
LIBRARY IEEE;
USE IEEE.STD_LOGIC_1164.ALL;
ENTITY two_process_state_machine IS
    PORT (clk, reset: IN STD_LOGIC;
          state_inputs: IN STD_LOGIC;
          comb_outputs: OUT STD_LOGIC_VECTOR(0 TO 1));
END ENTITY two_process_state_machine;
ARCHITECTURE behv OF two_process_state_machine IS
TYPE states IS (st0,st1,st2,st3);       --定义 states 为枚举型数据类型,构造符号化状态机
SIGNAL current_state, next_state: states; --将现态和次态定义为新的数据类型
BEGIN
REG: PROCESS (reset, clk)               --主控时序进程
    BEGIN
        IF reset = '1'  THEN             --检测异步复位信号
            current_state<=st0;
        ELSIF clk = '1' AND clk'EVENT THEN  --出现时钟上升沿时进行状态转换
            current_state<=next_state;
        END IF;
    END PROCESS;   --由信号 current_state 将当前值带出此程序,进入程序 COM
COM: PROCESS(current_state, state_inputs)  --主控组合进程
    BEGIN
        CASE current_state IS              --确定当前状态的状态值
            WHEN st0 => comb_outputs<="00"; --系统输出及其初始化
                IF state_inputs = '0' THEN  --根据外部输入条件决定状态转换方向
                    next_state<=st0;        --在下一时钟后,进程 REG 的状态将为 st0
                ELSE next_state<=st1;       --否则,在下一时钟后,进程 REG 的状态将为 st1
                END IF;
            WHEN st1 => comb_outputs<="01";
```

```
                    IF state_inputs = '0' THEN
    next_state <= st1;
                    ELSE next_state <= st2;
                    END IF;
                WHEN st2 => comb_outputs <= "10";
                    IF state_inputs = '0' THEN
    next_state <= st2;
                    ELSE next_state <= st3;
                    END IF;
                WHEN st3 => comb_outputs <= "11";
                    IF state_inputs = '0' THEN
    next_state <= st3;
                    ELSE next_state <= st0;              --否则,在下一时钟后,进程REG的状态返回st0
                    END IF;
            END CASE;
    END PROCESS;       --由信号next_state将下一状态值带出此进程,进入进程REG
    END ARCHITECTURE behv;
```

进程间一般是并行运行的,但由于敏感信号的设置不同以及电路的延迟,在时序上进程间的动作是有先后的。本例中,进程REG在时钟上升沿到来时,将首先运行,完成状态转换的赋值操作。如果外部控制信号state_inputs不变,则只有当来自进程REG的信号current_state改变时,进程COM才开始动作。在此进程中,将根据current_state的值和外部的控制码state_inputs来决定下一时钟边沿到来后,进程REG的状态转换方向。这个状态机的两位组合输出comb_outputs是对当前状态的译码,读者可以通过这个输出值了解状态机内部的运行情况;同时可以利用外部控制信号state_inputs任意改变状态机的状态变化模式。

本设计的时序仿真图如图7-2所示,读者可以结合例7-3自行分析其工作时序,以进一步了解状态机的工作特性。

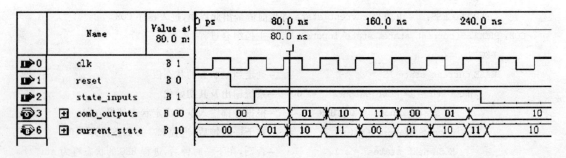

图7-2 例7-3状态机的仿真波形图

第 7 章 有限状态机的设计

利用 QuartusⅡ的状态图观察器还可以看到状态机工作模型的直观描述。方法是选择菜单 Tools 下的 Netlist Viewers,在其下拉菜单中选择 State Machine Viewer,如图 7-3 所示,就可看到状态图,如图 7-4 所示。单击菜单 Tools→Netlist→Viewers,在其下拉菜单中选择 RTL Viewer,就可看到 RTL 图,如图 7-5 所示。

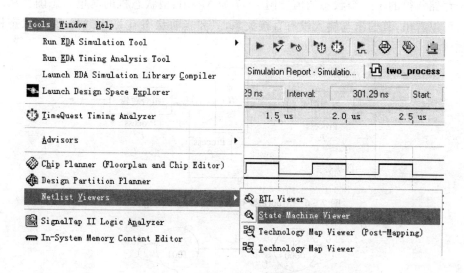

图 7-3 打开 QuartusⅡ的状态图观察器

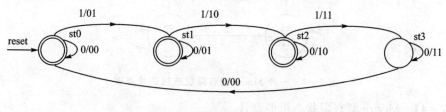

图 7-4 例 7-3 的状态图

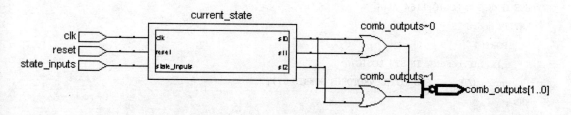

图 7-5 例 7-3 的 RTL 图

7.4 Moore 型有限状态机的设计

Moore 型状态机是最基本的一种有限状态机,这种状态机的结构如图 7-6 所示。状态存储器用于存储获得的下一个状态的值。图 7-7 为 Moore 型状态机的简单状态图。从结构图和状态图可以看出,其输出与输入没有直接关系,只和当前状态有关,该 Moore 型状态机的实现程序如例 7-4。

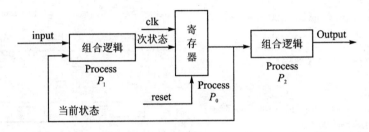

图 7-6 Moore 型有限状态机的结构简图

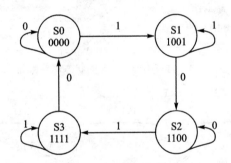

图 7-7 一种 Moore 型有限状态机的状态图

【例 7-4】 Moore 型有限状态机的设计。

```
LIBRARY IEEE;
USE IEEE.STD_LOGIC_1164.ALL;
ENTITY moore IS
    PORT(
    clk,in1,reset : IN STD_LOGIC;
    out1: OUT    STD_LOGIC_VECTOR(3 DOWNTO 0));
END ;
ARCHITECTURE bhv OF moore IS
    TYPE state_type IS (s0,s1,s2,s3);         --定义枚举类型的状态机
    SIGNAL current_state,next_state:state_type;  --定义一个信号保存当前工作状态
```

```vhdl
BEGIN
  P0: PROCESS (clk,reset)                    --状态转换的时序进程
  BEGIN
    IF reset = '1' THEN
    current_state <= s0;
    ELSIF clk'EVENT AND clk = '1'THEN
        current_state <= next_state;         --当测到时钟上升沿时转换至下一状态
    END IF;
  END PROCESS;                               --由 CURRENT_STATE 将当前值带出此进程
  P1: PROCESS(current_state,in1)             --规定各状态的转换方式的组合进程
  BEGIN
    CASE current_state IS
    WHEN s0 => IF in1 = '1'THEN next_state <= s1;
          END IF;
            ELSE next_state <= s0;
    WHEN s1 => IF in1 = '0'THEN next_state <= s2;
          END IF;
            ELSE next_state <= s1;
    WHEN s2 => IF in1 = '1'THEN NEXT_STATE <= S3;
        END IF;
            ELSE next_state <= s2;
    WHEN s3 => IF in1 = '0'THEN next_state <= s0;
        END IF;
            ELSE next_state <= s3;
  END CASE;
  END PROCESS;
  P2:PROCESS(current_state)                  --输出由当前状态唯一决定的组合进程
    BEGIN
      CASE current_state IS
          WHEN s0 => out1 <= "0000";
          WHEN s1 => out1 <= "1001";
          WHEN s2 => out1 <= "1100";
          WHEN s3 => out1 <= "1111";
      END CASE;
  END PROCESS;
END bhv;
```

本例是根据图7-7的状态图进行设计的,在此,将结构体描述成状态转换的时序进程 P_0、规定各状态的转换方式的组合进程 P_1、由当前状态唯一决定输出的组合进程 P_2 三个进程。其中时序进程中包含了决定状态转换的输入信号(包括复位信号 reset 和外部时钟驱动

信号),而组合进程 P_2 中其输出由当前状态 current_state 唯一决定。

7.5 Mealy 型有限状态机的设计

Mealy 型有限状态机的输出是现态和所有输入的函数,输出随输入变化而随时发生变化。因此,从时序的角度上看,Mealy 型有限状态机属于异步输出的状态机,输出不依赖于系统时钟,也不存在 Moore 型有限状态机中输出滞后一个时钟周期来反映输入变化的问题。

如图 7-8 所示为 Mealy 型有限状态机的结构图。从图可以看出,有限状态机的输出与输入有直接的关系。例 7-5 给出了一个 Mealy 型状态机的例子。

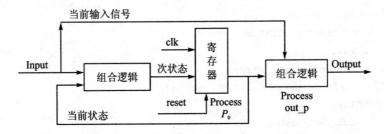

图 7-8 Mealy 型有限状态机的结构图

【例 7-5】 Mealy 型有限状态机的设计。

```
LIBRARY IEEE;
USE IEEE.STD_LOGIC_1164.ALL;
ENTITY mealy1 IS
   PORT(clk,in1,reset: IN STD_LOGIC;
        out1: OUT STD_LOGIC_VECTOR(3 DOWNTO 0));
END;
ARCHITECTURE bhv OF mealy1 IS
   TYPE state_type IS (s0,s1,s2,s3);
   SIGNAL state:state_type;
BEGIN
P0: PROCESS (clk,reset)
   BEGIN
     IF reset = '1' THEN
        state<= s0;
     ELSIF clk'EVENT AND clk = '1' THEN       --决定状态转换的进程
        CASE state IS
          WHEN s0  => IF in1 = '1' THEN
                        state<= s1;
```

```
                END IF;
        WHEN s1 => IF in1 = '0' THEN
                    state <= s2;
                   END IF;
        WHEN s2 => IF in1 = '1' THEN
                    state <= s3;
                   END IF;
        WHEN s3 => IF in1 = '0' THEN
                    state <= s0;
                   END IF;
     END CASE;
    END IF;
  END PROCESS P0;
  OUT_P:PROCESS(state,in1)              --输出控制信号的进程
   BEGIN
    CASE state IS
        WHEN s0 => IF in1 = '1' THEN
                    out1 <= "1001";
                   ELSE
                    out1 <= "0000";
                   END IF;
        WHEN s1 => IF in1 = '0' THEN
                    out1 <= "1100";
                   ELSE
                    out1 <= "1001";
                   END IF;
        WHEN s2 => IF in1 = '1' THEN
                    out1 <= "1111";
                   ELSE
                    out1 <= "1100";
                   END IF;
        WHEN s3 => IF in1 = '0' THEN
                    out1 <= "0000";
                   ELSE
                    out1 <= "1111";
                   END IF;
     END CASE;
  END PROCESS;                          --该进程完成由状态和输入决定输出
END bhv;
```

第7章 有限状态机的设计

由于输出信号是由组合电路直接产生的,所以该状态机的工作时序如图7-9所示。图上输出信号有许多毛刺。为了消除毛刺,可将输出信号由时钟信号锁存后再输出。例7-6是在例7-5的基础上在进程out_p的进程中增加了一个IF语句,由此产生了一个锁存器,将输出信号锁存后再输出。其工作时序如图7-10所示。比较图7-9和图7-10可以发现:后者的输出信号没有毛刺出现,并且两者的输出时序是一致的,没有发生锁存后延时一个时钟周期的现象,这是由于同步锁存的缘故。

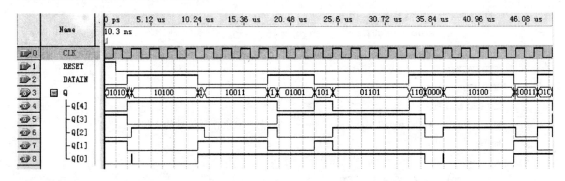

图7-9 例7-5 Mealy型有限状态机工作时序图

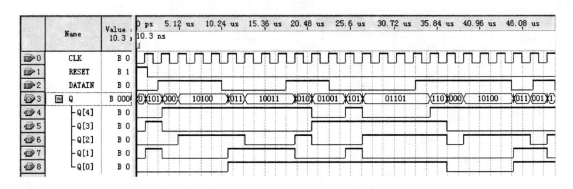

图7-10 例7-6 Mealy型有限状态机工作时序图

【例7-6】 对例7-5的改进。

```
LIBRARY IEEE;
USE IEEE.STD_LOGIC_1164.ALL;
ENTITY mealy2 IS
   PORT(clk,in1,reset: IN STD_LOGIC;
        out1: OUT STD_LOGIC_vector(3 downto 0));
END mealy2;
ARCHITECTURE behav OF mealy2 IS
   TYPE states IS (st0, st1, st2, st3,st4);
```

```vhdl
    SIGNAL stx : states;
    SIGNAL q1 : STD_LOGIC_VECTOR(4 DOWNTO 0);
BEGIN
p0 : PROCESS(clk,reset)                          --决定转换状态的进程
  BEGIN
  IF reset = '1' THEN stx <= st0;
  ELSIF clk'EVENT AND clk = '1' THEN
    CASE stx IS
    WHEN st0 => IF datain = '1' THEN  stx <= st1; END IF;
    WHEN st1 => IF datain = '0' THEN  stx <= st2; END IF;
    WHEN st2 => IF datain = '1' THEN  stx <= st3; END IF;
    WHEN st3 =>  IF datain = '0' THEN  stx <= st4; END IF;
    WHEN st4 =>  IF datain = '1' THEN  stx <= st0; END IF;
    WHEN OTHERS => stx <= st0;
    END CASE ;
  END IF;
END PROCESS p0;
out_p : PROCESS(stx,datain,clk)                  --输出控制信号的进程
VARIABLE q2 : STD_LOGIC_VECTOR(4 DOWNTO 0);
BEGIN
  CASE stx IS
  WHEN st0 => IF datain = '1' THEN q2: = "10000"; ELSE q2: = "01010"; END IF;
  WHEN st1 => IF datain = '0' THEN q2: = "10111"; ELSE q2: = "10100"; END IF;
  WHEN st2 => IF datain = '1' THEN q2: = "10101"; ELSE q2: = "10011"; END IF;
  WHEN st3 => IF datain = '0' THEN q2: = "11011"; ELSE q2: = "01001"; END IF;
  WHEN st4 => IF datain = '1' THEN q2: = "11101"; ELSE q2: = "01101"; END IF;
  WHEN OTHERS =>   q2: = "00000" ;
  END CASE ;
  IF clk'EVENT AND clk = '1' THEN   q1 <= q2;  END IF;
  END PROCESS COM1 ;
     out1 <= q1 ;
END behav;
```

7.6 设计实例

本节通过用状态机设计 A/D 采样控制和 SRAM6264 数据写入控制，来介绍 Moore 型状态机的应用实例。

图 7-11 是该控制器 ADTOSRAM 与 ADC0809 及 SRAM6264 的接口示意图。下面通

第7章 有限状态机的设计

过状态机的设计实现 ADC0809 与 SRAM6264 的通信控制器的设计。

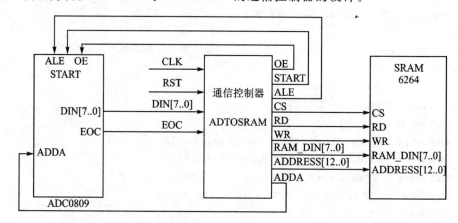

图 7-11 控制器 ADTOSRAM 与 ADC0809 及 SRAM6264 接口示意图

用状态机对 ADC0809 进行采样控制和对 SRAM6264 进行数据写入控制,必须先了解其工作时序,然后据此写出相应的 VHDL 程序。图 7-12 是 ADC0809 的工作时序图,图 7-13 是 SRAM6264 的写入时序图。

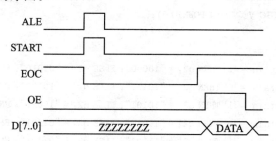

图 7-12 ADC0809 的工作时序图

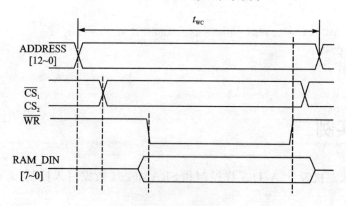

图 7-13 SRAM6264 的写入时序

第7章 有限状态机的设计

其 VHDL 源程序如下：

```vhdl
LIBRARY IEEE;
USE IEEE.STD_LOGIC_1164.ALL;
USE IEEE.STD_LOGIC_UNSIGNED.ALL;
ENTITY adtosram IS PORT(                              --ADC0809 接口信号
    din:IN  STD_LOGIC_VECTOR(7 DOWNTO 0);             --0809 转换数据输入口
    clk,eoc:IN STD_LOGIC;                             --CLK:状态机工作时钟;EOC:转换结束状态信号
    rst:IN STD_LOGIC;                                 --系统复位信号
    ale:OUT STD_LOGIC;                                --0809 采样通道选择地址锁存信号
    start:OUT STD_LOGIC;                              --0809 采样启动信号,上升沿有效
    oe:OUT STD_LOGIC;                                 --转换数据输出使能,接 0809 的 ENABLE(PIN 9)
    adda:OUT STD_LOCIC;                               --0809 采样通道地址最低位
                                                      --SRAM 6264 接口信号
    CS:OUT STD_LOGIC;                                 --6264 片选控制信号,低电平有效
    rd,wr:OUT STD_LOGIC;                              --6264 读/写控制信号,低电平有效
    ram_din:OUT STD_LOGIC_VECTOR(7 DOWNTO 0);         --6264 数据写入端口
    address:OUT STD_LOGIC_VECTOR(12 DOWNTO 0));       --地址输出端口
END adtosram;
ARCHITECTURE art OF adtosram IS
  TYPE ad_states IS(st0,st1,st2,st3,st4,st5,st6,st7)    --A/D 转换状态定义
  TYPE writ_states IS (start_write,write1,write2,write3,write_end); --SRAM 数据写入控制状态定义
  SIGNAL ram_current_state,ram_next_state:writ_states;
  SIGNAL adc_current_state,adc_next_state:ad_states;
  SIGNAL adc_end:STD_LOGIC;                           --0809 数据转换结束并锁存标志位,高电平有效
  SIGNAL lock :STD_LOGIC;                             --转换后数据输出锁存信号
  SIGNAL enable:STD_LOGIC;                            --A/D 转换允许信号,高电平有效
  SIGNAL   addres_plus:STD_LOGIC;                     --SRAM 地址加 1 时钟信号
  SIGNAL   adc_data:STD_LOGIC_VECTOR(7 DOWNTO 0);     --转换数据读入锁存器
  SIGNAL   addres_cnt:STD_LOGIC_VECTOR(12 DOWNTO 0);  --SRAM 地址锁存器
BEGIN
    adda<='1';                                        --adda=1,addb=0,addc=0 选 a/d 采样通道为 in-1
    rd<='1';                                          --sram 写禁止
    adc:PROCESS(adc_current_state,eoc,enable)         --adc0809 采样控制状态机
    BEGIN                                             --A/D 转换状态机组合电路进程
     IF (rst='1') THEN adc_next_state<=st0;           --状态机复位
     ELSE
     CASE adc_current_state IS
        WHEN st0 =>ale<='0';start<='0';oe<='0';
                   lock<='0';adc_end<='0';            --A/D 转换初始化
```

```vhdl
            IF (enable = '1') THEN adc_next_state <= st1;   --允许转换,转下一状态
                ELSE adc_next_state <= st0;                 --禁止转换,仍停留在本状态
              END IF;
    WHEN st1 => ale <= '1'; start <= '0'; oe <= '0'; lock <= '0';
                adc_end <= '0'; adc_next_state <= st2;      --通道选择地址锁存,并转下一状态
    WHEN st2 => ale <= '1'; start <= '1'; oe <= '0'; lock <= '0';
                adc_end <= '0'; adc_next_state <= st3;      --启动 A/D 转换信号 START
    WHEN st3 => ale <= '1'; start <= '1'; oe <= '0'; lock <= '0';
                adc_end <= '0';                             --延迟一个脉冲周期
        IF (eoc = '0') THEN adc_next_state <= st4;
        ELSE adc_next_state <= st3;                         --转换未结束,继续等待
          END IF;
    WHEN st4 => ale <= '0'; start <= '0'; oe <= '0';
                lock <= '0'; adc_end <= '0';
        IF(eoc = '0')THEN adc_next_state <= st5;            --转换结束,转下一状态
        ELSE adc_next_state <= st4;                         --转换未结束,继续等待
          END IF;
    WHEN st5 => ale <= '0'; start <= '0'; oe <= '1'; lock <= '1';
                adc_end <= '1'; adc_next_state <= st6;      --开启数据输出使能信号 OE
    WHEN st6 => ale <= '0'; start <= '0'; oe <= '1'; lock <= '1';
                adc_end <= '1'; adc_next_state <= st7;      --开启数据锁存信号
    WHEN st7 => ale <= '0'; start <= '0'; oe <= '1'; lock <= '1';
                adc_end <= '1'; adc_next_state <= st0;
    WHEN others => adc_next_state <= st0;                   --为 6264 数据定入发出 A/D 转换周期结束信号
      END CASE;                                             --所有闲置状态导入初始态
      END IF;
  END PROCESS adc;
  ad_state: PROCESS(clk)                                    --A/D 转换状态机时序电路进程
  BEGIN
    IF(clk'event AND clk = '1')THEN
      adc_current_state <= adc_next_state;                  --在时钟上升沿,转至下一状态
    END IF;
  END PROCESS ad_state;                                     --由信号 CURRENT_STATE 将当前状态值带出此进程
  data_lock: PROCESS(lock)
    BEGIN --此进程中,在 LOCK 的上升沿,将转换好的数据锁入锁存器 ADC_DATA 中
      IF (lock = '1' AND lock'event) THEN
          adc_data <= din;
      END IF;
  END PROCESS data_lock;                                    --SRAM 数据写入控制状态机
```

第7章 有限状态机的设计

```
writ_state:PROCESS(clk,rst)                    --SRAM 写入控制状态机时序电路进程
BEGIN
  IF rst = '1'THEN ram_current_state< = start_write;  --系统复位
  ELSIF(clk'event AND clk = '1') THEN
    ram_current_state< = ram_next_state;       --在时钟上升沿,转下一状态
  END IF;
END PROCESS writ_state;
ram_write:PROCESS(ram_current_state,adc_end)   --SRAM 控制时序电路进程
BEGIN
  CASE ram_current_state IS
    WHEN start_write = >cs< = '1';wr< = '1';addres_plus< = '0';
         IF (addres_cnt = "1111111111111")     --数据写入初始化
         THEN enable< = '0';                   --SRAM 地址计数器已满,禁止 A/D 转换
         ramm_next_state< = start_write;
         ELSE enable< = '1'                    --SRAM 地址计数器未满,允许 A/D 转换
         ram_next_state< = start_write;
         END IF;
    WHEN write1 = >cs< = '1';wr< = '1';
         enable< = '1';addres_plus< = '0';     --判断 A/D 转换周期是否结束
         IF (adc_end = '1')THEN ram_next_state< = write2;  --已结束
         ELSE ram_next_state< = write1;        --A/D 转换周期未结束,等待
         END IF;
    WHEN write2 = >cs< = '1';wr< = '1';        --打开 SRAM 片选信号
         enable< = '0';                        --禁止 A/D 转换
         addres_plus< = '0';address< = addres_cnt;  --输出 13 位地址
         ram_din< = adc_data;                  --8 位已转换好的数据输向 sram 数据口
         ram_next_state< = write3;             --进入下一状态
    WHEN write3 = >cs< = '0';wr< = '0';        --打开写允许信号
         enable< = '0';                        --仍然禁止 A/D 转换
         addres_plus< = '1';                   --产生地址加1时钟上升沿,使地址计数器加1
         ram_next_state< = write_end;          --进入结束状态
    WHEN write_end = >cs< = '1';wr< = '1';
         enable< = '1';                        --打开 A/D 转换允许开关
         addres_plus< = '0';                   --地址加1时钟脉冲结束
         ram_next_state< = start_write;        --返回初始状态
    WHEN others = > ram_next_state< = start_write;
  END CASE;
END PROCESS ram_write;
counter:PROCESS(addres_plus)                   --地址计数器加1进程
```

```
BEGIN
  IF(rst = '1')THEN addres_cnt< = "0000000000000";       --计数器复位
  ELSIF(addres_plus'event AND addres_plus = '1')THEN
    addres_cnt< = addres_cnt + 1;
  END IF;
END PROCESS counter;
END art;
```

两个状态机的功能和工作方式：

① ADC0809 采样控制状态机。它由 3 个进程组成：adc、ad_state 和 data_lock。adc 是此状态机的组合逻辑进程，确定状态的转换方式和反馈控制信号的输出。工作过程中首先监测系统复位信号 rst，当其为高电平时，使此进程复位至初始态 st0。在初始态中对转换允许信号 enable 进行监测，当为低电平时，表明此时另一状态机正在对 6264 进行写操作，为了不发生误操作，暂停 A/D 转换。而在状态 st2 时启动 A/D 转换信号 start，在状态 st4 搜索到状态转换信号 eoc 由 0 变 1 时，即在状态 st5 开启输出使能信号 oe，在下一状态使 lock 产生一个上跳沿，从而在此时启动进程 data_lock，将由 0809 转换好的位数据锁进锁存器 adc_data 中。在接下去的一个状态 st7 中，将 A/D 转换周期结束的标志位 adc_end 置为高电平，以便通知另一状态机，本周期的转换数据已经进入数据锁存器中，可以对 6264 进行写操作。进程 ad_state 是此状态机的动力部分，即时序逻辑部分，负责状态的转换运行。

② SRAM6264 数据写入控制状态机。它由 3 个进程组成：writ_state、ram_write 和 counter。进程 writ_state 是此状态机时序逻辑部分，功能与进程 ad_state 类似，只是多了一个异步复位功能。进程 writ_state 的功能与进程 adc 类似，在状态 start_write 中，监测地址计数器是否已计满。若计满（addres_cnt＝1111111111111），则发出 A/D 转换禁止命令（enable＝0），并等待外部信号为系统发出复位信号 rst，以便使寄存器 addres_cnt 清 0；否则发出 A/D 转换允许命令（enable＝1），并转下一状态 write1。在此状态中监测 A/D 转换周期是否结束，若结束（adc_end＝1），则进入 sram 的各个写操作状态。在状态 write2 中，addres_cnt 中的 13 位地址和 adc_data 中 8 位数据预先输向 6264 的对应端口；adc_data 中的数据是在状态 write3，wr＝0 时被写入 6264 的。在此状态中，同时进行了另外两项操作，即发出 A/D 转换禁止命令和产生一个地址数加 1 脉冲上升沿，以便启动进程 counter，使地址计数器加 1，为下一数据的写入作准备（注意，此地址计数器的异步复位端是与全局复位信号线 rst 相接的）。在最后一个状态 write_end 中打开了 A/D 转换允许开关。

此程序中的两个状态机是同步工作的，同步时钟是 clk。但由于 A/D 采样的速度，即采样周期的长短在一定范围内是不可预测的，所以必须设置几个标准位来协调两个状态机的工作。这就是前面提到的 A/D 转换允许命令标志位 enable 和 A/D 转换周期结束标志位 adc_end。此外，还设定了两个异步时钟信号 lock 和 addres_plus，分别在进程 adc 和 writ_state 中的特定状态中启动进程 data_lock 或 counter。

习 题

7.1 什么是有限状态机？与其他设计方案相比，采用有限状态机设计实用逻辑系统，有哪些优势？

7.2 有限状态机的基本结构是什么？状态机的种类有哪些？

7.3 有限状态机的状态编码如何？

7.4 如何处理有限状态机的剩余状态？

7.5 一个存储器控制器状态机的状态转换图如图 7-14 所示，存储器控制器真值表如表 7-1 所列。试据此设计出 Moore 型状态机，它能够根据微处理器的读/写周期，分别对存储器输出写使能 WE 和读使能 OE 信号。

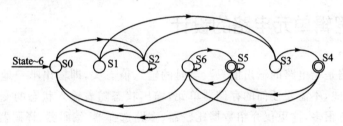

图 7-14 存储器控制器状态图

表 7-1 存储器控制器真值表

状 态	输 出	
	OE	WE
空闲(IDLE)	0	0
判断(DECISION)	0	0
写(WRITE)	0	1
读(READ)	1	0

第 8 章

基本单元电路的 VHDL 设计

在前面几章,对 VHDL 的基本语句及结构、语法、语言规则等作了详细的介绍,为了使读者能深入理解并利用 VHDL 设计逻辑电路的具体步骤和方法,本章以常用基本单元电路的设计为例,讲述 VHDL 语言在电子电路设计中的应用。

8.1 组合逻辑单元电路的设计

组合逻辑电路是指电路的输出值只与当时的输入值有关,即输出唯一地由当时的输入值决定,没有记忆功能,不需要任何的存储器单元,输出状态随着输入状态的变化而变化。常用的组合逻辑电路有很多,这里仅介绍数据比较器、多路选择器、编码器、译码器、奇偶校验器、三态门和总线缓冲器等几种典型单元电路的设计。

8.1.1 数据比较器

二进制数据比较器是提供关于两个二进制操作数间关系信息的逻辑电路,两个操作数的比较结果有 3 种情况:A 等于 B、A 大于 B、A 小于 B。

当操作数 A 和 B 都是 1 位二进制数时,构造比较器的真值表如表 8-1 所列。

表 8-1 1 位比较器的真值表

输入		输出		
A	B	A=B	A>B	A<B
0	0	1	0	0
0	1	0	0	1
1	0	0	1	0
1	1	1	0	0

在 1 位比较器的基础上,可以继续得到 2 位比较器,然后通过"迭代设计"得到 4 位数据比较器。对于 4 位比较器的设计,可以通过原理图输入法或 VHDL 描述来完成,其中用 VHDL 语言描述是一种较为简单的方法。

【例 8-1】 一个 3 位比较器的 VHDL 描述。

```
LIBRARY ieee;
USE ieee.std_logic_1164.all;
ENTITY comp IS
    PORT( a    :IN STD_LOGIC_VECTOR(2 DOWNTO 0);
```

```
        b    :IN STD_LOGIC_VECTOR(2 DOWNTO 0);
        sel_f :IN STD_LOGIC_VECTOR(1 DOWNTO 0);
        q    :OUT BOOLEAN);
END comp;
ARCHITECTURE arch OF comp IS
  BEGIN
  PROCESS (a,b,sel_f)
  BEGIN
    case sel_f is
        when "00" =>q<= a = b;
        when "01" =>q<= a<b;
        when "10" =>q<= a>b;
        when others =>q<= false;
    END case;
  END PROCESS;
END arch;
```

对例 8-1 的 VHDL 描述编译并通过后,单击菜单 Tools→Netlist→Viewer→RTL Viewer,就可看到 3 位数据比较器的 RTL 图,如图 8-1 所示。

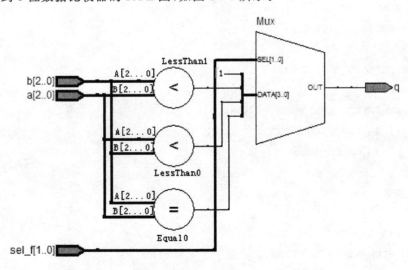

图 8-1 3 位数据比较器的 RTL 图

8.1.2 多路选择器

在 VHDL 语言中描述一个 2 选 1 多路选择器的方法有多种。例如,在一个进程中使用 IF_THEN_ELSE 语句;在一个进程中使用 CASE 语句等。推荐使用 WHEN_ELSE 构造,这

第8章 基本单元电路的 VHDL 设计

样在 VHDL 代码中只用 1 行就可以描述 2 选 1 多路选择器。例如:

```
LIBRARY  IEEE ;
USE   IEEE.STD_LOGIC_1164.ALL ;
ENTITY mux2 IS
 PORT (A,B,SEL: IN STD_LOGIC;
            Q : OUT STD_LOGIC);
END mux2;
ARCHITECTURE  A  OF mux2  IS
  BEGIN
Q< = A  WHEN SEL = '0'  ELSE B;
END A;
```

在描述一个 16 选 1 的多路选择器时,若采用同样的方法,则需要多行 VHDL 代码,如果在进程中使用 CASE 语句,语句结构,则会简洁且清晰,但无论使用哪一种描述方法,综合得到的结果是相同的。

【例 8 - 2】 一个描述 4 选 1 多路选择器的程序。

```
LIBRARY  IEEE ;
USE   IEEE.STD_LOGIC_1164.ALL ;
USE   IEEE.STD_LOGIC_ARITH.ALL ;
USE   IEEE.STD_LOGIC_UNSIGNED.ALL ;
ENTITY selc IS
   PORT (DATA: IN STD_LOGIC_VECTOR( 3 DOWNTO 0);
            S : IN STD_LOGIC_VECTOR( 1  DOWNTO 0) ;
            Z : OUT STD_LOGIC) ;
END selc;
ARCHITECTURE   conc_behave OF SELC IS
    BEGIN
    Z< = DATA(0) WHEN S = "00" ELSE
         DATA(1) WHEN S = "01" ELSE
         DATA(2) WHEN S = "10" ELSE
         DATA(3) WHEN S = "11" ELSE
          '0' ;
END conc_behave ;
```

对例 8 - 2 的 VHDL 程序编译并通过后得到的 RTL 图,如图 8 - 2 所示。

第 8 章 基本单元电路的 VHDL 设计

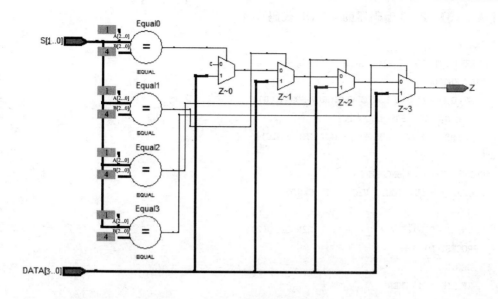

图 8-2 4 选 1 多路选择器的 RTL 图

8.1.3 编码器

常用的编码器有：4-2 编码器、8-3 编码器、16-4 编码器等，下面用一个 8-3 编码器的设计来介绍编码器的 VHDL 设计方法。

8-3 编码器如图 8-3 所示。其真值表如表 8-2 所列。

表 8-2 8-3 优先编码器真值表

输入									输出				
EIN	0N	1N	2N	3N	4N	5N	6N	7N	A2N	A1N	A0N	GSN	EON
1	×	×	×	×	×	×	×	×	1	1	1	1	1
0	1	1	1	1	1	1	1	1	1	1	1	1	0
0	×	×	×	×	×	×	×	0	0	0	0	0	1
0	×	×	×	×	×	×	0	1	0	0	1	0	1
0	×	×	×	×	×	0	1	1	0	1	0	0	1
0	×	×	×	×	0	1	1	1	0	1	1	0	1
0	×	×	×	0	1	1	1	1	1	0	0	0	1
0	×	×	0	1	1	1	1	1	1	0	1	0	1
0	×	0	1	1	1	1	1	1	1	1	0	0	1
0	0	1	1	1	1	1	1	1	1	1	1	0	1

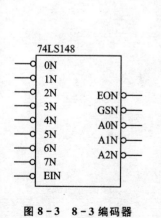

图 8-3 8-3 编码器

第8章 基本单元电路的 VHDL 设计

【例8-3】 8-3编码器的 VHDL 代码设计。

```vhdl
LIBRARY IEEE;
USE IEEE.STD_LOGIC_1164.ALL;
ENTITY ENCODE IS
  PORT(D:  IN  STD_LOGIC_VECTOR(7 DOWNTO 0);
       EIN: IN  STD_LOGIC;
       A0N,A1N,A2N,GSN,EON: OUT STD_LOGIC);
END ENCODE;
ARCHITECTURE A OF ENCODE IS
  SIGNAL Q: STD_LOGIC_VECTOR(2 DOWNTO 0);
  BEGIN
    A0N<=Q(0);  A1N<=Q(1);  A2N<=Q(2);
    PROCESS(D)
     BEGIN
      IF EIN ='1' THEN
         Q<="111";
         GSN<='1';  EON<='1';
      ELSIF  D(0)='0'  THEN
         Q<="111"; GSN<='0'; EON<='1';
      ELSIF  D(1)='0'  THEN
         Q<="110"; GSN<='0'; EON<='1';
      ELSIF  D(2)='0'  THEN
         Q<="101"; GSN<='0'; EON<='1';
      ELSIF  D(3)='0'  THEN
         Q<="100"; GSN<='0'; EON<='1';
      ELSIF  D(4)='0'  THEN
         Q<="011"; GSN<='0'; EON<='1';
      ELSIF  D(5)='0'  THEN
         Q<="010"; GSN<='0'; EON<='1';
      ELSIF  D(6)='0'  THEN
         Q<="001"; GSN<='0'; EON<='1';
      ELSIF  D(7)='0'  THEN
         Q<="000"; GSN<='0'; EON<='1';
      ELSIF  D="11111111"    THEN
         Q<="111";  GSN<='1';  EON<='0';
      END IF;
    END PROCESS;
END A;
```

读者可参考例 8-3 的程序,设计一个 16-4 的编码器。

8.1.4 译码器

常用的译码器有:2-4 译码器、3-8 译码器、4-16 译码器等,例 8-4 用一个 3-8 译码器的设计来介绍译码器的设计方法。3-8 译码器如图 8-4 所示,其真值表如表 8-3 所列。

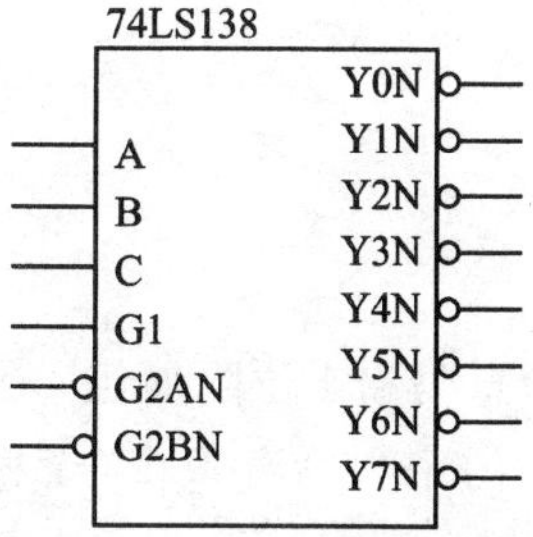

表 8-3 3-8 译码器真值表

输入						输出							
使能			选择			Y_0	Y_1	Y_2	Y_3	Y_4	Y_5	Y_6	Y_7
G1	G2A	G2B	A	B	C								
0	×	×	×	×	×	1	1	1	1	1	1	1	1
1	0	0	0	0	0	0	1	1	1	1	1	1	1
1	0	0	0	0	1	1	0	1	1	1	1	1	1
1	0	0	0	1	0	1	1	0	1	1	1	1	1
1	0	0	0	1	1	1	1	1	0	1	1	1	1
1	0	0	1	0	0	1	1	1	1	0	1	1	1
1	0	0	1	0	1	1	1	1	1	1	0	1	1

图 8-4 3-8 译码器

【例 8-4】 3-8 译码器的 VHDL 代码设计。

```
LIBRARY ieee;
USE ieee.std_logic_1164.ALL;
ENTITY decoder3_8 IS
   PORT(a, b,c,g1,g2a,g2b:  IN STD_LOGIC;
        y: OUT   STD_LOGIC_VECTOR(7 DOWNTO 0));
END decoder3_8;
ARCHITECTURE fun OF decoder3_8 IS
   SIGNAL indata: STD_LOGIC_VECTOR(2 DOWNTO 0);
BEGIN
   indata <= c&b&a;
   encoder:PROCESS (indata, g1, g2a, g2b)
   BEGIN
      IF (g1 = '1' AND g2a = '0' AND g2b = '0') THEN
         CASE indata IS
            WHEN "000" => y <= "11111110";
            WHEN "001" => y <= "11111101";
            WHEN "010" => y <= "11111011";
            WHEN "011" => y <= "11110111";
            WHEN "100" => y <= "11101111";
```

第8章 基本单元电路的 VHDL 设计

```
            WHEN "101" => y <= "11011111";
            WHEN "110" => y <= "10111111";
            WHEN "111" => y <= "01111111";
            WHEN OTHERS => y <= "XXXXXXXX";
        END CASE;
    ELSE
        y <= "11111111";
    END IF;
END PROCESS encoder;
END fun;
```

- 读者可参考例 8-4 的程序,设计一个 4-16 的编码器。

8.1.5 奇偶校验

奇偶校验代码是在计算机中常用的一种可靠性代码。它由信息码和 1 位附加位——奇偶校验位组成。这位校验位的取值(0 或 1)将使整个代码串中的 1 的个数为奇数个(奇校验代码)或为偶数(偶校验代码)。

根据奇偶校验代码的定义,8421 码的奇偶校验位如表 8-4 所列。

表 8-4 8421 码的奇偶校验位

8421 码				奇校验位	偶校验位	8421 码				奇校验位	偶校验位
B8	B4	B2	B1	/P	P						
0	0	0	0	1	0	1	0	0	0	0	1
0	0	0	1	0	1	1	0	0	1	1	0
0	0	1	0	0	1	1	0	1	0	1	0
0	0	1	1	1	0	1	0	1	1	0	1
0	1	0	0	0	1	1	1	0	0	1	0
0	1	0	1	1	0	1	1	0	1	0	1
0	1	1	0	1	0	1	1	1	0	0	1
0	1	1	1	0	1	1	1	1	1	1	0

奇偶校验位发生器就是根据输入信息码产生响应的校验位。如图 8-5 所示是 8421 码奇偶校验位发生器电路,它是基于异或门的相同得 0,相异得 1 的原理设计的。根据图 8-5 可知:当 D8、D4 中 1 的个数为偶数时,TMP11 为 0,反之为 1;当 D2、D1 中 1 的个数为偶数时 TMP2 为 0,反之为 1。

【例 8-5】 8421 码奇偶校验位发生器的 VHDL 代码设计。

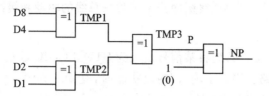

图8-5 8421码奇偶校验位发生器电路

```
LIBRARY IEEE;
USE IEEE.STD_LOGIC_1164.ALL;
ENTITY TEST12 IS
    PORT(D:IN STD_LOGIC_VECTOR(3 DOWNTO 0);
        P,NP:OUT STD_LOGIC);
END TEST12;
ARCHITECTURE A OF TEST12 IS
    SIGNAL TMP1,TMP2,TMP3:STD_LOGIC;
    BEGIN
    TMP1<= D(3)XOR D(2);
    TMP2<= D(1)XOR D(0);
    TMP3<= TMP1 XOR TMP2;
    NP<= TMP3 XOR '1';
    P<= TMP3 XOR '0';
END A;
```

图8-6是8421码奇偶校验位发生器的仿真波形图,可以发现当D[…]中1的个数为奇数时,P输出高电平;当D[…]中1的个数为偶数时,P输出低电平。

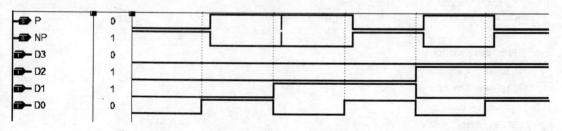

图8-6 奇偶校验波形图

8.1.6 三态门和总线缓冲器的设计

三态门和总线缓冲器是驱动电路经常用到的器件。三态门有很多的实际应用,比如数据和地址BUS的构建,RAM或堆栈的数据端口设计等。总线缓冲器又分单向总线缓冲器和双向总线缓冲器。单向总线缓冲器常用在微型计算机的总线驱动,通常由多个三态门组成,用来驱动地址总线和控制总线;双向总线缓冲器用于数据总线的驱动和缓冲等。

1. 三态门的设计

设计三态门时,一般可以首先将某信号定义为 STD_LOGIC 数据类型,将 'Z' 赋给这个变量来获得三态控制门电路。当处于输入/输出状态时,有 dataout<=datain;而当处于高阻状态时,则有 dataout<="ZZZZZZZZ"。一个 'Z' 表示一个逻辑位。

需要注意的是:

① 由于 'Z' 在综合中是一个不确定的值,不同的综合器可能会给出不同结果。因而对于 VHDL 综合前的行为仿真和综合后功能仿真结果可能是不同的。有时虽然能通过综合,但却不能获得正确的时序仿真结果,所以建议尽可能不用 'Z' 做比较值、表达式和操作数,否则综合会出错。

② VHDL 虽然不区分大小写,但是在 IEEE 库中对数据类型 STD_LOGIC 的预定义已经将高阻态定义为大写 'Z'。所以当把高阻态 'Z' 值赋给一个数据类型为 STD_LOGIC 的变量或信号时,'Z' 必须是大写的。

③ 大多数 FPGA 器件内部都无法构成三态门,所以只能用多路选择器的结构来实现,有的甚至在端口都无法实现。

【例 8-6】 一个简单的三态门的 VHDL 代码设计。

```
LIBRARY  IEEE;
USE IEEE.STD_LOGIC_1164.ALL;
ENTITY tristate IS
   PORT (en,din :IN STD_LOGIC;
         dout :OUT STD_LOGIC);
END tristate;
ARCHITECTURE art OF tristate IS
  BEGIN
   PROCESS(en,din)
    BEGIN
     IF en = '1'THEN
     dout< = din;
    ELSE   dout< = 'Z';                         --高阻态
    END IF ;
   END PROCESS;
END art;
```

2. 单向总线驱动器

为构成芯片内部的总线系统,需要设计三态总线驱动电路。例 8-7 是一个 8 位的单向总线驱动器的 VHDL 设计,其模块图如图 8-7 所示。

第8章 基本单元电路的 VHDL 设计

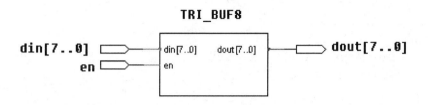

图 8-7 单向总线驱动器模块图

【例 8-7】 一个 8 位单向总线驱动器的 VHDL 代码设计。

```
LIBRARY IEEE;
USE IEEE.STD_LOGIC_1164.ALL;
ENTITY tr1_buf8 IS
   PORT (din:IN STD_LOGIC_VECTOR(7 DOWNTO 0);
         en:IN STD_LOGIC;
         dout:OUT STD_LOGIC_VECTOR(7 DOWNTO 0));
END tr1_buf8;
ARCHITECTURE art OF tr1_buf8 IS
   BEGIN
   PROCESS(en,din)
    BEGIN
    IF(en = '1')THEN
       dout< = din;
     ELSE
     dout< = "ZZZZZZZZ";
      END IF;
    END PROCESS;
END art;
```

3. 双向总线缓冲器

双向总线缓冲器用于数据总线的驱动和缓冲,典型的双向总线缓冲器如图 8-8 所示。图中的双向总线缓冲器有两个数据输入/输出端 A 和 B,一个方向控制端 DIR 和一个选通端 EN。EN=0 时双向缓冲器选通,若 DIR=0,则 A≤B,反之则 B≥A。

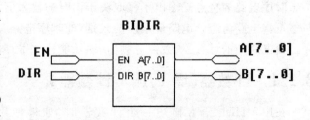

图 8-8 双向总线缓冲器模块图

【例 8-8】 双向总线缓冲器控制过程描述。

```vhdl
LIBRARY IEEE;
USE IEEE.STD_LOGIC_1164.ALL;
ENTITY bidir IS
  PORT(A,B:INOUT STD_LOGIC_VECTOR(7 DOWNTO 0);
        EN,DIR:IN STD_LOGIC);
END bidir;
ARCHITECTURE art OF bidir IS
  SIGNAL aout,bout: STD_LOGIC_VECTOR(7 DOWNTO 0);
  BEGIN
  PROCESS(A,EN,DIR)
    BEGIN
    IF((EN = '0')AND (DIR = '1'))THEN bout< = A;
        ELSE
    bout< = "ZZZZZZZZ";
    END IF ;
    B< = bout;
  END PROCESS;
  PROCESS(B,EN,DIR)
    BEGIN
    IF((EN = '0')AND (DIR = '1'))THEN aout< = B;
      ELSE aout< = "ZZZZZZZZ";
      END IF ;
      A< = aout;
    END PROCESS;
END art;
```

8.2 时序逻辑单元电路的设计

时序电路的特点是输出不仅取决于当时的输入值,而且还与电路过去的状态有关,这也是时序逻辑电路与组合电路最本质的区别,即时序电路具有记忆功能。在本节主要介绍常用时序逻辑电路中的计数器、数控分频器、多功能移位寄存器、单脉冲发生器等的 VHDL 设计。

8.2.1 计数器(增1/减1计数器)

在用 VHDL 语言描述一个计数器时,如果使用了程序包 IEEE.STD_LOGIC_UNSIGNED,则在描述计数器时就可以使用其中的函数"+"(递增计数)和"-"(递减计数)。假定设计对象是增1计数器并且计数器被说明为向量,则当所有位均为1时,计数器的下一状态将自动变成0;假定计数器的值计到111时将停止,则在增1之前必须测试计数器的值。如果计数器被说明为整数类型,则必须有上限值测试;否则,在计数值等于 7,并且要执行增 1 操作时,模拟器将指出此时有错误发生。

【例 8-9】 一个 3 位增 1/减 1 计数器。当输入信号 UP 等于 1 时,计数器增 1;当输入信号 UP 等于 0 时,计数器减 1。其仿真波形图如图 8-9 所示。

```
LIBRARY IEEE;
USE IEEE.STD_LOGIC_1164.ALL;
USE IEEE.STD_LOGIC_UNSIGNED.ALL;
ENTITY up_down IS
    PORT(clk,rst,en,up: IN   STD_LOGIC;
         sum: OUT   STD_LOGIC_VECTOR(2 DOWNTO 0);
         cout: OUT   STD_LOGIC);
END;
ARCHITECTURE a OF up_down IS
    SIGNAL count: STD_LOGIC_VECTOR(2 DOWNTO 0);
  BEGIN
   PROCESS(clk,rst)
   BEGIN
    IF rst = '0' THEN
        count< = (others = >'0');
      ELSIF rising_edge(clk) THEN
         IF en = '1' THEN
            CASE up IS
                WHEN '1' = > count< = count + 1;
                WHEN OTHERS = >count< = count - 1;
            END CASE;
         END IF;
      END IF;
    END PROCESS;
    Sum< = count;
    cout < = '1' WHEN en = '1' AND ((up = '1' and count = 7) OR (up = '0' and count = 0))
    ELSE '0';
END;
```

从图 8-9 仿真波形图可知:当 RST=1 时,若 UP 为 1,计数器加 1;若 UP 为 0,计数器减 1。符合设计要求。

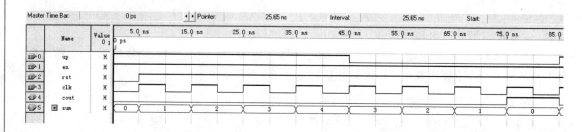

图 8-9 3 位增 1/减 1 计数器仿真波形图

8.2.2 数控分频器的设计

在电子系统的设计中,常需要对高频的时钟进行分频,以便获得低频的信号,用作其它需要低频时钟的模块。为了实现对时钟分频,可以使用一个计数器来实现。比如一个时钟的频率为 100 MHz,假设使用一个计数器,每计数 10 次,输出一次时钟信号,则可以实现 10 分频,从而得到 10 MHz 的时钟信号。

数控分频器的功能是当在输入端给定不同输入数据时,将对输入的时钟信号有不同的分频比,数控分频器是用计数值可并行预置的加法计数器设计完成的。加法器在并行预置数的基础上进行加计数,当计数值溢出时,产生预置数置入控制信号,加载预置数据,并且将溢出信号作为分频器的输出信号,实现不同的分频信号输出。

【例 8-10】 数控分频器的 VHDL 代码设计。其仿真波形图如图 8-10 所示。

```
LIBRARY IEEE;
USE IEEE.STD_LOGIC_1164.ALL;
USE IEEE.STD_LOGIC_UNSIGNED.ALL;
ENTITY dvf IS
PORT(clk :IN STD_LOGIC;
     d:IN STD_LOGIC_VECTOR(7 downto 0);    --定义预置数据输入端
     fout:OUT STD_LOGIC);                  --定义输出端
END;
ARCHITECTURE one OF dvf IS
SIGNAL full:STD_LOGIC;
  BEGIN
  p_reg: PROCESS(clk)
      VARIABLE cnt8:STD_LOGIC_VECTOR(7 downto 0);
      BEGIN
      IF clk'EVENT AND clk = '1' THEN
      IF cnt8 = "11111111" THEN
         cnt8 := d;                        --当 cnt8 计数计满时,d 被同步预置给计数器 cnt8
```

第 8 章 基本单元电路的 VHDL 设计

```
            full<='1';                    --同时使溢出标志信号 full 输出高电平
          ELSE cnt8:=cnt8+1;              --否则继续作加 1 计数
            full<='0';                    --且输出溢出标志信号 full 为低电平
          END IF;
        END IF;
      END PROCESS p_reg;
  p_div:PROCESS(full)
      VARIABLE cnt2:STD_LOGIC;
      BEGIN
      IF full'EVENT AND full='1' THEN
        cnt2:=NOT cnt2;                   --如果溢出标志信号 full 为高电平,D 触发器输出
                                            取反
        IF cnt2='1' THEN fout<='1';
        ELSE fout<='0';
        END IF;
      END IF;
    END PROCESS p_div;
END;
```

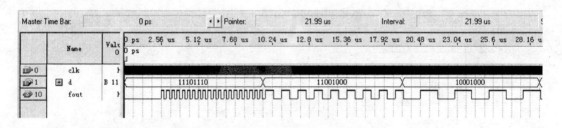

图 8-10 时钟分频器的仿真波形图

分析图 8-10 仿真波形图可知,输入端给定不同输入数据时,将对输入的时钟信号有不同的分频比输出,实现了数控分频。

8.2.3 多功能移位寄存器

在移位寄存器的基础上,再增加一些电路,如锁存器等,就可以设计成不同方式的移位寄存器。这里设计一个串/并进、串出移位寄存器。在 TTL 手册中这个寄存器是 74166 芯片,其引脚说明如图 8-11 所示。

其中:A~H:8 位并行数据输入端　　　　CLKIH:时钟信号禁止端
　　　CLRN:异步清 0 端　　　　　　　　STLD:移位/装载控制端
　　　SER:串行数据输入端　　　　　　　QH:串行数据输出端
　　　CLK:同步时钟输入端

第 8 章 基本单元电路的 VHDL 设计

查询 74166 的真值表可知：

CLRN＝0,输出为 0;

CLKIH＝1,不管时钟如何变化,输出不变化;

STLD＝1,移位状态,在时钟上升沿时刻,向右移一位,SER 串入的数据移入 Q;

STLD＝0,加载状态,8 位输入数据装载到 Q0～Q7 寄存器。

【例 8－11】 串/并进、串出移位寄存器的 VHDL 代码设计,其仿真波形图如图 8-12 所示。

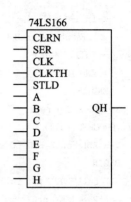

图 8－11 串/并进、串出移位寄存器

```
LIBRARY IEEE;
USE IEEE.STD_LOGIC_1164.ALL;
ENTITY sreg166 IS
 PORT(CLRN,SER,CLK,CLKIH,
    STLD,A,B,C,D,E,F,G,H: IN STD_LOGIC;
   QH : OUT STD_LOGIC);
END sreg166;
ARCHITECTURE behav OF sreg166 IS
 SIGNAL tempreg8: STD_LOGIC_VECTOR(7 DOWNTO 0);
  BEGIN
  PROCESS(CLRN,CLK,CLKIH,SER)
   BEGIN
   IF(CLRN = '0') THEN
      tempreg8<=(others=>'0');
      QH<=tempreg8(7);
   ELSIF(CLK'EVENT) AND (CLK = '1') THEN
     IF(CLKIH = '0') THEN
       IF(STLD = '0') THEN
         tempreg8(0)<=a;
         tempreg8(1)<=b;
         tempreg8(2)<=c;
         tempreg8(3)<=d;
         tempreg8(4)<=e;
         tempreg8(5)<=f;
         tempreg8(6)<=g;
         tempreg8(7)<=h;
       ELSIF(STLD = '1') THEN
         FOR i IN tempreg8'HIGH DOWNTO tempreg8'LOW + 1 LOOP
           tempreg8(i)<=tempreg8(i-1);
```

```
        END LOOP;
        tempreg8(tempreg8'LOW)< = SER;
        QH< = tempreg8(7);
      END IF;
     END IF;
    END IF;
  END PROCESS;
END behav;
```

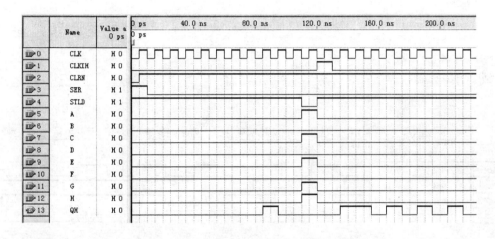

图 8-12 多功能移位寄存器仿真波形图

8.2.4 单脉冲发生器

单脉冲发生器就是能发出单个脉冲的电路,它的输入是一串连续脉冲 M,它的输出受开关 PUL 的控制。其原理图如图 8-13 所示。

【例 8-12】 单脉冲发生器 VHDL 代码设计,其仿真波形图如图 8-14 所示。

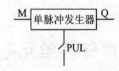

图 8-13 单脉冲发生器原理图

```
LIBRARY IEEE;
USE IEEE.STD_LOGIC_1164.ALL;
ENTITY pulse IS
PORT(pul,m: IN STD_LOGIC;
     nq,q:   OUT STD_LOGIC);
END pulse;
ARCHITECTURE a OF pulse IS
SIGNAL temp: STD_LOGIC;
```

第8章 基本单元电路的 VHDL 设计

```
BEGIN
    q<= temp;
    nq<= NOT temp;
    PROCESS(m)
    BEGIN
      IF RISING_EDGE(m) THEN
        IF pul = '0' THEN
            temp<= '1';
        ELSE
            temp<= '0';
        END IF;
      END IF;
    END PROCESS;
END a;
```

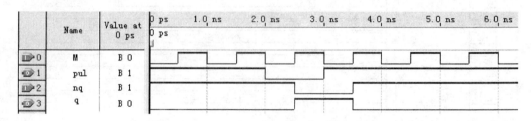

图 8-14 单脉冲发生器仿真波形图

分析仿真时序图 8-14 可知,当 pul=1 时,q 输出为 0;当 pul=0 时,在时钟上升沿到来时,q 输出 1。也就是说,每当按一次 PUL 开关(接 0 电平),Q 端就输出一个脉冲宽度、时间同步的脉冲。

8.3 存储器单元电路的设计

半导体存储器的种类很多,从功能上可以分为只读存储器 ROM(READ_ONLY MEMORY)和随机存储器 RAM(RANDOM ACCESS MEMORY)两大类。在 6.2 节对使用器件商 IP 核生成器设计 ROM、RAM 等存储单元的方法已经作了详细介绍。本节介绍使用 VHDL 代码描述存储器的设计方法。

ROM、RAM 的功能有较大的区别,因此,在描述上也有诸多不同,下面分别介绍。

8.3.1 只读存储器 ROM 的设计

只读存储器在正常工作时从中读取数据,不能快速地修改或重新写入数据,适用于存储固定数据的场合。在设计 ROM 时,根据 ROM 的大小,可以采用不同的方法进行设计,比如 4×8、8×8 或 16×8 的 ROM 可以采用数组描述或 WHEN_ELSE。用数组描述 ROM 在面积上是最有效的。在用数组描述时,常把数组常量描述的 ROM 放在一个程序包中,这种方法可以提供 ROM 的重用,在程序包中应当用常量定义 ROM 的大小。而用 WHEN_ELSE 描述一个 ROM,却是最直观的,它是通过类似查表的方式来实现的,如下面的程序就是一个用 WHEN_ELSE 设计的 16×8 的 ROM。

对于大型的 ROM,应当采用例化的方法,如对于 256×8 的 ROM,就可以采用例化的方法来设计实现。

【例 8 - 13】 用 VHDL 设计一个容量为 16×8 的 ROM 存储,该 ROM 有 4 位地址线 ADDR[3…0],8 位数据输出线 DATAOUT[7…0]及使能 CE 端。其引脚图如图 8-15 所示。

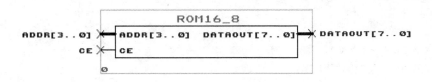

图 8 - 15　ROM 引脚

```
LIBRARY IEEE;
USE IEEE.STD_LOGIC_1164.ALL;
USE IEEE.STD_LOGIC_ARITH.ALL;
USE IEEE.STD_LOGIC_UNSIGNED.ALL;
ENTITY rom16_8 is
  PORT( dataout : OUT STD_LOGIC_VECTOR(7 DOWNTO 0);     --数据输出端
        addr : IN  STD_LOGIC_VECTOR(3 DOWNTO 0);        --地址输入端
              ce : IN   STD_LOGIC);                     --使能控制端
END rom16_8;
ARCHITECTURE a OF rom16_8 IS
  BEGIN
dataout <= "00001001" WHEN addr = "0000" AND ce = '0' ELSE
          "00011010" WHEN addr = "0001" AND ce = '0' ELSE
          "00011011" WHEN addr = "0010" AND ce = '0' ELSE
          "00101100" WHEN addr = "0011" AND ce = '0' ELSE
          "11100000" WHEN addr = "0100" AND ce = '0' ELSE
          "11110000" WHEN addr = "0101" AND ce = '0' ELSE
          "00010000" WHEN addr = "1001" AND ce = '0' ELSE
          "00010100" WHEN addr = "1010" AND ce = '0' ELSE
          "00011000" WHEN addr = "1011" AND ce = '0' ELSE
          "00100000" WHEN addr = "1100" AND ce = '0' ELSE
```

```
            "00000000";
END a;
```

8.3.2 随机存储器 SRAM 的设计

与 ROM 类似,当在 VHDL 代码中引入随机存储器(SRAM)时,有两种可选择的方法:使用寄存器和例化 RAM。

1. 使用寄存器

寄存器可以作为很小的 RAM 使用。对于大型的 RAM,使用寄存器时的面积要比例化 RAM 大得多。寄存器可以用时钟进程描述,如下示例:

```
PROCESS(clk,rst)
BEGIN
    IF rst = '0' THEN
      q<= (others => '0');
    ELSEIF RISING_EDGE(clk) THEN
        IF  wr = '1' THEN
           q<= data;
        END IF;
    END IF;
END PROCESS;
```

2. 例化 RAM

要想得到 RAM 好的综合结果,必须使用例化。当然,其缺点与 ROM 类似,使 VHDL 代码成为与工艺有关的代码,在进行模拟时会发生问题。选择不同的制造商和工艺会得到不同的 RAM。例化多个 RAM 可以方便地得到所要求的大小。VHDL 中的 GENERATE 语句对这样的例化是很有用的。例如把一个 4×1 位的 RAM 例化 4 次就可以得到一个 4×4 的 RAM,如下示例:

```
ARCHITECTURE a OF ram4×4  IS
    COMPONENT ram4×1;
     PORT(d,a0,a1,wr: IN STD_LOGIC;
       q : OUT STD_LOGIC;
    END COMPONENT;
  BEGIN
     FOR i IN 0 TO 3 GENERATE
     Ram_b: ram4×1 PORT MAP(d_in(i), a0,a1, wr,d_out(i));
     END GENERATE;
END a;
```

【例 8-14】 给出一个 8×8 位的双口 SRAM 的 VHDL 描述实例,其模块图如图 8-16 所示。

需要说明的是,RAM 和 ROM 的主要区别在于 RAM 描述上有读和写两种操作,而且在读、写上对时间有较严格的要求。

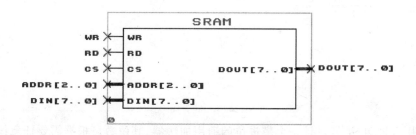

图 8-16 双口 SRAM 引脚

```
LIBRARY IEEE;
USE IEEE.STD_LOGIC_1164.ALL;
USE IEEE.STD_LOGIC_UNSIGNED.ALL;
ENTITY sram IS
  GENERIC (k: INTEGER:=8;
           w: INTEGER:=3);
  PORT(nwr,nrd,ncs: IN STD_LOGIC;
       addr : IN STD_LOGIC_VECTOR(w-1 DOWNTO 0);
       din : IN STD_LOGIC_VECTOR(k-1 DOWNTO 0);
       dout : OUT STD_LOGIC_VECTOR(k-1 DOWNTO 0));
END sram;
ARCHITECTURE behav OF sram IS
  SUBTYPE word IS STD_LOGIC_VECTOR(k-1 DOWNTO 0);
  TYPE memory IS ARRAY(0 TO 7) OF word;
  SIGNAL hsram : memory;
  SIGNAL din_change,wr_rise:TIME:= 0 ps;
BEGIN
PROCESS(nwr)                              --写进程
    BEGIN
    IF(nwr 'event and nwr = '0') THEN
      IF(ncs = '0' AND nwr = '0') THEN
        hsram(CONV_INTEGER(addr))<= din;  --延时 2 ns
      END IF;
    END IF;
END PROCESS;
```

```
    PROCESS(nrd,ncs)                              --读进程
      BEGIN
        IF(nrd = '0' AND ncs = '0') THEN
          dout< = hsram(CONV_INTEGER(addr))        --延时 3 ns
        ELSE
          dout< = "ZZZZZZZZ" AFTER 4 ns;
        END IF;
     END PROCESS;
   END behav;
```

习 题

8.1 使用 VHDL 语言设计一个带进位的通用加法器,其位数可根据需要任意设定。

8.2 使用 VHDL 语言中 IF 语句设计一个 4－16 线译码器。

8.3 使用 VHDL 语言设计一个节拍脉冲发生器,要求:
   当按下 START 键时,循环产生 P1～P4 四个节拍脉冲;
   当按下 STOP 键时,停止产生 P1～P4 四个节拍脉冲;
   当按下 STEP 键时,只产生一组 P1～P4 四个节拍脉冲。

8.4 使用 VHDL 语言设计一个通用的偶数分频器,要求分频数和占空比可调。

8.5 使用 VHDL 语言设计一个 4 位串入/串出移位寄存器,并给出时序仿真波形。

8.6 设计含有异步清 0 和计数使能的 16 位二进制减法计数器。

第 9 章

电子电路的 VHDL 综合设计

本章给出 12 个综合设计实例,其中前 8 个设计实例涉及电子设计系统常用的显示功能(如 LED 数码管显示、点阵显示及液晶显示)、键盘输入功能、模/数和数/模转换控制功能,以及信息传输过程中用到的同步编/解码和差错控制编码。后面 4 个综合性的设计实例,如任意波形信号发生器、密码锁、多功能闹钟和音乐演奏发生器,作为电子设计大赛的部分功能也会经常涉及到。每一个设计实例都给出了仿真图和在硬件平台上验证时的导线连接,若读者的硬件平台和作者的不一样,读者只须读懂实例代码,然后对代码作适当的修改及导线连接的修改即可。

内容由浅入深的介绍方式,能帮助读者及时地巩固前面章节所学的 VHDL 语言知识,相信当读者把这些项目全部训练完后,其设计能力会得到大大提高。

9.1 六位数码动态扫描显示电路的设计

9.1.1 数码管动态扫描显示原理

多位 LED 数码管显示可以分为静态和动态显示。静态显示时要求每一位数码管都应有一个数据锁存器驱动 LED 的 a~g 及小数点 DP 端,用于锁存各位数码管要显示的不同数据,另外,每一位数码管的公共端还需要接有效电平。显然,显示的位数越多,需要的锁存器也就越多,这样很不经济。一般多位数码管显示多采用动态扫描显示。

动态扫描显示时,将所有数码管的各个控制端(a~g、dp)并行的连接到同一数据线上,而各显示器的公共端 COM 有位扫描信号控制,互不干扰。为了使各显示器显示不同的内容,先在数据线上送出第一位要显示数字或内容的段码,然后位扫描信号使得第一位数码管的公共端有效,这样第一位数码管显示相应的字符或数字,而其他各位数码管熄灭,接着熄灭第一位数码管,点亮第二位数码管,依次轮流点亮,直到最后一位被点亮,然后重复点亮第一位数码管,如此循环。当扫描的频率比较低时,数码管显示的信息会出现闪烁,但当扫描频率提高到使得每个数码管每秒的点亮次数大于 24 次(一般取 50 次以上)时,由于数码管的余晖效应及人眼的视觉暂留效应,人眼就感觉不出闪烁了,好像是多位数码管被同时点亮的。但当扫描的位数过多时，为了满足每位数码管的扫描频率，势必要减少每位数码管导通的时间，这样数码管显示信息的亮度将会降低。

9.1.2　设计要求与设计思路

设计要求：设计一个8位数码管共阴极动态扫描显示控制电路，要显示的信息比如"93434080"，其他要显示的信息读者可自行修改代码。

设计思路：该设计功能很简单，只需三个进程即可完成设计要求：第一个进程用于产生位扫描信号；第二个进程完成对8个数码管选通扫描和送出对应位要显示的字符；而第三个进程完成显示的字符或数字到7段字型码的译码输出。

9.1.3　VHDL代码设计

```vhdl
library ieee;
use ieee.std_logic_1164.all;
use ieee.std_logic_unsigned.all;
entity ledscan is
port(clk:in std_logic;
     sg:out std_logic_vector(6 downto 0);        --段控制信号输出
     bt:out std_logic_vector(2 downto 0));       --位控制信号输出
end ledscan;
architecture one of ledscan is
signal cnt8:std_logic_vector(2 downto 0);
signal A:integer range 0 to 15;
begin
 P1:process(clk)
    begin
      if clk'event and clk = '1' then
        cnt8<= cnt8 + 1;
      end if;
  end process P1;
P2:process(cnt8)
    begin
    case cnt8  is
    when  "000" = >bt<= "000";A<= 9;    --8位显示的数为"93434080"，这8位数可以根据需要灵活改变
    when  "001" = >bt<= "001";A<= 3;
    when  "010" = >bt<= "010";A<= 4;
```

```
when    "011" =>bt<= "011";A<= 3;
when    "100" =>bt<= "100";A<= 4;
when    "101" =>bt<= "101";A<= 0;
when    "110" =>bt<= "110";A<= 8;
when    "111" =>bt<= "111";A<= 0;
when others =>null;
end case;
end process P2;
P3:process(A)                              ——十六进制数转换成共阴极字形码的译码电路
 begin
 case A is
 when 0  =>sg<= "0111111";
 when 1  =>sg<= "0000110";
 when 2  =>sg<= "1011011";
 when 3  =>sg<= "1001111";
 when 4  =>sg<= "1100110";
 when 5  =>sg<= "1101101";
 when 6  =>sg<= "1111110";
 when 7  =>sg<= "0000111";
 when 8  =>sg<= "1111111";
 when 9  =>sg<= "1101111";
 when 10 =>sg<= "1110111";
 when 11 =>sg<= "1111100";
 when 12 =>sg<= "0111001";
 when 13 =>sg<= "1011110";
 when 14 =>sg<= "1111001";
 when 15 =>sg<= "1110001";
 when others =>null;
end case;
end process P3;
end;
```

9.1.4 时序仿真

仿真结束时间设定为 100 ms,clk 的周期设定为 5 ms(频率为 200 Hz),bt 显示基数值设定为 Unsigend Decimal 即无符号十进制数,如图 9-1 所示。仿真前的波形如图 9-2 所示,仿真后所得的波形图如 9-3 所示。

第 9 章 电子电路的 VHDL 综合设计

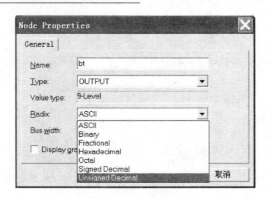

图 9-1 bt 基数值设定图

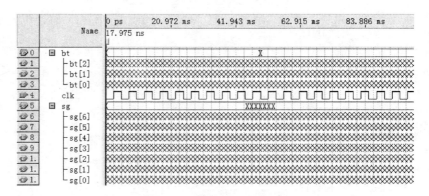

图 9-2 仿真前波形设置图

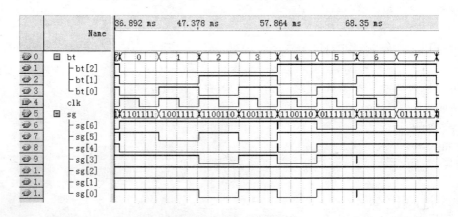

图 9-3 仿真后的波形图

从仿真图 9-3 可以看出,在 bt 等于 0 时,段控制输出信号 sg 输出的是 8 位数"93434080"的第一个数字即 9 的字形码 11101111,仿真完全正确。

9.1.5　硬件逻辑验证

对输入/输出端口锁定引脚后再重新编译,然后连接导线,并将代码下载到 ACEX1K 家族的 FPGA 芯片 EP1K30TC144－3 中验证。

导线连接说明:

① 输入端口 clk 分配的引脚接实验箱上时钟分频器模块的 clk2 或 clk3 插孔,使 clk2 或 clk3 输出的频率大于等于 400 Hz(临界闪烁频率为 50 Hz,有 8 只数码管需要刷新,故刷新频率应大于 50 Hz×8＝400 Hz);

② 段控制输出端口 sg 分配的引脚接实验箱上 8 位 8 字形共阴极数码管区的 a,b,c,d,e,f,g 插孔;

③ 位控制输出端口 bt 分配的引脚接 16×16 点阵区的 sel0,sel1 和 sel2 插孔。

注:sel2sel1sel0＝000 时,最右边的一只数码管亮;sel2sel1sel0＝111 时,最左边的一只数码管亮。

硬件验证方法:

将上述代码下载编程到 CPLD 器件后,数码管区显示"93434080"。

9.2　矩阵式键盘接口电路的设计

9.2.1　键盘扫描与识别原理

1. 键盘的分类

键盘是最常见的计算机输入设备,它广泛应用于微型计算机和各种终端设备上。下面对键盘分类作一简单的介绍。

按键值编码方式可分为:(硬件)编码键盘与非(硬件)编码键盘。编码键盘采用专用的编码/译码器件,被按下的键由该器件译码输出相应的键码/键值。增加了硬件开销,但编程简单,适用于规模大的键盘。非编码键盘采用软件编码/译码的方式,通过扫描,对每个被按下的键判别输出相应的键码/键值。不增加硬件开销,编程灵活,适用于小规模的键盘,特别是单片机系统。但编程较复杂,占用 CPU 时间。

按键组合连接方式可分为:独立式键盘与矩阵式键盘。独立式键盘的每个键相互独立,如图 9－4 所示,各自与一条 I/O 线相连,通过直接读取该 I/O 线的高/低电平状态识别按键。一线一键,占 I/O 口线多,但按键识别(编程)简单,判键速度快,多用于设置控制键、功能键等键数少的场合。矩阵式键盘的键按矩阵排列,如图 9－5 所示,各键处于矩阵行/列的结点处,通过对连在行(列)的 I/O 线送已知电平的信号,然后读取列(行)线的状态信息。键多时占用 I/O 口线少,但判键速度慢,多用于设置数字键等键数多的场合。

第 9 章　电子电路的 VHDL 综合设计

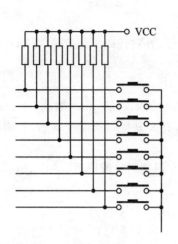

图 9-4　独立式按键结构图

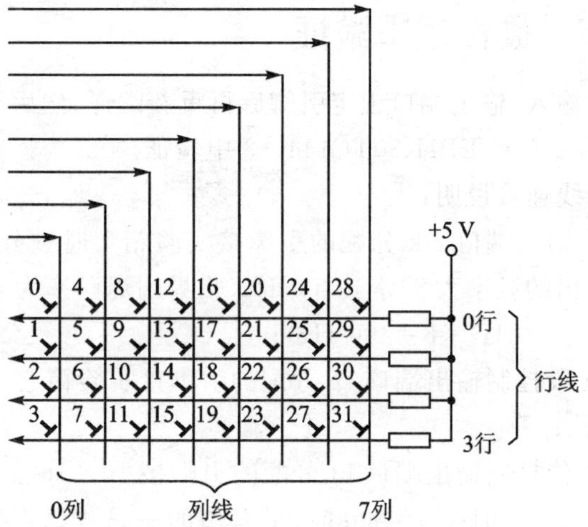

图 9-5　矩阵式按键结构图

2. 键盘扫描的基本原理

键盘的扫描要完成有无按键的识别及其求对应按键的键号。扫描过程包括以下步骤：

① 判别有无键按下。

② 去除键的机械抖动影响。机械按键输出的电压波形如图 9-6 所示，在按下键及其按键释放时出现了电压的高低波动，称为抖动，抖动时间一般为 5～10 ms，为了保证按下一次键只做一次响应处理，必须消除按键抖动影响。可以采用硬件或软件方案消除抖动影响。

硬件方案可以通过施密特或双稳态去抖电路（如图 9-7）所示。软件方案可以延时 10～20 ms 后再次判断。

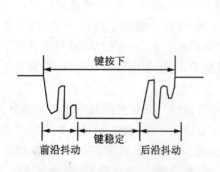

图 9-6　按键抖动波形图

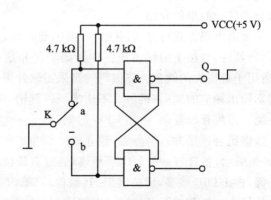

图 9-7　双稳态去抖电路图

③ 扫描获取闭合键的行、列值。
④ 根据行列值用计算法或查表法得到键值。
⑤ 判断闭合键是否释放,如没释放则继续等待。
⑥ 保存闭合键号。

3. 键盘扫描的方式

键盘扫描的方式有编程扫描方式、定时扫描方式和中断扫描方式 3 种。后两种一般是利用单片机来实现。定时扫描方式是通过设定单片机内部的定时器产生一定时间(例如 10 ms)的定时,当定时时间到就产生定时器溢出中断,CPU 响应中断后在中断服务程序中完成键盘的扫描功能。该方式的缺点是 CPU 工作效率仍不够高,因为定时时间到后,即使没有键按下,也要完成一次键盘的扫描。为进一步提高 CPU 工作效率,可采用中断扫描工作方式。即当无键按下时,CPU 处理自己的工作,当有键按下时,产生中断请求(需要增加一个与门电路),CPU 转去执行键盘扫描中断服务程序,并识别键号。

本实验项目采用编程扫描方式,针对图 9-5 所示的矩阵式按键结构,其原理如下:
先让第 0 列处于低电平,其余列处于高电平,检查是否有行线变低,若某一行变为低电平,则第 0 列与该行的交叉点处有按键按下;若所有的行都为高电平,则表示第 0 列无键按下;再让第 1 列处在低电平,其余列处于高电平,依此循环,这种方式称为键盘扫描。

键号=列首键号(0、4、8、12、16、20、24、28)+行号(0、1、2、3)

9.2.2 设计要求与设计思路

设计要求:完成 4×8 小键盘的识别,并将其中的 16 个键定义为数字键:0、1、2、…、A、B、…、F(其余的 16 个键可以定义为功能键),并将按下的这 16 个键的数字左移动显示在 8 位数码管上。

设计思路:要完成按键的识别和显示,除了需要 4×8 的矩阵键盘电缆外,还需要以下电路模块:① 时钟产生电路。该系统需要 3 种不同频率的时钟:系统时钟(它的频率最高,其他频率的时钟可以由它分频得到)、消除键盘抖动时钟以及键盘列扫描和 8 位七段数码管显示扫描共用的时钟。② 键盘扫描电路。该电路用来产生扫描键盘 8 列所需要的顺序变化的序列:000→001→010→011→100→101→110→111→000…,周而复始。当扫描信号为 000 时,经过 74LS138 译码后扫描的是键盘的第 1 列,并读取该列 4 行的状态,若有键按下,则停止列扫描并完成按键编码和移位存储;若该列没有键按下,则继续扫描下一列。③ 消除抖动电路。对机械式开关的按键,在按下和释放时会出现如图 9-6 所示的电压波形起伏的抖动现象,在灵敏度高(或扫描频率高)的电路,一次按键的动作可能会被误判成几次按键动作。为了解决这个问题,需要一个计数器,计数器的位数根据系统的时钟频率高低而定,每当识别到有键按下时,计数器就清 0,按键释放后计数器要在系统时钟的作用下计满溢出后,才认为是一次按键动作完成。

第9章 电子电路的 VHDL 综合设计

实验箱上 4×8 的键盘的定义如下：

0	1	2	3	MEM	ESC	4	5
6	7	REG	EXC	8	9	A	b
LAST	STEP	C	d	E	F	NEXT	ENTER
CRTL	空	空	空	空	SHIFT	没有	没有

按行的方向依次取 6 个位置键排成一行就是实验箱上键盘的实际布局，具体如下：

0	1	2	3	MEM	ESC
4	5	6	7	REG	EXC
8	9	A	b	LAST	STEP
C	d	E	F	NEXT	ENTER
CRTL	空	空	空	空	SHIFT

9.2.3 VHDL 代码设计

```
library ieee;
use ieee.std_logic_1164.all;
use ieee.std_logic_unsigned.all ;
entity keyboard is
    port (
    clk ,clr: in std_logic ;
    columndecode: out std_logic_vector (2 downto 0) ;
    --用于驱动 138 译码器选取 4×8 键盘的 8 条列线的输出端口
        inkeyrow: in std_logic_vector (3 downto 0) ;   --读取 4×8 键盘的 4 条行线的端口
        segout : out std_logic_vector (7 downto 0)     --输出字形端口,用于连接 7 段 led 的 a,b,c,d,
                                                         e,f,g 段
            );
end keyboard;

architecture doit of keyboard is
signal clkdiv_val: std_logic_vector(1 downto 0);
signal columnscan: std_logic_vector(2 downto 0);
signal counter: std_logic_vector(7 downto 0);
signal reg0,reg1,reg2,reg3,reg4,reg5,reg6,reg7: std_logic_vector(3 downto 0);
                                            --存放 0～F 的数字寄存器信号
signal num_encode: std_logic_vector(3 downto 0);
signal row_col_code: std_logic_vector(6 downto 0);
```

```vhdl
signal zx_reg0,zx_reg1,zx_reg2,zx_reg3,zx_reg4,zx_reg5,zx_reg6,zx_reg7:
         std_logic_vector(7 downto 0);     --存放字形码的寄存器信号
signal clk1,test,koff: std_logic;
component decode
  port(
    ssin : in  std_logic_vector(3 downto 0);
    ssout: out std_logic_vector(7 downto 0)
    );
end component;
begin
test<= inkeyrow(3) and inkeyrow(2) and inkeyrow(1) and inkeyrow(0);
P1: process(clr,clk)
 begin
    if(clr = '0') then
      clkdiv_val<= "00";                   --分频系数
    elsif(clk'event and clk = '1') then
      clkdiv_val<= clkdiv_val + 1;
    end if;
end process P1;
clk1<= '0' when clkdiv_val<= "01" else    --列扫描时钟 clk1 是 clk 的 4 次分频
      '1';

P2: process(clr,clk1,test)
 begin
    if(clr = '0') then
      columnscan<= "000";                  --列扫描信号为 0,停止扫描键盘,第一位数码管亮
    elsif(clk1'event and clk1 = '1') then
      if(test = '0') or (koff = '0') then
         columnscan<= columnscan;
                  --有键按下时,columnscan 值不变,停止扫描列,同时也停止扫描 8 位数码管
      else
         columnscan<= columnscan + 1;
                  --没有键按下时,columnscan 加 1 扫描下一列,同时也动态扫描 8 位数码管
      end if;
    end if;
end process P2;
columndecode<= columnscan;                 --信号 columnscan 送列译码输出端口 columndecode
row_col_code<= columnscan&inkeyrow;        --将按下键的列和行位置码并置起来
```

```vhdl
P3: process(clk,test)
    begin
    if(clk'event and clk = '0') then
        if(row_col_code = "0001110") then      --对行列位置码进行从 0,1,2,...,F 的编码
            num_encode <= x"0";
        elsif(row_col_code = "0011110") then
            num_encode <= x"1";
        elsif(row_col_code = "0101110") then
            num_encode <= x"2";
        elsif(row_col_code = "0111110") then
            num_encode <= x"3";
        elsif(row_col_code = "1101110") then
            num_encode <= x"4";
        elsif(row_col_code = "1111110") then
            num_encode <= x"5";
        elsif(row_col_code = "0001101") then
            num_encode <= x"6";
        elsif(row_col_code = "0011101") then
            num_encode <= x"7";
        elsif(row_col_code = "1001101") then
            num_encode <= x"8";
        elsif(row_col_code = "1011101") then
            num_encode <= x"9";
        elsif(row_col_code = "1101101") then
            num_encode <= x"a";
        elsif(row_col_code = "1111101") then
            num_encode <= x"b";
        elsif(row_col_code = "0101011") then
            num_encode <= x"c";
        elsif(row_col_code = "0111011") then
            num_encode <= x"d";
        elsif(row_col_code = "1001011") then
            num_encode <= x"e";
        elsif(row_col_code = "1011011") then
            num_encode <= x"f";
        elsif(test = '0') then
            num_encode <= x"f";
        end if;
    end if;
```

```vhdl
    end process P3;

P4: process(test,clk,clr)                   --防止按键抖动的进程
  begin
    if(clr = '0') then
      counter <= "00000000";                --清0输入端clr为有效电平0时,信号counter清0
      koff <= '1';
    elsif(clk'event and clk = '1') then
      if(test = '0') then
        counter <= "00000000";              --有键按下时,信号(或称计数器)counter清0
        koff <= '0';                        --按键断开标志,koff = 0表示按键没有断开
      elsif(counter < "11111110") then      --按键释放后,若counter<254,则counter加1
        counter <= counter + 1;
      elsif(counter = "11111110") then
        koff <= '1';                        --counter = 254时,koff = 1表示按键已经断开或释放
      end if;
    end if;
end process P4;

P5: process(koff,clr)
  begin
    if(clr = '0') then                      --clr = 0时寄存器全部清0
      reg0 <= "0000";
      reg1 <= "0000";
      reg2 <= "0000";
      reg3 <= "0000";
      reg4 <= "0000";
      reg5 <= "0000";
      reg6 <= "0000";
      reg7 <= "0000";
    elsif(koff'event and koff = '1') then
      reg0 <= num_encode;                   --koff从0变到1,说明有键按下并释放,读取该次按键并左移显示
      reg1 <= reg0;
      reg2 <= reg1;
      reg3 <= reg2;
      reg4 <= reg3;
      reg5 <= reg4;
      reg6 <= reg5;
      reg7 <= reg6;
```

```vhdl
        end if;
    end process P5;
--数字寄存器信号regi与字形译码器输入端口相连,字形码器输出端口与信号zx_regi相连
    U1: decode port map(ssin => reg0, ssout => zx_reg0);
    U2: decode port map(ssin => reg1, ssout => zx_reg1);
    U3: decode port map(ssin => reg2, ssout => zx_reg2);
    U4: decode port map(ssin => reg3, ssout => zx_reg3);
    U5: decode port map(ssin => reg4, ssout => zx_reg4);
    U6: decode port map(ssin => reg5, ssout => zx_reg5);
    U7: decode port map(ssin => reg6, ssout => zx_reg6);
    U8: decode port map(ssin => reg7, ssout => zx_reg7);

    segout<= zx_reg0 when columnscan = "000" else --字形码寄存器信号送segout端口
             zx_reg1 when columnscan = "001" else
             zx_reg2 when columnscan = "010" else
             zx_reg3 when columnscan = "011" else
             zx_reg4 when columnscan = "100" else
             zx_reg5 when columnscan = "101" else
             zx_reg6 when columnscan = "110" else
             zx_reg7 when columnscan = "111" else
             x"00";
end doit;
--数字编码到字形编码的译码模块
library ieee;
use ieee.std_logic_1164.all;
use ieee.std_logic_unsigned.all ;
entity decode is
port(
    ssin : in  std_logic_vector(3 downto 0);
    ssout: out std_logic_vector(7 downto 0)
    );
end decode;
architecture a of decode is
begin
ssout<= x"3f" when ssin = "0000" else        --将数字编码译码成共阴极字形码
        x"06" when ssin = "0001" else
        x"5b" when ssin = "0010" else
        x"4f" when ssin = "0011" else
        x"66" when ssin = "0100" else
```

```
            x"6d" when ssin = "0101" else
            x"7d" when ssin = "0110" else
            x"07" when ssin = "0111" else
            x"7f" when ssin = "1000" else
            x"6f" when ssin = "1001" else
            x"77" when ssin = "1010" else
            x"7c" when ssin = "1011" else
            x"39" when ssin = "1100" else
            x"5e" when ssin = "1101" else
            x"79" when ssin = "1110" else
            x"71" when ssin = "1111" else
            x"00";
    end a;
```

9.2.4 时序仿真

仿真结束时间设定为 50 ms，clk 的时钟周期设定为 50 μs，占空比 50%。先在整个仿真时间内，将 inkeyrow 的值设定为 1111，然后再选定一部分时间段如 10~22.8 ms，将该段 inkeyrow 的值修改成 1101，如图 9-8 所示。仿真后的波形图如图 9-9 所示，从图中可以看出，当 inkeyrow 由 1101 变为 1111 的时刻为 22.8 ms，再经过 254 个防止抖动的时钟即 254×0.05 ms=12.7 ms 之后，也就是在 35.5 ms 时刻，读入该按键位置码：列码为 000，行码为 1101，由上面的代码可知位置被定义成数字键"6"，而 6 的共阴极字形码 01111101B＝0x7d。通过仿真可知该代码正确无误。

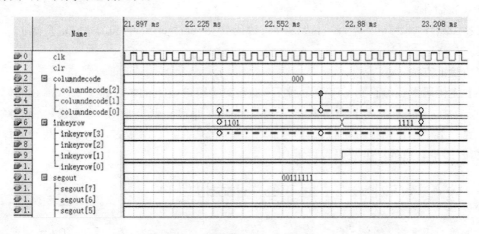

图 9-8 仿真前的波形设置图

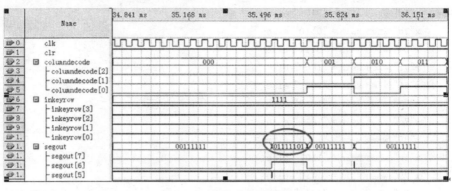

图 9-9 仿真后的波形图

9.2.5 硬件逻辑验证

对输入/输出端口锁定引脚后再重新编译,然后连接导线,并下载代码。

导线连接说明:

① 输入端口 clk 分配的引脚接实验箱上时钟分频器模块的 clk2 插孔;

② 输入端口 clr 分配的引脚接实验箱上拨码开关输出插孔;

③ 输入端口 inkeyrow 分配的引脚接实验箱上矩阵键盘的行线插孔 KIN0,KIN1,KIN2,KIN3;

④ 段控制输出端口 segout 分配的引脚接实验箱上 8 位 8 字形共阴极数码管区的 a,b,c,d,e,f,g 插孔;

⑤ 键盘列译码输出端口 columndecode 分配的引脚接实验箱上 16×16 点阵区的 sel0,sel1 和 sel2 插孔。

注:sel2sel1sel0=000 时,最右边的一只数码管亮;sel2sel1sel0=111 时,最左边的一只数码管亮。

硬件验证方法:

将上述代码下载编程到 CPLD 器件后,按下实验箱键盘上的数字键 0~F,则在数码管上左移动显示按下的键值。当 clr 连接的开关拨向下方即输出低电平时,熄灭数码管已经显示的数字键。由于停止扫描时,列扫描信号 columnscan<=000,即最右边的一个数码管译码仍然有效,因而最右边的一个数码管显示 0。

9.3 16×16 点阵汉字显示控制器的设计

9.3.1 点阵字符产生及显示原理

点阵就是一个一个的点组成的阵列,通过点亮不同的点显示不同的内容。显然,要显示汉字、字符及数字,首先要得到对应的点阵码,这可以通过现有的字模提取软件很方便地得到对应的点阵码。这样的字模提取软件有很多,图9-10就是从网上下载的畔畔16×16字模提取软件。只要在该软件界面的【右旋90度(R)】按钮左边的输入框内输入汉字、字符或数字,然后选择字模的取模顺序以及显示结果的模式(ASM形式以十六进制H结尾,而C51形式以十六进制0x开头),最后单击【提取字模(O)】按钮,即可在最下面的栏中显示出字模提取的结果。比如在输入框中输入汉字"曲",字模提取的顺序选择ABCD项即为:横向从左至右。为了得到汉字列方向的编码,可以将汉字右旋90度,则旋转后汉字的横向编码即为汉字的纵向从下至上的编码。单击【右旋90度】按钮,然后再单击【提取字模】按钮,则在最下面的栏中以字节形式显示出了字幕提取后的结果。

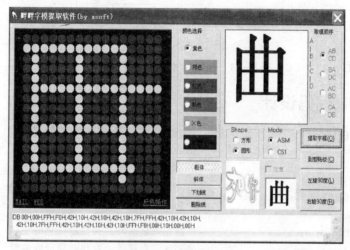

图9-10 畔畔16×16字模提取软件界面图

扫描16×16点阵的工作原理同8位扫描数码管的原理类似。也可分为静态显示和动态显示。对于静态显示,则要求16列(行)的每一列(行)都要有1个数据锁存器,硬件电路比较复杂。而动态显示则需要1个16位的数据锁存器用于驱动列(行)方向的16个点,由4-16的译码器选定某一列(行)有效。比如先输出第0列的点阵码并让第0列有效,则第0列的某些点被点亮,持续一段时间后熄灭该列所有的点,然后再点亮第1列,只要按列(行)的方向扫描速度足够快,由于人眼睛视觉暂留的作用,点阵显示的汉字看起来就没有闪烁,好像是静止的。

9.3.2 设计思路

将要显示的字符串,通过字模提前软件按列的方向从下至上提取16×16点阵字模,按照下高位上低位从下至上、从左至右排列字节,并将这些点阵码存储到配置的RAM中。通过设计一个扫描控制模块对16×16点阵的16列进行列扫描,并不断地进行刷新,每当更新扫描的

第9章 电子电路的 VHDL 综合设计

列时,控制器也对 RAM 的地址加 1 以取出存储在 RAM 中的对应列码送往 16×16 的 16 根行线,为了能实现汉字的动态显示,可以设置一个列的基地址,RAM 的地址等于列的基地址加 0~15 的偏移地址。16×16 点阵控制器原理如图 9-11 所示。

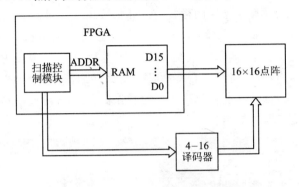

图 9-11 16×16 点阵控制器原理图

9.3.3 VHDL 代码设计

下面的代码在 16×16 点阵模块上显示"曲阜师范大学信传学院"

```
library ieee;
use ieee.std_logic_1164.all;
use ieee.std_logic_unsigned.all;
entity dianzhen is port
 (On_Off: in std_logic;              --控制点阵显示器是否显示汉字的端口
  Left_right: in std_logic;           --控制汉字左移动或右移动显示的端口
  jmp_disp: in std_logic;             --控制汉字跳动显示的端口
                                      --即汉字突然出现一段时间后又突然熄灭的方式
  HZDispSpeedCLK: in std_logic;       --控制汉字显示快慢的时钟
  Scan16ColumnCLK: in std_logic;      --用于动态扫描点阵显示器 16 列的时钟
                                      --该时钟的频率应该比汉字的显示时钟快的多
  sel: out std_logic_vector(3 downto 0);  --该端口端口连接至 4-16 译码器的输入端
                                      --译码器的输出 Y0~Y15 硬件电路分别接至点阵显示器的 16 列
                                      --其中点阵显示器最右边的列是第 0 列,最左边的列是 15 列
  L15_0: out std_logic_vector(15 downto 0));--用来连接点阵显示器的 16 根行信号
                                      --从上到下依次为 L0 行至 L15 行
end;
architecture arc_dianzhen of dianzhen is
signal din:  std_logic_vector(7 downto 0);
signal dout: std_logic_vector(15 downto 0);
```

```vhdl
signal a,b: std_logic_vector(7 downto 0);
begin
process(HZDispSpeedCLK,On_Off,jmp_disp,Left_right)
    begin
      if(On_Off = '1')then              --On_Off = '1' 点阵显示器不显示字符
         if(Left_right = '0')then
            b<= "11110001";             --指向起始位置 b = -15
                                        --a 从 0000 变化到 1111 时向下滑动一个包含 16 列的窗口
         else                           --Left_right = '1'
            b<= "10100000";
--指向最后一个字的第 16 列的下一位置,以便最后一个汉字左移动全部显示完
--再向下滑动一个 16 列窗口,则执行 when others = >dout< = x"0000";不显示汉字
         end if;
      elsif(HZDispSpeedCLK'event and HZDispSpeedCLK = '1')then
          if(jmp_disp = '0'and Left_right = '0')then
                     --jmp_disp = '0' 表示不跳动显示字符,Left_right = '0' 表示字符左移动显示
             if(b = "10100000")then
                b<= "11110001";--b = -15,b + "00001111" = "00000000"
             else
                b<= b + 1;
             end if;
          elsif(jmp_disp = '0'and Left_right = '1')then
                     --jmp_disp = '0' 表示不跳动显示字符,Left_right = '1' 表示字符右移动显示
             if(b = "11110001")then
                b<= "10100000";
             else
                b<= b - 1;
             end if;
          else              --jmp_disp = '1' 时,不管 Left_right = '1' 或 '0',都逐个字符跳动着显示
             if(b = "10100000")then
                b<= "00000000";
             else
                b<= (b and "11110000") + 16;
--字符在左移或右移动显示时,若 jmp_disp = '1',则可能会出现一块点阵显示器上
--不能完全显示一个字符,而是显示着前一个字符的右半部分和后一个字符的
--左半部分。为了让 b 指向一个字符的起始位置,可以屏蔽掉 b 的低 4 位(一个汉字占 16 列)
             end if;
          end if;
      end if;
end if;
```

```vhdl
            end process;
   process(Scan16ColumnCLK,On_Off)
      begin
      if(On_Off = '1' )then
         a<= "00000000";
      elsif(Scan16ColumnCLK'event and Scan16ColumnCLK = '1')then
            if(a = "00001111")then                          --a用来扫描点阵显示器的16列
               a<= "00000000";
            else
               a<= a + 1;
            end if;
      end if;
   end process;
   din<= a + b;
process(din,On_Off)
begin
if(On_Off = '0')then
case din is
   when"00000000" => dout<= x"0000"; --1
   when"00000001" => dout<= x"fff0"; --2
   when"00000010" => dout<= x"4210"; --3
   when"00000011" => dout<= x"4210"; --4
   when"00000100" => dout<= x"4210"; --5
   when"00000101" => dout<= x"7fff"; --6
   when"00000110" => dout<= x"4210"; --7     曲
   when"00000111" => dout<= x"4210"; --8
   when"00001000" => dout<= x"4210"; --9
   when"00001001" => dout<= x"7fff"; --10
   when"00001010" => dout<= x"4210"; --11
   when"00001011" => dout<= x"4210"; --12
   when"00001100" => dout<= x"4210"; --13
   when"00001101" => dout<= x"fff8"; --14
   when"00001110" => dout<= x"0010"; --15
   when"00001111" => dout<= x"0000"; --16

   when"00010000" => dout<= x"1000"; --1
   when"00010001" => dout<= x"1000"; --2
   when"00010010" => dout<= x"1000"; --3
   when"00010011" => dout<= x"17FC"; --4
```

when"00010100" => dout <= x"1254"; --5
when"00010101" => dout <= x"1254"; --6
when"00010110" => dout <= x"1256"; --7
when"00010111" => dout <= x"FE55"; --8
when"00011000" => dout <= x"1254"; --9
when"00011001" => dout <= x"1254"; --10
when"00011010" => dout <= x"1254"; --11
when"00011011" => dout <= x"13DE"; --12
when"00011100" => dout <= x"1004"; --13
when"00011101" => dout <= x"1800"; --14
when"00011110" => dout <= x"1000"; --15
when"00011111" => dout <= x"0000"; --16

when"00100000" => dout <= x"0000"; --1
when"00100001" => dout <= x"8FFC"; --2
when"00100010" => dout <= x"4000"; --3
when"00100011" => dout <= x"3000"; --4
when"00100100" => dout <= x"0FFF"; --5
when"00100101" => dout <= x"0000"; --6
when"00100110" => dout <= x"0002"; --7
when"00100111" => dout <= x"3FF2"; --8
when"00101000" => dout <= x"0012"; --9
when"00101001" => dout <= x"0012"; --10
when"00101010" => dout <= x"FFFE"; --11
when"00101011" => dout <= x"1012"; --12
when"00101100" => dout <= x"2012"; --13
when"00101101" => dout <= x"1FFB"; --14
when"00101110" => dout <= x"0012"; --15
when"00101111" => dout <= x"0000"; --16

when"00110000" => dout <= x"0404"; --1
when"00110001" => dout <= x"0444"; --2
when"00110010" => dout <= x"FD94"; --3
when"00110011" => dout <= x"0424"; --4
when"00110100" => dout <= x"026F"; --5
when"00110101" => dout <= x"0004"; --6
when"00110110" => dout <= x"3FE4"; --7
when"00110111" => dout <= x"4024"; --8
when"00111000" => dout <= x"4024"; --9

```vhdl
when"00111001" => dout <= x"4224"; --10
when"00111010" => dout <= x"442F"; --11
when"00111011" => dout <= x"43F4"; --12
when"00111100" => dout <= x"4024"; --13
when"00111101" => dout <= x"4006"; --14
when"00111110" => dout <= x"7004"; --15
when"00111111" => dout <= x"0000"; --16

when"01000000" => dout <= x"0020"; --1
when"01000001" => dout <= x"4020"; --2
when"01000010" => dout <= x"4020"; --3
when"01000011" => dout <= x"2020"; --4
when"01000100" => dout <= x"1020"; --5
when"01000101" => dout <= x"0C20"; --6
when"01000110" => dout <= x"03A0"; --7
when"01000111" => dout <= x"007F"; --8      大
when"01001000" => dout <= x"01A0"; --9
when"01001001" => dout <= x"0620"; --10
when"01001010" => dout <= x"0820"; --11
when"01001011" => dout <= x"1020"; --12
when"01001100" => dout <= x"2020"; --13
when"01001101" => dout <= x"6030"; --14
when"01001110" => dout <= x"2020"; --15
when"01001111" => dout <= x"0000"; --16

when"01010000" => dout <= x"0440"; --1
when"01010001" => dout <= x"0430"; --2
when"01010010" => dout <= x"0411"; --3
when"01010011" => dout <= x"0496"; --4
when"01010100" => dout <= x"0490"; --5
when"01010101" => dout <= x"4490"; --6
when"01010110" => dout <= x"8491"; --7
when"01010111" => dout <= x"7E96"; --8      学
when"01011000" => dout <= x"0690"; --9
when"01011001" => dout <= x"0590"; --10
when"01011010" => dout <= x"0498"; --11
when"01011011" => dout <= x"0414"; --12
when"01011100" => dout <= x"0413"; --13
when"01011101" => dout <= x"0650"; --14
```

```
           when"01011110" = >dout< = x"0430"; --15
           when"01011111" = >dout< = x"0000"; --16
                :
                : --代码太长,这部分省略
           when"10010000" = >dout< = x"0000"; --1
           when"10010001" = >dout< = x"FFFE"; --2
           when"10010010" = >dout< = x"0422"; --3
           when"10010011" = >dout< = x"085A"; --4
           when"10010100" = >dout< = x"8796"; --5
           when"10010101" = >dout< = x"810C"; --6
           when"10010110" = >dout< = x"4124"; --7
           when"10010111" = >dout< = x"3124"; --8    院
           when"10011000" = >dout< = x"0F25"; --9
           when"10011001" = >dout< = x"0126"; --10
           when"10011010" = >dout< = x"3F24"; --11
           when"10011011" = >dout< = x"4134"; --12
           when"10011100" = >dout< = x"41A4"; --13
           when"10011101" = >dout< = x"4114"; --14
           when"10011110" = >dout< = x"700C"; --15
           when"10011111" = >dout< = x"0000"; --16
           when others = >dout< = x"0000";
        end case;
     end if;
  end process;
  sel< = not(a(3)&a(2)&a(1)&a(0));--a 的低 4 位为 0000 时,查表是汉字 16×16 的第一列编码(左边为
第一列)
  --要送往点阵显示器的最左边的一列,即点阵器的第 15 列,因而前面要加 not
  L15_0< = dout;              --送行信号
  end arc_dianzhen;
```

9.3.4 时序仿真

仿真结束时间设置为 20 ms,Grid Size 的值使用默认的 10 ns,汉字移动扫描时钟 HZDispSpeedCLK 设置为 1 ms,点阵的列扫描时钟 Scan16ColumnCLK 设置为 1 μs,显示控制开关 On_Off=0,即显示字符,设置输入端口 jmp_disp=1,汉字按照跳动显示,仿真后的波形如图 9-12 所示。

在图 9-12 中,HZDispSpeedCLK 在 500 μs 处(图中圆形虚线所示)从 0 变化到 1 的上升沿到来后,在输出端口 L15_0 开始输出"曲阜师范大学信传学院"中的第一个字"曲"的点阵码,即 0x0000,0xfff0,0x4210…,见图中矩形虚线所示的二进制数,也可以将 L15_0 以十六进

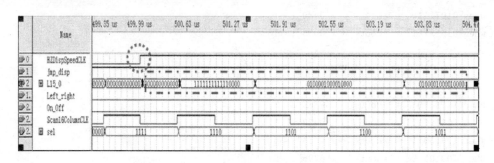

图 9-12　汉字点阵仿真波形图

制的形式显示，方法是，在图 9-12 中的 Name 栏右键单击 L15_0，在弹出的菜单中选择 Properties，在随后弹出的 Node properties 对话框中的 Radix 右边的下拉菜单中选择 Hexadecimal 即可。

9.3.5　硬件逻辑验证

对输入/输出端口锁定引脚后再重新编译，然后连接导线，并下载代码。

导线连接说明：

① 输入端口 On_Off 分配的引脚接实验箱上拨码开关输出插孔。

② 输入端口 Left_right 分配的引脚接实验箱上拨码开关输出插孔。

③ 输入端口 jmp_disp 分配的引脚接实验箱上拨码开关输出插孔。

④ 为输入端口 HZDispSpeedCLK 分配的引脚接实验箱上时钟分频器模块的 clk5 插孔。控制汉字显示快慢的时钟 HZDispSpeedCLK 可以选择 2.4 Hz，这个频率左移动、或右移动、或跳到显示汉字的速度比较适中。对实验箱的 20 MHz 的晶振进行 $8\times16\times16\times16\times16\times16$ 次的分频，得出的频率约为 2.38 Hz。clk5 插座的跳线处在 1/8 的位置上，F_SEL1 至 F_SEL5 的跳线都处在 1/16 位置上即可得到该频率。

⑤ 动态扫描点阵显示器 16 列的输入端口 Scan16ColumnCLK 分配的引脚接实验箱上时钟分频器模块的 clk3 插孔。clk3 插座跳线处在 1/4，F_SEL1 至 F_SEL3 的跳线都处在 1/16 位置上，clk3 输出的频率即为 20 MHz/4/16/16/16＝1 220 Hz（点阵列扫描的频率至少应该大于 50 Hz×16 列＝800 Hz）。

⑥ 列译码输出端口 sel 分配的引脚接实验箱上 16×16 点阵区的 sel0～sel3。

注：sel3sel2sel1sel0＝0000 时，最右边列（第 0 列）有效；sel3sel2sel1sel0＝1111 时，最左边列（第 15 列）有效。

⑦ 为输出端口 L15_0 分配的引脚接实验箱上 16×16 点阵区的 16 个行插孔 L0～L15（从上到下依次为 L0～L15 行）。

硬件验证方法：

On_Off 连接的开关拨向高电平时,点阵显示器不显示字符;拨向低电平时,显示字符串"曲阜师范大学信传学院"。当 jmp_disp 连接的开关拨向低电平时,若 Left_righ 拨向低电平,则点阵显示器上左移动显示该字符串;若 Left_right 拨向高电平,则右移动显示该字符串。jmp_disp 连接的开关拨向高电平时,汉字跳动着显示该字符串,而不再受 Left_righ 高低电平的控制。

9.4 液晶控制器的设计

9.4.1 OCMJ(128×32)中文液晶显示器简介

OCMJ(128×32)中文液晶显示器内含 GB2312 16×16 点阵国标一级简体汉字和 ASCII 8×8(半高即 8 行 8 列)及 ASCII 8×16(全高即 8 行 16 列)点阵英文字库,用户只需输入汉字的区位码或 ASCII 码即可实现文本显示。

OCMJ(128×32)中文液晶显示器也可作为一般的点阵图形显示器之用。提供有位点阵和字节点阵两种图形显示功能,用户可在指定的屏幕位置上以点为单位或以字节为单位进行图形显示,还可以通过字节点阵图形方式造字,完全兼容一般的点阵模块。

该液晶模块具有上/下/左/右移动当前显示屏幕及清除屏幕的命令。一改传统使用大量的设置命令进行初始化的方法,该液晶模块所有的设置初始化工作都是在上电时自动完成的,实现了"即插即用"。同时保留了一条专用的复位线供用户选择使用,可对工作中的模块进行软件或硬件强制复位。用户接口命令代码只有 10 个,比较容易记忆。该液晶模块只有 14 个引脚如表 9-1 所列。

表 9-1 OCMJ(128×32)引脚说明

引脚	名称	方向	说明	引脚	名称	方向	说明
1	V+	输入	背光源正极(+5 V)	8	DB1	输入	数据 1
2	V-	输入	背光源负极(0 V)	9	DB2	输入	数据 2
3	VSS	输入	地	10	DB3	输入	数据 3
4	VDD	输入	+5 V	11	DB4	输入	数据 4
5	REQ	输入	请求信号 高电平有效	12	DB5	输入	数据 5
6	BUSY	输出	应答信号 1:已收到数据并正在处理 0:模块空闲可接收数据	13	DB6	输入	数据 6
7	DB0	输入	数据 0	14	DB7	输入	数据 7

1. 硬件接口协议

标准用户硬件接口采用 REQ/BUSY 握手协议。应答 BUSY 高电平(BUSY=1)表示 OCMJ 忙于内部处理,不能接收用户命令;BUSY 低电平(BUSY=0),表示 OCMJ 空闲,等待接收用户命令。发送命令到 OCMJ 可在 BUSY=0 后的任意时刻开始,先把用户命令的当前字节放到数据线上,接着发高电平 REQ 信号(REQ=1),通知 OCMJ 请求处理当前数据线的命令或数据。OCMJ 模块在收到外部的 REQ 高电平信号后立即读取数据线上的命令或数据,同时将应答信号 BUSY 变为高电平,表明模块已收到数据并正在忙于对此数据的内部处理。此时,用户对模块的写操作已经完成,用户可以更新数据线上的数据了。然后不断查询应答线 BUSY 是否为低(BUSY=0?),如果 BUSY=0,则表明模块对用户的写操作已经执行完毕,可以再一次发请求信号了(REQ=1)。例如,向模块发出一个完整的显示汉字的命令,包括坐标及汉字代码在内共需要 5 字节。模块在接收到最后 1 字节后才开始执行整个命令的内部操作,因此,最后 1 字节的应答 BUSY 高电平(BUSY=1)持续时间较长,时序图如图 9-13 所示。

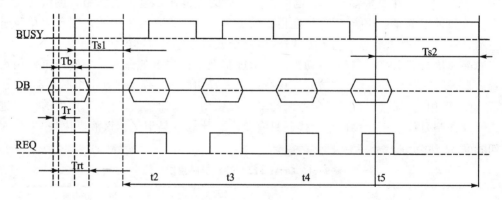

图 9-13 OCMJ 液晶模块写汉字时序图

图 9-13 中详细的时间参数值如表 9-2 所列。

表 9-2 模块时间参数表

编号	名称	单位	最大值	最小值	说明
1	Tr	μs	0.4	--	数据线上数据稳定时间
2	Tb	μs	2	20	最大模块响应时间
3	Trt	μs	11	--	最小 REQ 保持时间
4	Ts1	μs	20	45	最大数据接收时间
5	Ts2	ms	--	0.1~30*	最大命令指令处理时间

*:不同命令所占用的时间各不相同。

2. 用户命令

用户通过用户命令调用 OCMJ(128×32)液晶模块的各种功能。命令分为操作码和操作数两部分,操作码只有一个而操作数可以有 2、3 或 4 个,操作码和操作数都占 1 字节。用户可以调用的命令分为字符显示命令、图形显示命令及屏幕控制命令等 3 大类,共有 10 条命令,下面分别叙述。

(1) 显示 16×16 的国标汉字

命令格式:F0　XX　YY　QQ　WW

其中,F0 表示该命令的操作码,XX 是以 16×16 点阵或以汉字为单位的屏幕行坐标值,YY 是以 16×16 点阵或以汉字为单位的屏幕列坐标值。由于国标汉字是以 16×16 点阵显示的,故对 OCMJ(128×32)液晶模块一行只能显示 128/16=8 个汉字,只能显示 32/16=2 行汉字,所以 XX 的取值是 00～07,而 YY 的取值是 00～01。QQ 和 WW 是在以汉字为单位的坐标(XX,YY)位置上要显示的 GB2312 汉字区位码(可以下载一个查询汉字区位码的软件或者使用在线的查询工具查询,例如,江苏财经信息网提供的在线汉字区位码查询系统 http://www.jscj.com/index/gb2312.php,再如江西理工大学学生门户网站提供的查询系统 http://www.jxust.com/chaxun/quweima.php 等查询汉字区位码)。

(2) 显示 8×8 ASCII(半高)字符

命令格式:F1　XX　YY　ASCII

其中,F1 表示该命令的操作码,XX 是以 8×8 点阵或以 ASCII 码为单位的屏幕行坐标值,取值范围 00～0F(一行可以容纳 128/8=16 个 ASCII 码,字符宽度在横向占用的坐标范围是 XX×8～XX×8+7)。YY 是指一个字符的最上边缘线所在的列坐标值,取值范围为 00H～18H,典型取值为 00H、08H、10H、18H,代表显示 4 行 ASCII 码条形块的最上面一条点阵线的列坐标的值。若 YY 取值大于 18H,显示屏最下面一行显示的字符将不完整,即只能显示字符的上半部分,而下半部分将不能显示。ASCII 代表要显示的 ASCII 字符码。

(3) 显示 8×16 ASCII(全高)字符

命令格式:F9　XX　YY　ASCII

其中,F9 表示该命令的操作码,XX 是以 ASCII 码为单位的屏幕行坐标值,取值范围 00～0F,YY 是指一个字符的最上边缘线所在的列坐标值,取值范围为 00H～10H,典型取值为 00H 和 10H。ASCII 代表要显示的 ASCII 字符码。

(4) 显示位点阵命令

命令格式:F2　XX　YY

其中,F2 表示该命令的操作码,XX 为以 1×1 点阵为单位的屏幕行坐标值,取值范围 00～7F,YY 为以 1×1 点阵为单位的屏幕列坐标值,取值范围 00～1F。

(5) 显示字节点阵命令

命令格式:F3　XX　YY　Byte

其中,F3 表示该命令的操作码,XX 为以 1×8 点阵为单位的屏幕行坐标值,取值范围 00~0F,YY 为以 1×1 点阵为单位的屏幕列坐标值,取值范围 00~1F。Byte 是字节像素值,只取两个值,Byte=0 时,显示白点;Byte=1 时,显示黑点(显示字节为横向)。

(6) 清屏命令

命令格式:F4。该命令为单字节命令,其功能为将屏幕清空。

(7) 上移命令

命令格式:F5。该命令为单字节命令,其功能为将屏幕向上移动一个点阵行。

(8) 下移命令

命令格式:F6。该命令为单字节命令,其功能为将屏幕向下移动一个点阵行。

(9) 左移命令

命令格式:F7。该命令为单字节命令,其功能为将屏幕向左移动一个点阵行。

(10) 右移命令

命令格式:F8。该命令为单字节命令,其功能为将屏幕向右移动一个点阵行。

3. 其他说明

(1) 复 位

OCMJ(128×32)中文液晶模块复位是在上电时自动完成的,因此,在大多数情况下,复位端可经一电阻接在电源上。在确实需要复位操作的应用中,将该线拉低(RES=0)并保持 15 μs 以上即可使模块复位。正常的复位功能包括清屏在内,占用时间不大于 15 ms,用户在此期间应禁止对模块进行操作,以免数据丢失,复位后的操作应在确保 BUSY=0 之后开始。

(2) 背 光

模块电源 VDD 和 LED 背光电源最好取两组电源分开供电,以免背光源功耗相对过大而影响模块显示。另外,V+/V− 为背光源引脚,在模块背面,PCB 板上的电路连接线途经两焊盘(断开),是空开两个贴片电阻位置,由用户接上相应的电阻调整 LED 背光亮度,电阻阻值为 10~30 Ω。

9.4.2 设计要求与设计思路

设计要求:用 VHDL 语言设计一个控制器,在 OCMJ(128×32)显示屏上显示信息串"曲阜师范大学信传学院电子技术 EDA 实验欢迎你! wxinshui@126.com",一屏幕显示不完可以通过设置一个开关控制分两屏幕显示。

设计思路:在了解了向 OCMJ(128×32)液晶模块写数据的时序和操作命令后,设计该控制器就很容易了。首先,应得到信息串中的汉字区位码和字符的 ASCII 码,并确定其对应的屏幕坐标位置。将写汉字或字符的命令字节依次排好,这些大量的数据可以用前面学到的知识定制到 ROM 中,通过地址线访问对应单元的内容或者定义到数组当中通过查表得到数据,本设计实例采用后者。设定一个开关,开关输入为低电平时,显示第一屏信息串"曲阜师范大学信传学院电子技术";开关输入为高电平时,显示第二屏信息串"EDA 实验欢迎你！wxin-shui@126.com"

9.4.3　VHDL 代码设计

建立工程名为 lcdcontrol 并将 lcdcontrol.vhd 和 rom.vhd 加入该工程编译即可。lcdcontrol.vhd 文件代码如下：

```
library ieee;
use ieee.std_logic_1164.all;
use ieee.std_logic_unsigned.all;
use ieee.std_logic_arith.all;
use work.rom.all;--打开用户使用 rom.vhd 文件生成的 rom 包
entity lcdcontrol is
    port(clr,clk,BUSY,nextscreen: IN std_logic;
         stobe : out std_logic;--输出端口 stobe 连接到液晶模块的 req 输入口
         data: out std_logic_vector(7 downto 0));
end lcdcontrol;
architecture doit of lcdcontrol is
signal addr: std_logic_vector(7 downto 0);
begin

P1: process(clr,busy,nextscreen)
  begin
    if(clr = '0') then
        addr<= "11111111";
--在 clr = 0 时,虽然 addr = "11111111",但不可能将"11111111"单元的内容显示
--通过 data<= rom(CONV_INTEGER (addr))输出,因为只要 clr = 0,stobe 就为 0
--busy 就不可能从 0 变 1,也就不会有执行 data<= rom(CONV_INTEGER (addr))
--语句所需要的条件即 busy 从 1 变为 0。故在 clr 刚变为 1 时,busy 等于 0,
--此时 stobe 变为 1,送出的数据也并非"11111111"单元的内容,
--而是 Quartus Ⅱ 编译时,对 data 端口强制设定的低电平
    elsif(busy'event and busy = '0') then --busy 从 1 变为 0,即下降沿出现时表示液晶
                --模块处于空闲,此时可以向液晶控制器输出下一个数据
    --注意:不能是 busy = 0,必须是下降沿出现,否则在 busy 为低电平期间会一直输出数据
        data<= rom(conv_integer (addr));   --将对应地址单元的数据输出
    elsif(busy'event and busy = '1')then
--nextscreen = '0' 表示在 128×32 的液晶显示器上显示第一屏信息
--信息的内容为"曲阜师范大学信传学院电子技术"
--该信息占用 0~70 号单元共计 71 个单元(见 rom.vhd 文件)
```

第9章 电子电路的 VHDL 综合设计

```
                --故 addr = "01000110" = 70,应该停止地址单元加 1
            if(nextscreen = '0')then
                if(addr = "01000110") then
                    addr< = addr;                            --地址单元停止加 1
                else
                    addr< = addr + 1;
                end if;
     --nextscreen = '1' 显示第二屏信息"EDA 实验欢迎你！（第一行）wxinshui@126.com（第二行）"
     --该串信息占用 1(清屏命令) + 20×4(20 个 ASCII 码) + 5×5(5 个汉字)
     --共计 106 个单元,占用接下来的 71～176 号单元,总共 177 个单元
     --故 addr = "10110000" = 176,应该停止地址单元加 1
                else      --(nextscreen = '1')
                    if(addr = "10110000") then
                        addr< = addr;                        --地址单元停止加 1
                    else
                        addr< = addr + 1;
                    end if;
                end if;
            end if;
end process P1;
```

rom.vhd 文件代码如下：

```
library ieee;
use ieee.std_logic_1164.all;
package rom is
    constant rom_width: natural : = 8;
    constant rom_length: natural : = 256;--数组的长度为 256
    subtype rom_word is std_logic_vector(rom_width - 1 downto 0);
    type rom_table is array ( 0 to rom_length - 1) of rom_word;
    constant rom: rom_table : = rom_table '(
 --rom_table'( )中的括号左上方的 ' 表示数组元素的属性,属性值为 rom_table,再如 signed'("1011")
代表 - 5
"11110100",--清屏命令 F4H
       --显示国标汉字命令,命令格式:F0 XX YY QQ WW
"11110000","00000001","00000000","00100111","01011010",
--"曲"的区位码为 3990,XX = "00000001",YY = "00000000"
--表示在第 1 列第 0 行显示汉字"曲"
"11110000","00000010","00000000","00011000","00010111",     --阜 2423
"11110000","00000011","00000000","00101010","00000110",     --师 4206
```

第 9 章 电子电路的 VHDL 综合设计

"11110000","00000100","00000000","00010111","00010110",   --范 2322
"11110000","00000101","00000000","00010100","01010011",   --大 2083
"11110000","00000110","00000000","00110001","00000111",   --学 4907
"11110000","00000000","00000001","00110000","00100101",   --信 4837
"11110000","00000001","00000001","00010100","00001011",   --传 2011
"11110000","00000010","00000001","00110001","00000111",   --学 4907
"11110000","00000011","00000001","00110100","00011010",   --院 5226
"11110000","00000100","00000001","00010101","01000111",   --电 2171
"11110000","00000101","00000001","00110111","00110011",   --子 5551
"11110000","00000110","00000001","00011100","00011100",   --技 2828
"11110000","00000111","00000001","00101010","01010101",   --术 4285
"11110100",   --清屏命令 F4H,因为是 128×32 屏幕,故可显示两行,
       --每行可显示 8 个汉字,所以清除屏幕后重新显示下面的内容
   --显示 8×16 ASCII 字符(全高)的命令格式:F9 XX YY ASCII
"11111001","00000001","00000000","01000101", --"01000101" = 45H 是"E"的 ASCII 码
       --XX = "00000001"表示前面空出一个 ASCII 码的位置以显示均匀对称
"11111001","00000010","00000000","01000100", --"01000100" = 44H 是"D"的 ASCII 码
"11111001","00000011","00000000","01000001", --"01000001" = 41H 是"A"的 ASCII 码
"11110000","00000010","00000000","00101010","00010101",--实 4221
"11110000","00000011","00000000","00110001","01001001",--验 4973
"11110000","00000100","00000000","00011011","00010110",--欢 2722
"11110000","00000101","00000000","00110011","00001101",--迎 5113
"11110000","00000110","00000000","00100100","01000011",--你 3667
"11111001","00001110","00000000","00100001", --"00100001" = 21H 是"!"的 ASCII 码
   --显示 8×8 ASCII 字符(半高)的命令格式:F1 XX YY ASCII
"11110001","00000000","00011000","01110111",   --"01110111" = 77H 是"w" 的 ASCII 码
"11110001","00000001","00011000","01111000",   --"01111000" = 78H 是"x" 的 ASCII 码
"11110001","00000010","00011000","01101001",   --"01101001" = 69H 是"i" 的 ASCII 码
"11110001","00000011","00011000","01101110",   --"01101110" = 6EH 是"n" 的 ASCII 码
"11110001","00000100","00011000","01110011",   --"01110011" = 73H 是"s" 的 ASCII 码
"11110001","00000101","00011000","01101000",   --"01101000" = 68H 是"h" 的 ASCII 码
"11110001","00000110","00011000","01110101",   --"01110101" = 75H 是"u" 的 ASCII 码
"11110001","00000111","00011000","01101001",   --"01101001" = 69H 是"i" 的 ASCII 码
"11110001","00001000","00011000","01000000",   --"01000000" = 40H 是"@" 的 ASCII 码
"11110001","00001001","00011000","00110001",   --"00110001" = 31H 是"1" 的 ASCII 码
"11110001","00001010","00011000","00110010",   --"00110010" = 32H 是"2" 的 ASCII 码
"11110001","00001011","00011000","00110110",   --"00110110" = 36H 是"6" 的 ASCII 码
"11110001","00001100","00011000","00101110",   --"00101110" = 2EH 是"." 的 ASCII 码
"11110001","00001101","00011000","01100011",   --"01100011" = 63 是"c" 的 ASCII 码

第 9 章 电子电路的 VHDL 综合设计

```
"11110001","00001110","00011000","01101111",    --"01101111" = 6FH 是"o"的 ASCII 码
"11110001","00001111","00011000","01101101",    --"01101101" = 6DH 是"m"的 ASCII 码
"00000000","00000000","00000000","00000000","00000000",
"00000000","00000000","00000000","00000000","00000000",
"00000000","00000000","00000000","00000000","00000000",
"00000000","00000000","00000000","00000000","00000000",
"00000000","00000000","00000000","00000000","00000000",
"00000000","00000000","00000000","00000000","00000000",
"00000000","00000000","00000000","00000000",    --补矢量 0 凑够数
"00000000","00000000","00000000","00000000",    --组的长度 256
"00000000","00000000","00000000","00000000",
"00000000","00000000","00000000","00000000",
"00000000","00000000","00000000","00000000",
"00000000","00000000","00000000","00000000");
END rom;
```

9.4.4 时序仿真

仿真前设置如图 9-14 所示,仿真结束时间设定为 10 ms,BUSY 设置为周期为 400 μs,占空比为 50% 的方波,仿真后的输出波形如图 9-15 所示。从图中可以看出,在 clr 从 0 变为 1 后(此时 nextscreen=0),输出端口 data 随后输出的 1 字节为 F4,该字节为液晶模块清屏命令,接下来输出的 5 字节分别为:F0 01 00 27 5A 正是向液晶输出的汉字"曲",由此可见仿真正确。

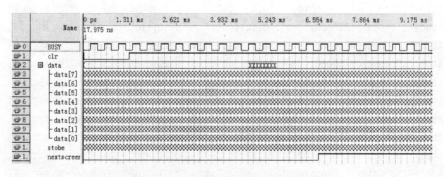

图 9-14 液晶控制器仿真前波形图

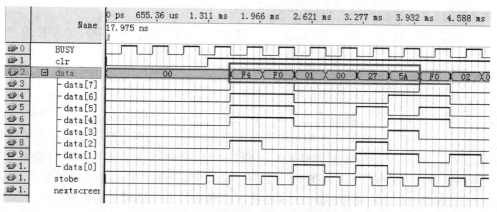

图 9-15　液晶控制器仿真后输出波形图

9.4.5　硬件逻辑验证

对输入/输出端口锁定引脚后再重新编译,然后连接导线,并下载代码。

导线连接说明:

① 输入端口 clr 分配的引脚接实验箱上拨码开关输出插孔;

② 输入端口 nextscreen 分配的引脚接实验箱上拨码开关输出插孔;

③ 输出端口 BUSY 分配的引脚接实验箱上液晶模块的 busy 引脚插孔;

④ 选通控制的输出端口 stobe 分配的引脚接实验箱上液晶模块 REQ 引脚插孔;

⑤ 输出端口 data 分配的引脚接实验箱上液晶模块的 DB0~DB7 引脚插孔。

硬件验证方法:

clr 连接的开关拨向低电平时,清除 128×32 液晶屏显示的内容。在 clr 连接的开关拨向高电平条件下,nextscreen 连接的开关拨向低电平时,在 128×32 液晶屏上显示"曲阜师范大学(第一行)信传学院电子技术(第二行)",拨向高电平时将显示"EDA 实验欢迎你!(第一行)wxinshui@126.com(第二行)"。

9.5　D/A 转换控制器的设计

9.5.1　D/A 转换控制器 AD558 简介

目前,市场上的 DAC 器件种类有很多,按这些器件的数据引脚的连接形式可以分为并行接口类型和串行接口类型。当前通用、廉价的 8 位并行接口 D/A 转换器有美国 AD 公司提供的 AD1408、AD7524、AD558 和美国 NS 公司提供的 DAC0832;12 位并行接口器件如DAC1210;8 位串行接口器件如美国 TI 公司的 TLC5620 及 12 位的串行接口器件如美国MAXIM 公司提供的 MAX5842。本实验将以电压输出型的 AD558 为例,介绍如何用 VHDL

语言设计代码控制D/A转换。

AD558提供4种性能等级产品(如表9-3所列)。AD558J和AD558K的工作温度范围为0～+70℃,AD558S和AD558T则为-55～+125℃。J级和K级可采用16引脚塑料(N)或密封陶瓷(D) DIPS封装,也可采用20引脚JEDEC标准PLCC封装(如图9-16所示)。S级和T级均采用16引脚密封陶瓷DIP封装(如图9-17所示)。AD558的分辨率为8位,速率1.25 MSPS,工作电压范围为4.5～16.5 V,只有1个模拟输出通道。同时,AD558提供了0～10 V及0～2.56 V两种模拟电压输出范围,供不同的场合使用。AD558的内部功能结构如图9-18所示,它有控制逻辑电路、8位缓冲器、比较器、8位的数字量到模拟量的转换控制电路及输出放大电路等。AD558在数字—模拟量转换时可以将输入的数据锁存,减少了干扰,而且可以方便地将多个AD558连接到8位数据线上。如图9-19所示是AD558的控制逻辑功能图,即访问时序图。片选引脚$\overline{CS}$和片使能引脚$\overline{CE}$都为有效电平即低电平时,AD558才对输入的数据开始D/A转换。

表9-3 AD558的分类表

型号	温度	相对精度/LSB	封闭类型
AD558JN	0～+70	±1/2	Plastic(N-16)
AD558JP	0～+70	±1/2	PLCC(P-20A)
AD558ID	0～+70	±1/2	TO-116(D-16)
AD558KN	0～+70	±1/4	Plastic(N-16)
AD558KP	0～+70	±1/4	PLCC(P-20A)
AD558KD	0～+70	±1/4	TO-116(D-16)
AD558SD	-55～+125	±3/4	TO-116(D-16)
AD558TD	-55～+125	±3/8	TO-116(D-16)

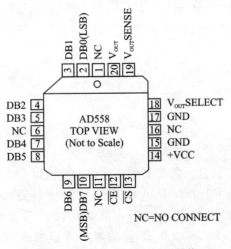

图9-16 AD558的PLCC封装

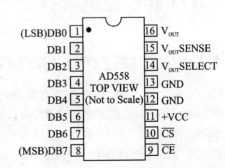

图9-17 AD558的DIP封装

第9章 电子电路的 VHDL 综合设计

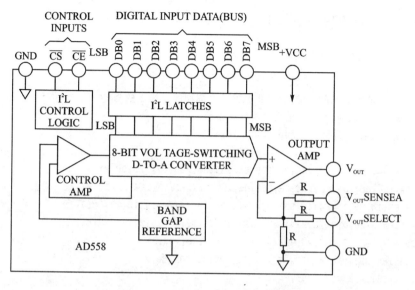

图 9-18 AD558 的内部功能结构图

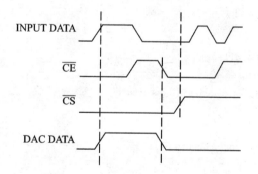

图 9-19 AD558 的访问时序图

9.5.2 设计要求和设计思路

设计要求：设计一个 D/A 控制器能控制 AD558 产生正弦波。

设计思路：由前面 AD558 的控制逻辑功能图可知，要想 D/A 转换输出正弦波，应该首先对正弦波的波形进行采样和量化。一个周期内采样的点数和一个采样点的量化位数直接关系到输出正弦波形的精度和频率。AD558 的分辨率为 8 位，所以采样量化的位数应为 8 位。这可以通过软件(如 C 语言编程)模拟实现，然后把生成的数据存放在存储器初始化文件中并定制包含该文件的 ROM。主进程中只需要送有效控制电平 ce<='0',cs<='0'，并完成时钟的检测。每一个时钟的上升沿，地址都加 1，并将该地址单元的内容送往 AD558 转换即可。

9.5.3 VHDL 代码设计

首先编写正弦数据初始化文件 rom_sindata.mif。

```
width = 8;     --输出数据的位数或宽度
depth = 64;    --地址单元的个数,也即正弦波一个周期的采样点数为64
address_radix = hex;  --地址单元以十六进制表示
data_radix = dec;     --地址单元的内容以十进制表示
content   begin
00:255;01:254;02:252;03:249;04:245;05:239;06:233;07:225;08:217;
09:207;0a:197;0b:186;0c:174;0d:162;0e:150;0f:137;10:124;11:112;
12:99;13:87;14:75;15:64;16:53;17:43;18:34;19:26;1a:19;1b:13;1c:8;
1d:4;1e:1;1f:0;20:0;21:1;22:4;23:8;24:13;25:19;26:26;27:34;28:43;
29:53;2a:64;2b:75;2c:87;2d:99;2e:112;2f:124;30:137;31:150;32:162;
33:174;34:186;35:197;36:207;37:217;38:225;39:233;3a:239;3b:245;
3c:249;3d:252;3e:254;3f:255;
end;
```

再编写 sin_gen.vhd 文件。

```
library ieee;
use ieee.std_logic_1164.all;
use ieee.std_logic_unsigned.all;
entity sin_gen is   --sin_gen:sin genertate
port(clk:in std_logic;
    ce,cs:out std_logic;
    dout:out std_logic_vector(7 downto 0));
end entity sin_gen;
architecture one of sin_gen is
component rom_sindata
port(address:in std_logic_vector(5 downto 0);
     clock:in std_logic;
        q: out std_logic_vector(7 downto 0));
end component;
signal q1:std_logic_vector(5 downto 0);
begin
ce<='0';  --对片选引脚CS和片使能引脚CE送有效电平即低电平
cs<='0';
process(clk)
begin
if clk'event and clk='1' then q1<=q1+1;
```

```
    end if;
  end process;
  u1:rom_sindata port map(address=>q1,clock=>clk,q=>dout);--元件例化
end architecture one;
```

9.5.4 时序仿真

设置仿真结束时间为 1 ms,clk 的周期为 1.6 μs,占空比 50%,dout 显示值设置为 10 无符号十进制显示,仿真后的波形如图 9-20 所示。从图中可以看出,在 clk 的上升沿 dout 依次输出的是存储器初始化文件中各地址单元的内容。硬件验证时,AD558 输出引脚 Vout 连接示波器的探头输入端,并且示波器与实验箱共地后,即可在示波器上看到正弦波形。

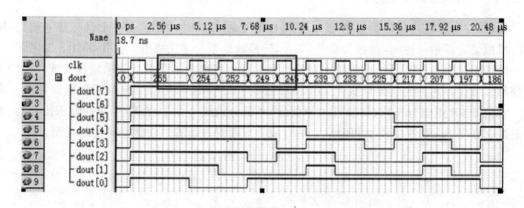

图 9-20 D/A 转换控制器仿真输出波形图

9.5.5 硬件逻辑验证

对输入/输出端口锁定引脚后再重新编译,然后连接导线,并下载代码。

导线连接说明:

① 输入端口 clk 分配的引脚接实验箱上时钟分频模块的 clk3 插孔;

② 输出端口 ce,cs 分配的引脚接实验箱上 AD558 模块的 $\overline{CE}$,$\overline{CS}$ 插孔;

③ 输出端口 dout 分配的引脚接实验箱上 AD558 模块的 D7~D0 插孔;

④ 实验箱上 AD558 模块的 D/A out 输出插孔接示波器探头,并用一根导线将实验箱上的地 GND 输出插孔接到示波器探头上的接地线。

硬件验证方法:

示波器上可以观察到正弦信号的波形,频率为 clk3 插孔频率的 64 分频。

9.6 A/D 转换控制器的设计

A/D 转换器是模拟信号源与计算机或其他数字系统之间联系的桥梁,它的任务是将连续变化的模拟信号转换为数字信号,以便计算机或数字系统进行处理。在工业控制和数据采集及许多其他领域中,A/D 转换器是不可缺少的重要组成部分。A/D 转换器的主要类型有:逐位比较(逐位逼近)型、积分型、计数型、并行比较型、电压/频率型(即 V/F 型)等。在选用 A/D 转换器时,主要应根据使用场合的具体要求,按照转换速度、精度、功能以及接口条件等因素决定选择何种型号的 A/D 转换芯片。

9.6.1 ADC0809 简介

目前,性价比较高且广泛应用的 A/D 转换芯片为 ADC0809。它有 8 个模拟输入通道,输入的模拟量应是单极性的,量程为 0～+5 V,转换成的数字量为 8 位,采用 CMOS 工艺制造,典型的转换速度为 100 μs。可应用于对精度和采样速度要求不高的数据采集场合或一般的工业控制领域。该芯片的封装形式为 DIP28。图 9-21 给出了该芯片的内部结构框图及引脚图。它由 256R 电阻分压器、树状模拟开关(这两部分组成一个 D/A 转换器)、电压比较器、逐次逼近寄存器 SAR、逻辑控制和定时电路组成。下面对各引脚的功能作简要的说明。

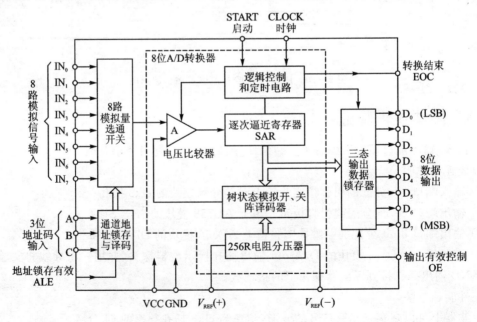

图 9-21 ADC0809 的结构框图

引脚功能说明:

① IN0~IN7:8 路模拟量输入端。

② ADDC、ADDB 和 ADDA:地址输入端,以选通 IN7(IN0 的某一路信号。这 3 位地址码与选中模拟通道 INi 的关系如表 9-4 所列。

表 9-4 地址码与输入通道的对应关系

地址码			对应的输入通道	地址码			对应的输入通道
C	B	A		C	B	A	
0	0	0	IN_0	1	0	0	IN_4
0	0	1	IN_1	1	0	1	IN_5
0	1	0	IN_2	1	1	0	IN_6
0	1	1	IN_3	1	1	1	IN_7

③ ALE:地址锁存允许信号,有效时将 ADDC、ADDB 和 ADDA 锁存。

④ CLOCK:外部时钟输入端。时钟频率典型值为 640 kHz,允许范围为 10~1280 kHz。时钟频率越低,转换速度就越慢。

⑤ START:A/D 转换启动信号输入端。有效信号为一正脉冲,在脉冲的上升沿,A/D 转换器内部寄存器均被清 0,在其下降沿开始 A/D 转换。

⑥ EOC:A/D 转换结束信号。在 START 信号上升沿之后不久,EOC 变为低电平。当 A/D 转换结束时,EOC 立即输出一正阶跃信号,可用来作为 A/D 转换结束的查询信号或中断请求信号。

⑦ OE:输出允许信号。当 OE 输入高电平信号时,三态输出锁存器将 A/D 转换结果输出到数据量输出端 D7~D0。

⑧ D7~D0:数字量输出端。D0 为最低有效位(LSB),D7 为最高有效位(MSB)。

⑨ VCC 与 GND:电压输入端及地线。

⑩ $V_{REF(+)}$ 与 $V_{REF(-)}$:负基准电压输入端。中心值为 $(V_{REF(+)}+V_{REF(-)})/2$(应接近于 VCC/2),其偏差不应该超过±0.1 V。正负基准电压的典型值分别为+5 V 和 0 V。

ADC0809 的数字量输出值 D(十进制数)与模拟量输入值 V_{IN} 的关系如下:

$$D = \frac{V_{IN} - V_{REF(-)}}{V_{REF(+)} - V_{REF(-)}} \times 2^8$$

通常 $V_{REF(-)}=0$ V,所以 $D=\frac{V_{IN}}{V_{REF(+)}}\times 256$。当 $V_{REF(+)}=5$ V,$V_{REF(-)}=0$ V,输入的单极性模拟量从 0~4.98 V 变化时,对应的输出数字量在 0~255(00H~FFH)变化。

ADC0809 的访问时序图如图 9-22 所示,图中 t_{WS} 表示最小启动脉宽,典型值为 100 ns; t_{WE} 为最小 ALE 脉宽,典型值为 100 ns;t_C 为转换时间,当 fclk=640 kHz 时,典型值为 100 μs。实验箱上已经将 ADC0809 的 ALE 和 START 信号连接在一起,当送 AlE 脉冲时也同时启动了 A/D 转换,省去了先送地址选通脉冲再送启动信号的麻烦。

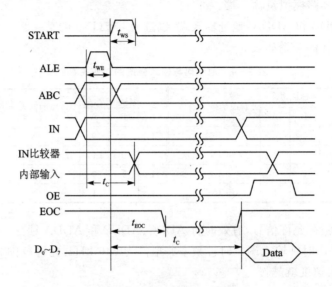

图 9-22 ADC0809 时序图

9.6.2 设计思路

对 ADC0809 的启动、转换及读取数据等阶段,可以使用状态机进行采样控制。控制采用的状态如图 9-23 所示,详细的状态机结构图如图 9-24 所示。

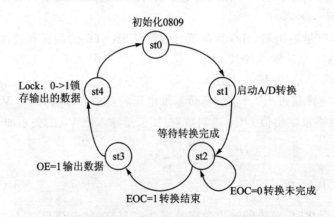

图 9-23 控制 ADC0809 采样的状态图

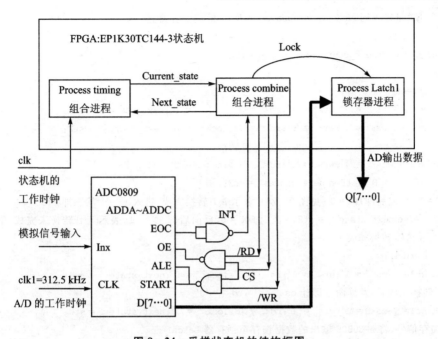

图 9-24 采样状态机的结构框图

9.6.3 VHDL 代码的设计

```
library ieee;
use ieee.std_logic_1164.all;
entity adc0809 is
port(d:in std_logic_vector(7 downto 0);    --锁存器输入端口,该端口连接 ADC0809
                                            --用于读取 ADC0809 输出的 8 位数字量
     clk,eoc:in std_logic;
     cs,wr,rd,lock0,adda,addb,addc:out std_logic;
     q :out std_logic_vector(7 downto 0));  --q 为锁存器的输出端口
                                            --锁存输出 A/D 转换后的数字量
end entity adc0809;
architecture bhv of adc0809 is
type states is (st0,st1,st2,st3,st4);
signal current_state,next_state:states: = st0;
signal regl:std_logic_vector(7 downto 0);
signal lock:std_logic;
begin
adda< = '0';addb< = '1';addc< = '0';       --选择模拟通道 2 或者省略掉该行
```

--而用开关量输入到 ADC0809 的 adda、addb 及 addc 三个引脚上
lock0<= lock;
com:process(current_state,next_state,eoc)
begin
case current_state is
    when   st0 => cs<= '1';wr<= '1';rd<= '1';lock<= '0';next_state<= st1;
    when   st1 => cs<= '1';wr<= '0';rd<= '1';lock<= '0';next_state<= st2;
            -- cs<= '1';wr<= '0' 启动 A/D 转换
    when   st2 => cs<= '1';wr<= '1';rd<= '1';lock<= '0';
            if(INT ='0') then next_state<= st3;
--EOC = 1,反向后即 INT = 0 (见图 9 - 24),表示 A/D 转换完成,进入下一个状态即 st3
            else next_state<= st2;--否则 EOC = 0,反向后即 INT = 1,表示 A/D 转换未完成,继续维持在
st2,等待 A/D 转换完成
            end if;
    when   st3 => cs<= '1';wr<= '1';rd<= '0';lock<= '0';next_state<= st4;
--A/D 转换完成后,发读命令即让 cs<= '1',rd<= '0'
    when   st4 => cs<= '1';wr<= '1';rd<= '0';lock<= '1';next_state<= st0;
--发锁存信号,将 ADC0809 输出的数据锁存至锁存器 Latch1
    when   others => next_state<= st0;
end case;
end   process combine;
timing:process(clk)
    begin
    if (clk'event and clk ='1') then current_state<= next_state;
    end if;
    end process timing;
latch1:process(lock)
        begin
        if (lock'event and lock ='1')   then reg1<= d;
--锁存信号 lock 出现上升沿时,将 ADC0809 的 D7~D0 的数据送至信号线 reg1
        end if;
        end process latch1;
q<= reg1;--信号 reg1 送至锁存器的输出端口 q
end   architecture   bhv

9.6.4 时序仿真

设置仿真结束时间为 100 μs,clk 的周期为 2 μs,输入端口 eoc 是来自芯片 ADC0809 的输出引脚 EOC,仿真时设定在 20 μs 处开始变成有效低电平,锁存器的输入端口 d 的数据来自

ADC0809 的输出引脚 D0～D7，显然仿真时不可能获取 ADC0809 的输出数据，因而给 d 赋值的方法是在图 9-25 所示的 Name 栏上通过单击鼠标左键选中 d，并单击左侧的输入工具栏的 XC 工具，则会弹出如图 9-26 所示的 Count Value 对话框，在该对话框中按图中所示设置完 Counting 选项卡后，再选中该对话框的 Timing 选项卡，完成 Count every 和 Multipled by 栏的设置，如图 9-27 所示。

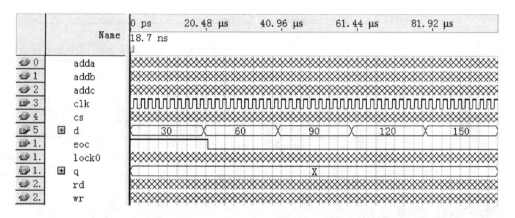

图 9-25　A/D 转换控制器仿真前的设置图

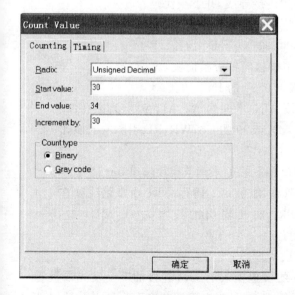

图 9-26　数值设置图

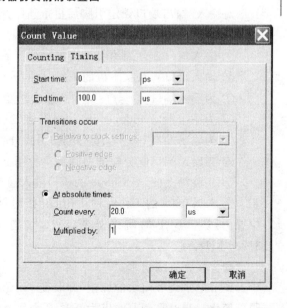

图 9-27　数值间隔周期设置图

仿真之后的输出波形图如图 9-28 所示，输出端口 adda、addb 和 addc 分别输出低电平、高电平和低电平，这是由代码决定的。仿真开始的时间内，wr 端口送出一个负脉冲（见图中矩形虚线内所示)用于锁存模拟地址通道2。由于eoc在20 μs处开始变成有效低电平(表示A/D转换完成),随后rd端口才开始输出负脉冲读取数据,接下来lock0发出锁存信号(正脉冲的),读取数据。

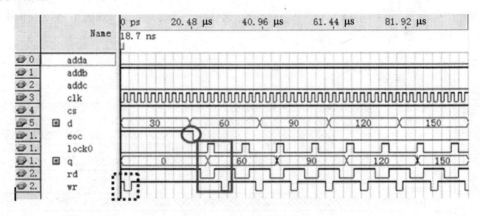

图9-28 A/D控制器的仿真输出波形图

9.6.5 硬件逻辑验证

对输入/输出端口锁定引脚后再重新编译,然后连接导线,并下载代码。

导线连接说明:

① 输入端口d分配的引脚接实验箱上ADC0809的D7~D0插孔;
② 输入端口clk(状态机的工作时钟)分配的引脚接时钟分频模块clk2插孔;
③ 为输入端口eoc分配的引脚接实验箱上ADC0809的INT插孔;
④ 为输出端口adda,addb,addc分配的引脚接ADC0809的A2,A1,A0引脚插孔;
⑤ 为输出端口cs,wr,rd分配的引脚分别接ADC0809的CS,WR,RD引脚输入插孔;
⑥ 为输出端口q分配的引脚接实验箱上的8个led输入插孔;
⑦ 实验箱上的ADC0809的模拟输入通道IN2插孔接电平调节模块输出out插孔;
⑧ ADC0809的工作时钟插孔clk接时钟分频模块的clk1插孔,clk1插座跳线处在1/4位置上,F_SEL1的跳线处在1/16位置上,clk1插孔输出的频率为20 MHz/4/16=312.5 kHz。

硬件验证方法:

调节电平调节模块的旋钮,即改变ADC0809的模拟输入电压,q连接的8个发光二极管跟着变化。当电平调节输出为0时,8个发光二极管都熄灭;当电平调节输出为最大5 V时,8个发光二极管全亮。

9.7 巴克码发生器与译码器的设计

在数字同步通信中，发送端需要在信息码流的起止时刻插入具有特殊意义的码组称为群同步码组，要求插入的群同步码具有尖锐的自相关函数，以便接收端正确地识别，并且与信息码的差别大以减少伪同步的概率。目前，性能良好且广泛应用的一种群同步码叫巴克(Barker)码。

9.7.1 巴克码简介

巴克码是一种具有特殊规律的二进制码组，它是一种非周期序列。一个 n 位的巴克码组为 $\{x_1, x_2, x_3, \cdots, x_n\}$，其中 x_i 的取值是 $+1$ 或 -1，其局部自相关函数为：

$$R(j) = \sum_{i=1}^{n-j} x_i x_{i+j} = \begin{cases} n & j = 0 \\ 0, 或 \pm 1 & 0 < j < n \\ 0 & j \geqslant n \end{cases}$$

以 7 位巴克码组$\{+++--+-\}$为例，其局部自相关函数如图 9-29 所示。

由图 9-29 可以看出其局部自相关函数在 $j=0$ 时具有尖锐的单峰特性($j=0$ 时的局部自相关函数值为 7, j 取其他值的局部自相关函数值都为 0 或 -1)。

目前，只搜索到 10 组巴克码，全部列在表 9-5 中。表中，"+"代表 $+1$，"−"代表 -1。

表 9-5 巴克码

n	巴克码组
1	+
2	+ +；+ −
3	+ + −
4	+ + + −；+ + − +
5	+ + + − +
7	+ + + − − + −
11	+ + + − − − + − − + −
13	+ + + + + − − + + − + − +

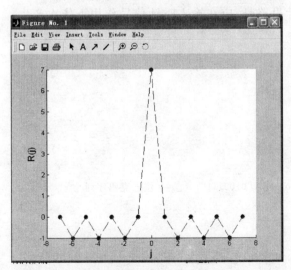

图 9-29 7 位巴克码的局部自相关函数

9.7.2 巴克码识别器

由于巴克码组插在信息流中,因此,接收端必须用一个电路将巴克码组识别出来,才能确定信息码组的起止时刻,识别巴克码组的电路称为巴克码识别器。7 位巴克码识别器如图 9-30 所示,它由 7 级移位寄存器、相加器和判决器组成。7 位寄存器的"1"、"0"按照 1110010 的顺序接到相加器中,接法与 7 位巴克码的规律一致。当输入码送入移位寄存器时,如果某移位寄存器进入的是"1"码,则该移位寄存器的 1 端输出为"+1",0 端输出为"-1"。反之,若某移位寄存器进入的是"0"码,则该移位寄存器的 1 端输出为"-1",0 端输出为"+1"。

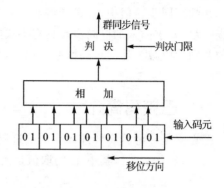

图 9-30 7 位巴克码识别器

当一帧信号到来时,首先进入识别器的是群同步码组,只有某时刻 7 位巴克码组全部进入 7 位移位寄存器时,7 位移位寄存器的输出都为 +1,相加得到最大的值 7。若判决电平定为 6,则大于判决电平 6 的时刻即可识别出群同步码组,此时识别器输出一个同步脉冲,表示信息码组的开始。

9.7.3 7 位巴克码发生器的设计

由表 9-5 可知,7 位巴克码发生器的设计思路是:应在输入时钟信号作用下依次产生 1110010 的码元序列。

```
library ieee;
use ieee.std_logic_1164.all;
entity bark7 is
port(en,clk:in std_logic;
     qout:out std_logic);
end bark7;
architecture one of bark7 is
constant barkcode7: std_logic_vector(6 downto 0): = "0100111";    --7 位巴克码序列
signal i:integer range 0 to 6;
begin
   process(clk)
   begin
   if clk'event and clk = '1' then
      if en = '1' then
          if i = 6 then i< = 0;
          else i< = i + 1;
```

```
                end if;
                qout< = barkcode7(i);
            else i< = 0;
            end if;
        end if;
    end if;
end process;
end one;
```

9.7.4 时序仿真

设置仿真结束时间为 5 μs,clk 的周期为 200 ns,7 位巴克码发生器时序仿真输出波形如图 9-31 所示。

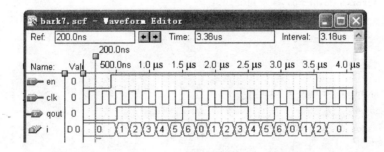

图 9-31　7 位巴克码发生器的时序仿真波形

从图 9-31 可以看出,控制端 en 变为高电平后的下一个发送时钟 clk 的上升沿,输出端 qout 开始输出 7 位巴克码序列 1110010。只要 en 端一直为高电平,输出端 qout 就重复输出 7 为巴克码序列,实际通信中 en 端为高电平的时间恰好为输出 1 个 7 为巴克码序列的时间。

9.7.5 硬件逻辑验证

对输入/输出端口锁定引脚后再重新编译,然后连接导线,并下载代码。
导线连接说明:
① 输入端口 en 分配的引脚接实验箱上拨码开关输出插孔;
② 输入端口 clk 分配的引脚接实验箱上 clk5 插孔,clk5 插座的跳线选择在 1/16 以及 F_SEL1~F_SEL5 的跳线都处于 1/16 上,使得 clk5 插孔输出的频率为 1.2 Hz;
③ 输出端口 qout 分配的引脚接实验箱上 led 输入插孔。
硬件验证方法:
当 en 连接的开关拨向高电平时,qout 连接的 LED 将亮 $\frac{1}{1.2\ \text{Hz}} \times 3 \approx 2.4$ s,接着熄灭 $\frac{1}{1.2\ \text{Hz}} \times 2 \approx 1.6$ s,亮 $\frac{1}{1.2\ \text{Hz}} \times 1 \approx 0.8$ s,再熄灭 $\frac{1}{1.2\ \text{Hz}} \times 1 \approx 0.8$ s,不断重复该过程。

9.7.6　7位巴克码识别器的设计

```vhdl
library ieee;
use ieee.std_logic_1164.all;
entity bark7decode is
port(clr,clk:in std_logic;
     data_in:in std_logic;
     synpulse:out std_logic);
end bark7decode;
architecture one of bark7decode is
constant barkcode7:
std_logic_vector(6 downto 0):="1110010";
signal shift_r:
std_logic_vector(6 downto 0);
begin
process(clk,clr)
variable sum:integer range -7 to 7;
variable regster:
std_logic_vector(6 downto 0);
begin
sum:=0;
if clr='1'
     then shift_r<="0000000";
          synpulse<='0';
else if clk'event and clk='1' then          --读入输入的数据
     shift_r(0)<=data_in;                    --送入7位移位寄存器
          for I in 1 to 6 loop
          shift_r(I)<=shift_r(I-1);
     end loop;
regster:=barkcode7 xor shift_r;
--7位巴克码与7位移位寄存器对应位相同的寄存器输出+1,对应位不同的输出
--为-1,因而相异或后为1的位对应的寄存器输出-1,为0的位对应输出为+1
for I in 0 to 6 loop
if regster(I)='1' then sum:=sum-1;
else sum:=sum+1;
end if;
end loop;
if sum>6 then synpulse<='1';                 --判决输出,判决电平设置为6
else synpulse<='0';
```

```
          end if;
        end if;
      end if;
    end process;
  end one;
```

9.7.7　时序仿真

仿真时的参数设置同图 9-31,时序仿真后输出的波形如图 9-32 所示。

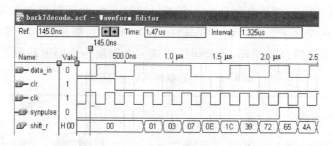

图 9-32　7 位巴克码识别器的时序仿真波形

由图 9-32 可以看出,clr 端输入高电平时,移位寄存器 shift_r 的内容是清 0 的。clr 端输入低电平后,从 600 ns 开始 data_in 端输入群同步码 1110010,经过 7 个时钟后,群同步码被移入移位寄存器 shift_r(即 shift_r 的内容为 1110010,图中表示成十六进制数 72),再经过一个时钟后同步脉冲输出端 synpulse 输出一个时钟周期宽的高电平同步脉冲,表示已经达到群同步。

9.7.8　硬件逻辑验证

对输入/输出端口锁定引脚后再重新编译,然后连接导线,并下载代码。
导线连接说明:
① 输入端口 clr 分配的引脚接实验箱上拨码开关输出插孔;
② 输入端口 clk 分配的引脚接实验箱上 clk5 插孔,clk5 插座的跳线选择在 1/16 以及 F_SEL1~F_SEL5 的跳线都处于 1/16 上,使得 clk5 插孔输出的频率为 1.2 Hz;
③ 输入端口 data_in 分配的引脚接 qout 输出引脚插孔;
④ 输出端口 synpulse 分配的引脚接实验箱上 led 输入插孔。
硬件验证方法:
clr 连接的开关拨向高电平时,不能接收 7 位巴克码,当拨向低电平时,开始检查巴克码。当接收到巴克码,synpulse 连接的 LED 会亮一下然后熄灭,亮持续时间为一个 clk 周期,即

$$\frac{1}{1.2\ \text{Hz}} \times 1 \approx 0.8\ \text{s}。$$

9.8 循环码编码器和解码器的设计

9.8.1 循环码简介

循环码是一种线性分组码,通常前 k 位为信息码元,后 r=n-k 位为监督码元。它除了具有线性分组码的封闭性外,还具有循环性。所谓循环性是指循环码集中的每一个码组经任意循环移位之后仍然在该码字集中。表 9-6 给出了一种(7,3)循环码的全部码组。其中,全零码组自身形成一个封闭的自我循环,其余码组形成一个周期为 7 的循环码。

表 9-6 (7,3)循环码的全部码组

码组编号	信息位 a6a5a4	监督位 a3a2a1a0	码组编号	信息位 a6a5a4	监督位 a3a2a1a0
1	000	0000	5	100	1011
2	001	0111	6	101	1100
3	010	1110	7	110	0101
4	011	1001	8	111	0010

循环码的显著特点是可以用线性反馈移位寄存器很容易实现编码和译码,不但可以纠正独立的随机错误,也可以用于纠正突发错误。

9.8.2 循环码编码与解码方法

循环码完全由其码字长度 n 及生成多项式 $g(x)$ 所决定。循环码中,除全"0"码字外,次数最低的码字多项式称为生成多项式。生成多项式 $g(x)$ 具有以下特性:

① $g(x)$ 是 x^n+1 的一个因式;

② $g(x)$ 是常数项为 1 的 $r=n-k$ 次多项式;

③ 循环码的每一码多项式都是 $g(x)$ 的倍式。

根据 $g(x)$ 的特性,编码方法可以归纳如下:

① 用 x^{n-k} 乘以信息位多项式 $M(x)$,相当于在信息位后附加上 $(n-k)$ 个"0";

② 用 $x^{n-k}M(x)$ 除以 $g(x)$,求其余式 $r(x)$;

③ 求出编码后的码组 $T(x)=x^{n-k}M(x)+r(x)$。

接收端解码时,若要求检错,只需要将接收的码组 $R(x)$ 除以生成多项式,若余式为 0,则传输中未发生错误,去掉接收码组的后 r 位,只须保留前 k 位信息位即可;若要求纠错,则解码相对复杂,应根据余式的不同,用查表的方法确定错码的位置,然后进行纠正。

9.8.3 设计要求与设计思路

设计要求:信息位为 8 位,监督位为 5 位,生成多项式 $g(x)$ 的系数为 110101。编码时,要求并行加载数据,编码后的数据串行发出。串行发送数据时,可以在加载完信息位后经过若干个时钟先计算出完整的监督位,然后再发送码字,为了能节省发送数据的时间,要求一边串行发送数据一边计算生成的监督位。解码时,是串行接收码字,一边接收一边计算余式,接收的码字无误后即余式为 0,然后并行输出信息位;否则,给出错误接收标志,不输出信息位。

设计思路:根据循环码的编码方法,下面以信息位为 10110110 为例,说明其编码过程,右面的计算式子可以清楚的展现其编码过程。用生成多项式与信息位多项式先从左边对齐,若信息位的最高位 1,则求异或操作,异或后再左移一位并用右边的一位信息位补齐;若为 0,则不再求异或操作,信息位直接左移一位。信息位求完异或操作后,开始在异或的结果后面分 5 次补零求异或操作,即计算时采用的在信息位后一次补够 5 个零。实际的编码过程中是一边补 0 一边求异或得到,这样可以在信息位一位一位发送完毕后,紧接着一位一位发送计算得到的监督码,避免了先根据信息位完全计算出监督位后再发送信息位和监督位而引起的发送时延问题。

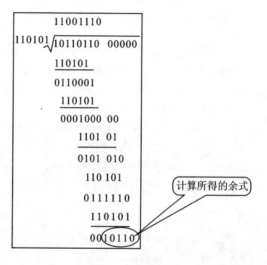

9.8.4 循环码编码器 VHDL 代码设计

```
library ieee;
use ieee.std_logic_1164.all;
use ieee.std_logic_unsigned.all;
use ieee.std_logic_arith.all;
entity crc is
port(clk,dataload,reset:in std_logic;
     sdata:in std_logic_vector(7 downto 0);
     D_out:out std_logic;
     holdsend:out std_logic);--发送联络信号,为高电平时表示正在发送数据
end crc;
```

```vhdl
architecture one of crc is
constant multi_coef:std_logic_vector(5 downto 0 ):= "110101";--生成多项式 g(x)的系数
signal cnt:std_logic_vector(4 downto 0);
signal dtemp,sdatashift:std_logic_vector(7 downto 0);
signal st:std_logic;--并行数据加载标志 st = 0 表示加载的数据已经发送完成
                   -- st = 1 表示重新加载新的数据
begin
    process(clk,reset)
    variable crcvar:std_logic_vector(5 downto 0);
    begin
    if (reset = '1') then
        st<= '0';
    else
      if(clk'event and clk = '1') then
        if (st = '0' and dataload = '1') then
                dtemp<= sdata;
                sdatashift<= sdata;
                cnt<= (others=>'0');
                holdsend<= '0';
                st<= '1';
        elsif(st = '1' and cnt<8)   then
                holdsend<= '1';
                cnt<= cnt + 1;
                if (dtemp(7) = '1') then
                 crcvar:= dtemp(7 downto 2) xor multi_coef;
                 dtemp<= crcvar(4 downto 0)&dtemp(1 downto 0)&'0';
                else
                   dtemp<= dtemp(6 downto 0)&'0';
                end if;
                D_out<= sdatashift(7);                  --发送信息位
                for i in 1 to 7 loop                    --移位寄存器
                sdatashift(i)<= sdatashift(i-1);
                end loop;
         elsif (st = '1' and cnt<13) then
                D_out<= dtemp(7);                       --发送监督位
                for j in 4 to 7 loop                    --移位寄存器
                dtemp(j)<= dtemp(j-1);
                end loop;
```

```
                    cnt<＝cnt+1;
              elsif (st = '1' and cnt = 13) then
                    holdsend<＝'0';                  --整个码字发送完后,发送联络标志 holdsend 清 0
                    st<＝'0';
              end if;
          end if;
      end if;
  end process;
end one;
```

9.8.5 时序仿真

设置仿真结束时间为 1 ms,clk 的周期为 50 μs,向 sdata 送入的数据为 10110110,复位 reset 及数据加载 datald 设置如图 9-33 所示。仿真结果如图 9-34 所示,显然在数据加载引脚变为高电平的下一个时钟上升沿完成数据的加载,加载完成后指示信号 st 也变为高电平,接下来的时钟上升沿开始发送数据,同时 holdsend 变为高电平指示数据正在发送中。图中实线矩形框内 D_out 发出的是信息位,而虚线矩形框内发出的监督位。

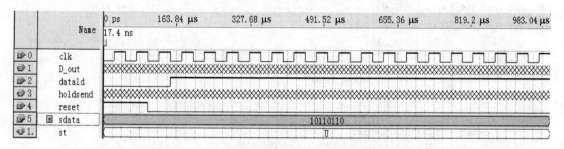

图 9-33 循环码编码器仿真前的波形设置图

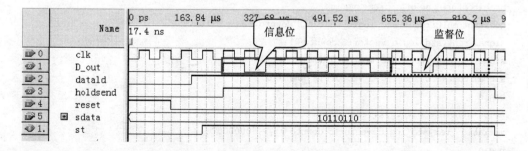

图 9-34 循环码编码器仿真波形图

9.8.6 硬件逻辑验证

对输入/输出端口锁定引脚后再重新编译,然后连接导线,并下载代码。

导线连接说明:
① 输入端口 dataload 和 reset 分配的引脚接实验箱上拨码开关输出插孔;
② 输入端口 clk 分配的引脚接实验箱上 clk5 插孔,跳线设置同 9.7 节设计;
③ 输入端口 sdata 分配的引脚接实验箱上 8 个拨码开关输出插孔,从高位到低位开关的设置为:高低高高低高高低,对应前面举例的信息码 10110110。
④ 输出端口 D_out 和 holdsend 分配的引脚接实验箱上 led 输入插孔。

硬件验证方法:

reset 端口连接的开关拨向低电平,dataload 连接的开关拨向高电平后,holdsend 连接的 LED 会变亮,D_out 连接的 led 的亮灭情况反映了发送的信息位和监督位。

9.8.7 循环码解码器 VHDL 代码设计

```
library ieee;
use ieee.std_logic_1164.all;
use ieee.std_logic_unsigned.all;
use ieee.std_logic_arith.all;
entity crcreceive is
port(clk,holdreceive,reset:in std_logic;
        D_in:in std_logic;
        rdata:out std_logic_vector(7 downto 0);
      datafinish:out std_logic;
        error0:out std_logic);
end crcreceive;
architecture one of crcreceive is
constant multi_coef:std_logic_vector(5 downto 0 ) : = "110101";
signal rcnt:std_logic_vector(3 downto 0);
signal rdtemp:std_logic_vector(5 downto 0);
signal rdatacrc:std_logic_vector(12 downto 0);
begin
process(holdreceive,clk,reset,rcnt,rdtemp,rdatacrc)
variable  var:std_logic_vector(5 downto 0): = "000000";
begin
if(reset = '1') then
    error0< = '0';
        rcnt< = (others = >'0');
```

```
            rdatacrc<= (others =>'0');
            rdtemp<= (others =>'0');
            datafinish<= '0';
        elsif(holdreceive = '1'and rcnt<13)  then
            if(clk'event and clk = '1')   then
                rdatacrc(0)<= D_in;           --读取串行输入的 12 位循环码
                    for i in 1 to 12 loop
                        rdatacrc(i)<= rdatacrc(i-1);
                    end loop;
                rdtemp(0)<= D_in;           --读取串行输入的数据放入 6 位的移位寄存器暂存单元中
                    for i in 1 to 5 loop
                        rdtemp(i)<= rdtemp(i-1);
                    end loop;
                    if(rdtemp(5) = '1') then
                        var: = rdtemp xor multi_coef;
                        rdtemp<= var(4 downto 0)&D_in;
                    end if;
                rcnt<= rcnt + 1;
            end if;
        elsif(rcnt = 13)then
            if(clk'event and clk = '1')   then
                datafinish<= '1';
                if(rdtemp = "000000"or rdtemp = "110101")then
                    rdata<= rdatacrc(12 downto 5);
                else
                    rdata<= "ZZZZZZZZ";
                    error0<= '1';
                end if;
            end if;
        end if;
    end process;
end one;
```

9.8.8　时序仿真

解码时,仿真前的设置如下:仿真结束时间为 1 ms,clk 的周期为 50 ms,从 D_in 引脚串行输入的码字为"10110110 10110"(如图 9-35 中矩形框指示的区域),holdreceive 和 reset 的设置如图中所示。

仿真结果如图 9-36 所示,由于传输中信息位和监督位都没有出错,故解码后能得到信

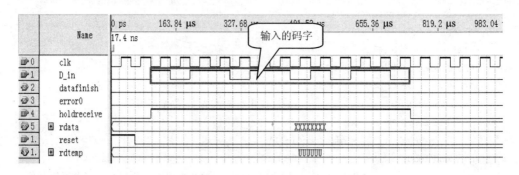

图 9-35　循环码解码器仿真前的波形设置图

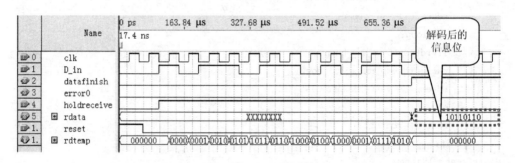

图 9-36　接收的信息位和监督位都没有出错时的仿真波形图

息位。

若传输的过程中,由于干扰将码字"10110110 10110"错误的传输成"10010110 10110",即码字中第3位的1干扰成了0,如图9-37所示。

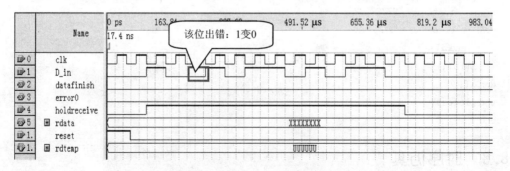

图 9-37　接收的码字有一位出错的仿真前设置图

仿真结果如图 9-38 所示,此时的余式 rdtemp＝110010,它既不等于000000,也不等于生成多项式 $g(x)$＝110101,显然它与 $g(x)$ 相异或后结果为000111,不等于000000,故 error 指示标志变为高电平。

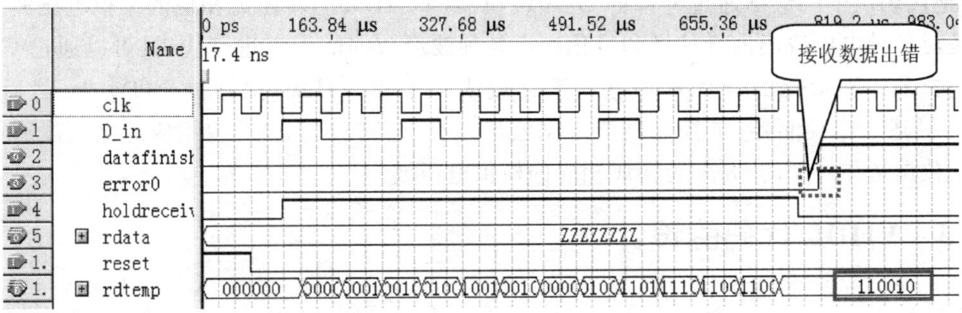

图 9-38 接收的码字有一位出错时的仿真输出波形图

9.8.9 硬件逻辑验证

验证方法类似循环码编码,这里不再叙述,留给读者自行验证。

9.9 任意波形信号发生器的设计

9.9.1 设计要求

任意波形信号发生器要求可以产生的波形如表 9-7 所列,输出信号的频率由输入时钟信号 D/A 的转换速率决定。

表 9-7 波形列表

数字代码	对应电压波形
1	正弦波
2	正弦波(频率是代码 1 的 2 倍)
3	锯齿波
4	锯齿波(频率是代码 3 的 2 倍)
5	方波(占空比 50%)
6	方波(占空比 67%)
7	方波(占空比 33%)
8	三角波
9	三角波(频率是代码 8 的 2 倍)

9.9.2 设计思路

波形信号发生器有多种实现方案,一种是根据波形函数通过 VHDL 写出每一种的描述代码,再把代码产生的数据通过外部的 D/A 转换器(如 AD558)转换成相应的模拟电压波形;另一种是对各种电压波形进行抽样和量化产生各种波形数据的十六进制代码(可以通过 C 语言编程模拟采样和量化的过程),将这些数据放入一个用 VHDL 描述的 ROM 中,然后再用 VHDL 描述一个控制器,该控制器能根据波形选择开关读出 ROM 中相应的电压波形数据,然后把数据送往外部的 D/A 转换成相应的模拟电压波形。

9.9.3 VHDL 代码的设计

```vhdl
library ieee;
use ieee.std_logic_1164.all;
use ieee.std_logic_unsigned.all;
entity wavegenerator is
port (CLKIN,RESET: in std_logic;
      ce,cs:out std_logic;
      KK : in std_logic_vector(3 downto 0);      --波形选择开关
      DOUT: out std_logic_vector(7 downto 0)     --波形数据十六进制代码输出
     );
end wavegenerator;
architecture doit of wavegenerator is
component   rom_sindata                          --声明元器件 rom_sindata
port(address:in std_logic_vector(5 downto 0);
     inclock:in std_logic;
     q: out std_logic_vector(7 downto 0));
end component;
signal counter,decount : std_logic_vector(7 downto 0);
signal SIN,sawtooth,square1_2,square2_3,square1_3,triangle: std_logic_vector(7 downto 0);
-- square1_2,square2_3,square1_3 代表占空比为 1/2,2/3,1/3 的方波
signal clk1,clk :std_logic;
signal q1:std_logic_vector(5 downto 0);          -- q1 用于连接 rom_sindata 的地址 address
begin
--片选引脚 CS 和片使能引脚 CE 都为有效电平即低电平时,AD558 才对输入的数据开始 D/A 转换
ce< = '0';
cs< = '0';
P1: process(CLKIN)
begin
    if(CLKIN'event and CLKIN = '1') then
        clk1< = not(clk1);                       --clk1 是对输入的频率 clkin 进行 2 分频即频率降低 2 倍
```

```vhdl
    end if;
end process P1;
--由波形列表可知,开关输入代码为 2,4,9 时频率加倍,所以 KK = 2,4,9 时
-- clk 选通的是 CLKIN;否则,clk 选通的是 CLKIN  2 分频后的 clk1
clk<= CLKIN when KK = "0010" or KK = "0100" or KK = "1001" else
      clk1;

P2: process(RESET,clk)
 begin
    if (RESET = '0') then
        counter<= "00000000";
        q1<= "000000";
    elsif(clk'event and clk = '1') then
        counter<= counter + 1;
        q1<= q1 + 1;
    end if;
end process P2;
decount<= not(counter) + 1;--对 counter 取反再加 1,相当于 256 - counter
                --当 counter>128 时,例如 counter = 129,则 not(counter) + 1 = 127
                --counter<= 128 时求得的 decounter,
                --此时的 decounter + decounter 是不会送往 triangle 信号的
sawtooth<= counter;      -- counter 加 1 到 255 时会溢出变为 0,这正是锯齿波所需要的
square1_2<= "00000000" when counter<= 10000000 else
                --当 counter 小于等于 10000000 = 128 时,square1_2 等于 0
            "11111111";--否则等于 255,也即占空比为 128/255 = 50 % 的方波幅度
                --的最大值和最小值
square2_3<= "00000000" when counter<= "01010101" else
                --当 counter 小于等于 01010101 = 85 时,square1_2 等于 0
            "11111111";--否则等于 255,也即占空比为(255 - 85)/255 = 67 % 的方波幅
                --度的最大值和最小值
square1_3<= "00000000" when counter<= "10101010" else
                --当 counter 小于等于 10101010 = 170 时,square1_2 等于 0
            "11111111";--否则等于 255,也即占空比为(255 - 170)/255 = 33 % 的方波
                --幅度的最大值和最小值
triangle<= counter + counter when counter<"10000000" else
       --当 counter<128 时 triangle = 2 × counter,triangle 的值为 0,2,4,6,8,…,254
          "11111111"   when counter = "10000000" else      --当 counter = 128 时,triangle = 255
            decount + decount;
```

第 9 章　电子电路的 VHDL 综合设计

```
       --当 counter>128 时,triangle = 2 × decounter,triangle 的值为 254,252,250,248,…,2
       DOUT< = SIN when KK = "0001" or KK = "0010" else         --正弦波
            sawtooth when KK = "0011" or KK = "0100" else       --锯齿波
            square1_2 when KK = "0101" else                     --占空比为 50% 的方波
            square2_3 when KK = "0110" else                     --占空比为 67% 的方波
            square1_3 when KK = "0111" else                     --占空比为 33% 的方波
            triangle when KK = "1000" or KK = "1001" else       --三角波
            "00000000";                                         --kk 等于其他值时,输出为 0 即电压为 0 的直流信号
       u1:rom_sindata port map(address = >q1,inclock = >clk,q = >SIN);    --元件例化
       end doit;
```

代码中用到了 rom_sindata 元器件,对于正弦波数据的存储器初始化文件的制定,9.5 节设计项目中已经涉及到。但要注意:在定制如图 9 - 39 中所示的 rom_sindata 时,一定要去掉图中的 outclock 输出端口,否则仿真时 q 的输出始终为 0,而不能正确地把正弦数据读出。

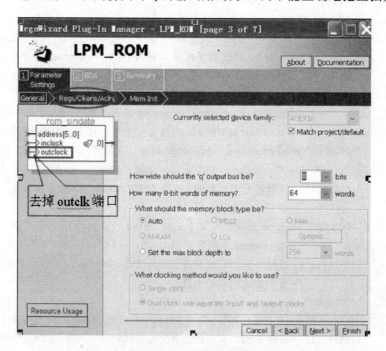

图 9 - 39　LPM_ROM 定制向导

去掉 outclock 的方法是:单击图 9 - 39 中的 Parameter Settings 下的 Regs/Clkens/Aclrs 显示如图 9 - 40 所示,注意图中 Regs/Clkens/Aclrs 的周围已经有了矩形框,表示现在处于该项设置页面。

第9章 电子电路的 VHDL 综合设计

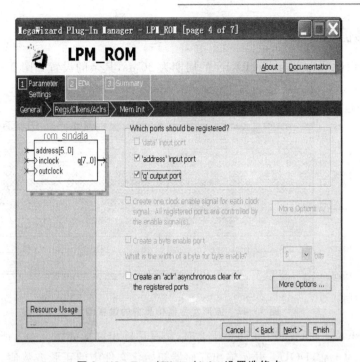

图 9-40 Regs/Clkens/Aclrs 设置选修卡

去掉图 9-40 中的选项 'q' output port 前的"√",即可去掉 outclock 端口,如图 9-41 所示。

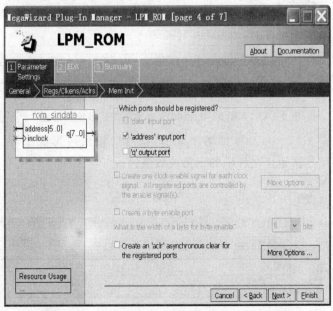

图 9-41 去掉 outclock 端口的定制 ROM 向导图

9.9.4 时序仿真

设置仿真结束时间为 10 ms，CLKIN 的周期为 20 μs，其余的设置如图 9-42 所示。

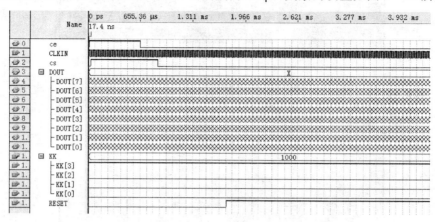

图 9-42 波形发生器仿真前的设置图

当设置矢量 KK[3~0]＝0010 即等于 2 时，仿真后输出波形如图 9-43 所示，图中在 RESET 信号从 0 变为 1 后，DOUT 开始输出存储器初始化文件中的正弦波数值。

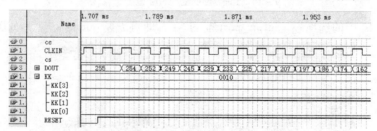

图 9-43 KK[3~0]＝0010 时输出正弦数值波形图

当设置矢量 KK[3~0]＝1000 即等于 8 时，仿真后输出波形如图 9-44 所示，图中从 DOUT 开始输出存储器初始化文件中的三角波数值。

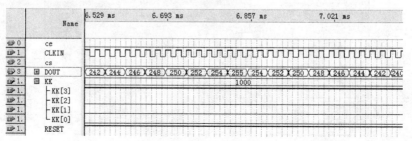

图 9-44 KK[3~0]＝1000 时输出三角波数值波形

对于锯齿波和方波这里就不再给出仿真的波形了。留给读者自行验证。

9.9.5 硬件逻辑验证

对输入/输出端口锁定引脚后再重新编译,然后连接导线,并下载代码。

导线连接说明:

① 输入端口 CLKIN 分配的引脚接实验箱上时钟分频模块 clk2 插孔,并将 JP9(clk2)的跳线跳至 1/2 处,JP1(F_sel1),JP2(F_sel2)的跳线都跳至 1/2 处,此时 clk2 插孔输出的频率为 20 MHz/2/2/2=2.5 MHz;

② 输入端口 RESET 及 KK(3~0)分配的引脚接实验箱上拨码开关输出插孔;

③ 输出端口 CE,CS 分配的引脚接实验箱上 AD558 的 CE,CS 输入引脚插孔;

④ 输出端口 D_out(7~0)分配的引脚接 AD558 的 D7~D0 输入引脚插孔。

硬件验证方法:

开关 KK[3~0]输入为 0010 时,在示波器上显示的正弦波的频率为 39.061 9 kHz,比理论值 2.5 MHz/64=39.062 5 kHz 稍偏小;KK=0001 时正弦波的频率降低一倍即为 19.530 9 kHz(理论值为 19.531 25 kHz);KK=0100 时输出的锯齿波频率为 9.765 4 7 kHz(理论值为 2.5 MHz/255=9.803 9 kHz);KK=0011 时输出的锯齿波频率降低一倍即为 4.882 74 kHz。读者可以自己观察记录方波的频率并计算理论频率。

9.10 多功能电子密码锁的设计

9.10.1 设计要求

① 具有输入的密码位数的指示;

② 逐位输入密码时,按下清除键后,能够对输入的密码全部删除;

③ 输入 6 位正确的初始密码,然后按下确认键后,锁能打开;

④ 在开锁状态,能够对初始密码进行修改,修改时,要先输入旧密码,然后再输入两遍新密码,只有输入的旧密码正确以及两次输入的新密码都一致时,修改密码才能成功(之所以要先输入正确的旧密码,主要是为了防止密码锁拥有人开锁后忘记了上锁就匆忙离开,后面来的人由于不知道密码锁拥有人的旧密码而无法擅自修改密码);

⑤ 具有防止多次密码试探功能。即当连续输入 3 次错误的密码后,再也不能进行密码的输入,并开始报警。

9.10.2 设计思路

如果把输入的 6 位密码看作 6 个状态,则用状态机就很容易实现题目要求的功能。密码

第9章 电子电路的 VHDL 综合设计

锁上锁复位后进入初始状态 st0，然后开始等待按键，并根据判断按下的数字键或功能键决定状态的转移，如图 9-45 所示。图中在状态 st6，输入 enter 键后的很多功能都省略了。

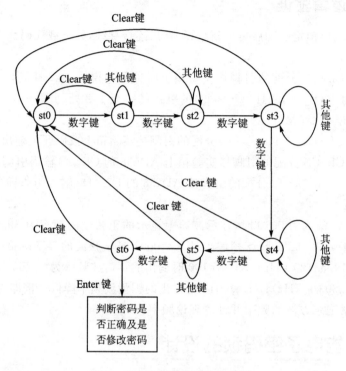

图 9-45 密码锁的状态转移图

9.10.3 程序功能说明

代码中定义数字键 0~9；定义的功能键有：清除密码键 clear、确认键 enter、修改密码键 chgsecret。定义了初始的密码为 123456；定义了复位端口 res 代表上锁时产生的复位脉冲，复位后密码锁处于 st0 状态。在 st0 状态等待输入按键，若输入的是数字键则进入下一个状态 st1，且密码指示位加 1；若输入的是功能键 clear，则返回初始状态 st0，并将把密码指示位清 0；在没有输入到 6 位密码时，按下 clear 键以外的其他功能键，仍然维持原状态。输入 6 位密码后进入 st6，然后再等待输入功能键。若输入的是 clear 功能键，则返回初始状态并清除密码指示位；若输入的是确认键 enter 且修改密码标志位 chgflag=0 的条件下，则比较输入的密码和初始密码是否相等，若相等，则开锁，密码指示标志位清 0，并且维持在 st6 状态等待上锁或复位才能返回到初始状态 st0；若不相等，则不开锁且 ErrCnt 加 1，并返回初始状态 st0；如果 ErrCnt 的值等于 3，则进入报警状态 st_alarm。若开锁状态下，按下了修改密码键 chgsecret，则置修改密码标志位 chgflag=1，修改密码输出端口 modify 输出 1（modify 连接的黄灯亮起，表示要修改密码),并返回到初始状态 st0 等待输入旧密码和新密码。输入的旧密码与初始密码相同且两次输入的新密码一致时保存输入的新密码后,仍然维持在 st6,等待上锁复位脉冲恢复至 st0。其他功能这里不再一一叙述,详细见 9.10.4 小节代码。

9.10.4 VHDL 代码的设计

```vhdl
library ieee;
use ieee.std_logic_1164.all;
use ieee.std_logic_unsigned.all ;
entity lock is
    port (
    clk,clr: in std_logic;
    res: in std_logic;
    columndecode: out std_logic_vector (2 downto 0) ;
 --用于驱动 138 译码器选取 4×8 键盘的 8 条列线的输出端口
    inkeyrow: in std_logic_vector(3 downto 0);
--读取 4×8 键盘的 4 条行线的端口
    lock,openlock: out std_logic;
    bitflag:out std_logic_vector(2 downto 0);--按下密码位数的指示位
    modify:out std_logic;
    alarm_clk: out std_logic);
end lock ;

architecture doit of lock is
type states is (st0,st1,st2,st3,st4,st5,st6,st_alarm);
signal state:states;
signal code1,code2,code3,code4,code5,code6:std_logic_vector(3 downto 0);
signal user_code: std_logic_vector(23 downto 0): = "000100100011010001010110";--初始密码为 123456;
signal temp_code,old_code,new1_code:std_logic_vector(23 downto 0);
signal errcnt,chg_num:std_logic_vector(1 downto 0);
signal chgflag,alarm_on,openflag:std_logic;

signal clkdiv_val : std_logic_vector(1 downto 0);--分频系数
signal columnscan : std_logic_vector(2 downto 0);
signal counter : std_logic_vector(4 downto 0);
signal key_value: std_logic_vector(4 downto 0);
signal row_col_code: std_logic_vector(6 downto 0);
signal clk1,test,koff: std_logic;
```

第 9 章　电子电路的 VHDL 综合设计

```vhdl
begin
temp_code<=code1&code2&code3&code4&code5&code6;
test<=inkeyrow(3)and inkeyrow(2)and inkeyrow(1)and inkeyrow(0);

P1:process(clr,clk)
  begin
    if(clr='0') then
      clkdiv_val<="00";
    elsif(clk'event and clk='1') then
      clkdiv_val<=clkdiv_val+1;
    end if;
end process P1;

clk1<='0' when clkdiv_val<="01" else  --列扫描时钟 clk1 是 clk 的 4 次分频
      '1';

P2:process(clr,clk1,test)
  begin
    if(clr='0') then
      columnscan<="000";  --列扫描信号为 0,停止扫描键盘
    elsif(clk1'event and clk1='1') then
      if(test='0') or (koff='0') then
      --有键按下时,columnscan 值不变,停止扫描列
        columnscan<=columnscan;
      else --没有键按下时,columnscan 加 1 扫描下一列
        columnscan<=columnscan+1;
      end if;
    end if;
end process P2;
columndecode<=columnscan;--信号 columnscan 送列译码输出端口 columndecode
row_col_code<=columnscan&inkeyrow;--将按下键的列和行位置码并起来

P3:process(clk,test)
  begin
  if(clk'event and clk='1') then
    if(row_col_code="0001110") then  --向量的前 3 位是列扫描码,后 4 位是行码
      key_value<="00000";--0
    elsif(row_col_code="0011110") then
```

```vhdl
        key_value<= "00001";--1
elsif(row_col_code = "0101110") then
        key_value<= "00010";--2
elsif(row_col_code = "0111110") then
        key_value<= "00011";--3
elsif(row_col_code = "1101110") then
        key_value<= "00100";--4
elsif(row_col_code = "1111110") then
        key_value<= "00101";--5
elsif(row_col_code = "0001101") then
        key_value<= "00110";--6
elsif(row_col_code = "0011101") then
        key_value<= "00111";--7
elsif(row_col_code = "1001101") then
        key_value<= "01000";--8
elsif(row_col_code = "1011101") then
        key_value<= "01001";--9
elsif(row_col_code = "1101101") then
        key_value<= "01010";--A
elsif(row_col_code = "1111101") then
        key_value<= "01011";--B
elsif(row_col_code = "0101011") then
        key_value<= "01100";--C
elsif(row_col_code = "0111011") then
        key_value<= "01101";--D
elsif(row_col_code = "1001011") then
        key_value<= "01110";--E
elsif(row_col_code = "1011011") then
        key_value<= "01111";--F
elsif(row_col_code = "1001110") then
        key_value<= "10000";--实验箱上键盘上的 MEM 键
elsif(row_col_code = "1011110") then
        key_value<= "10001";--定义功能为 Clear 键,即实验箱上键盘上的 ESC 键
elsif(row_col_code = "1111011") then
        key_value<= "10111";--定义为确认键 Enter,即实验箱上键盘上的 Enter 键
elsif(row_col_code = "0000111") then
        key_value<= "11000";--定义为修改密码键 Chgsecret,对应实验箱上键盘上
                  --的 CTRL 键右侧的一个键
else
```

```vhdl
            key_value<= key_value;
         end if;
      end if;
end process P3;

P4: process(test,clk,clr)--防止按键抖动的进程
 begin
      if(clr = '0') then
         counter<= "00000";
         koff<= '1';
      elsif(clk'event and clk = '1') then
         if(test = '0') then
             counter<= "00000";--有键按下时,信号(或称计数器)counter 清 0
             koff<= '0';--按键断开标志,koff = 0 表示按键没有断开
         elsif(counter<"11110") then    --test = '1' 时
             counter<= counter + 1;
         elsif(counter = "11110") then
            koff<= '1';    --test = '1' 后还要经过 31 个时钟,koff 才能从 0 变为 1
                        --koff = 1 表示按键已经断开,释放
         end if;
      end if;
end process P4;
main: process(res,koff)
    begin
if(res = '1') then
      state<= st0;    --复位时 state = st0 为起始状态
      ErrCnt<= "00";
      chg_num<= "00";--密码错误输入的次数
      alarm_on<= '0'; --报警开关
      lock<= '1'; --lock 输出驱动红灯,lock = 1 红灯亮,表示已经上锁
      openlock<= '0';--openlock 输出驱动绿灯,openlock = 1 绿灯亮,表示已经开锁
      openflag<= '0';-- openflag 标志信号用于在开锁状态下检测按下的修改密码键
      chgflag<= '0'; --修改密码键标志 chgflag = 1 表示在开锁状态下按下修改密码键
      modify<= '0';
      bitflag<= "000";--密码指示位清 0
elsif(koff'event and koff = '1') then
    case state is
when st0 =>     --复位时 state = st0 为起始状态
      if(key_value>= "00000" and key_value<= "01001") then
```

```vhdl
                -- 0=<key_value<=9 表示有数字键键入
                    code1<=key_value(3 downto 0);
                    bitflag<="001";
                    state<=st1;
                else
                    state<=st0;
                end if;
        when st1=>
            if(key_value>="00000" and key_value<="01001") then
                code2<=key_value(3 downto 0);
                bitflag<="010";
                state<=st2;
            elsif(key_value="10001")then --key_value="10001"   ESC==clear
                bitflag<="000";
                state<=st0;
            else
                state<=st1;
            end if;
        when st2=>
            if(key_value>="00000" and key_value<="01001") then
                code3<=key_value(3 downto 0);
                bitflag<="011";
                state<=st3;
            elsif(key_value="10001")then --key_value="10001"   ESC==clear
                bitflag<="000";
                state<=st0;
            else
                state<=st2;
            end if;
        when st3=>
            if(key_value>="00000" and key_value<="01001")then --
                code4<=key_value(3 downto 0);
                bitflag<="100";
                state<=st4;
            elsif(key_value="10001")then --key_value="10001"   ESC==clear
                bitflag<="000";
                state<=st0;
            else
                state<=st3;
```

```vhdl
            end if;
        when st4 =>
            if(key_value >= "00000" and key_value <= "01001")then
                code5 <= key_value(3 downto 0);
                bitflag <= "101";
                state <= st5;
            elsif(key_value = "10001")then --key_value = "10001"  ESC == clear
                bitflag <= "000";
                state <= st0;
            else
                state <= st4;
            end if;
        when st5 =>
            if (key_value >= "00000" and key_value <= "01001")then --
                code6 <= key_value(3 downto 0);
                bitflag <= "110";
                state <= st6;
            elsif(key_value = "10001")then --key_value = "10001"  ESC == clear
                bitflag <= "000";
                state <= st0;
            else
                state <= st5;
            end if;
        when st6 =>
            if(key_value = "10001")then --clear
                bitflag <= "000";
                state <= st0;
            elsif (openflag = '1'and key_value = "11000") then
            --键值 key_value = "11000"定义为 Chgsecret 键
--当用户在开锁状态时,按下 Chgsecret 键,然后分别输入旧密码,新密码
--且新密码要输入 2 次
                chgflag <= '1';--按下 Chgsecret 键的标志
                modify <= '1';
--按下 Chgsecret 键,modify 为高电平,modify 连接的黄灯亮,表示要修改密码
                state <= st0;
            elsif(key_value = "10111"and chgflag = '0')then   --key_value = "10111" Enter
                bitflag <= "000";--按下 Erter 键后,熄灭指示灯
                if(temp_code = user_code)then
                    ErrCnt <= "00";--clear the error times for user
```

```
                openlock< = '1';--openlock out = 1
                openflag< = '1';
                lock< = '0';
                state< = st6;--开锁后维持在 st6,等待上锁脉冲复位至 st0
            elsif(temp_code/ = user_code and ErrCnt<"10")then
                ErrCnt< = ErrCnt + 1;
                state< = st0;--输入了错误的密码后,返回 st0 等待再次输入密码
            elsif(temp_code/ = user_code and ErrCnt = "10")then
                ErrCnt< = ErrCnt + 1; --ErrCnt = 3
                alarm_on< = '1';--打开报警开关
                state< = st_alarm;
            else
                state< = st6;--当输入的不是 Enter 键、Clear 键及修改密码键 Chgsecret
--而是其他键时,则维持在 st6 状态等待输入上述 Enter 键、Clear 键及修改密码键 Chgsecret
            end if;
        elsif(key_value = "10111" and chgflag = '1')then
            --修改密码键按下后,chgflag = 1,之后开始验证修改密码
            if(chg_num = "00")then
                chg_num< = "01";
--开锁状态时,按下 Chgsecret 键,然后输入 6 位旧密码并按下 Enter 键后,
--则读入旧密码并返回 st0
                old_code< = temp_code;
                state< = st0;
            elsif(chg_num = "01")then
                chg_num< = "10";
                new1_code< = temp_code;--第 1 次输入的新密码放入 new1_code 中
                state< = st0;
                bitflag< = "000";--熄灭指示灯
            elsif(chg_num = "10")then --第 2 次输入的新密码在 temp_code 中
                if(old_code = user_code and new1_code = temp_code)then
--若密码更改成功,读入新密码保存至 user_code 中,同时输出端 modify 输出
--低电平,即 modify 连接的黄灯会熄灭;若黄灯会仍然亮着,说明密码更改不成功
                    user_code< = new1_code;
                    modify< = '0';
                    chgflag< = '0';--密码更改成功后,更改密码标志 chgflag 要清 0
                    state< = st6;--密码更改后仍维持在 st6,等待锁上门之后的复位
                        --或者修改密码成功后,若对修改后的密码仍然不满意,
                        --在 st6 状态下,可以再一次按下 Ctrl 键,进行密码更改
                elsif(old_code/ = user_code or new1_code/ = temp_code)then
```

--若输入的旧密码与原来存储的密码不一致或者 2 次输入的新密码不一致
--chg_num 清 0 及 chgflag 继续维持 '1',这样输入旧密码和 2 次新密码,
--再一次重新进行更改密码
                    chg_num<="00";
                    chgflag<='1';
                    state<=st0;
                end if;
            bitflag<="000";--第 2 次输入 6 位新密码并按下 Enter 键后,熄灭指示灯
            end if;
        end if;
    when st_alarm=>
        state<=st_alarm;--报警后状态不再改变,除非由管理员复位,才能解除报警状态,恢复到初始状态
    when others=>null;
    end case;
    end if;
end process main;

alarm_clk<=clkdiv_val(1) and alarm_on;
end doit;

9.10.5 时序仿真

仿真结束时间设置为 1 ms,clk 的周期设置为 10 ns,其余设置如图 9-46 所示。从图 9-46 可以看出,在复位端口 res 变为低电平后即复位后,输入的 6 位密码 123456 都被读入了 code1～code6,同时状态 state 也从 state.st0 变化到 state.st6,然后按下确认键 Enter(键值位 23)后,输出端口 openlock 变为高电平,表示 openlock 连接的绿灯亮即已经开锁,同时输出端口 lock 变为低电平,表示 lock 连接的红灯熄灭即退出上锁状态。

注意,如何才能在仿真图中模拟键盘按下的数字键和功能键呢?我们知道在没有键按下时,列扫描端口 columnscan 按照一定的时间间隔有规律地变化,即从 000 变化到 001,再变化到 010,一直变化到 111。为了能让 key_valued 等于 1,由前面的代码可知,1 的列码是 001 而行码是 1110,所以图中要求给 inkeyrow 输入 1110 时,必须是 columnscan 变为 001 的时刻。若给 inkeyrow 输入 1110 的时刻对应不是 commmscan 变为 001 的时刻,则输入的键都不是 1。为了能做到这一点,需要对波形不断地放大找到精确的对应时刻,而且可能还需要多次调整才能正确地输入想要的键。为了输入波形图中的这些数,笔者也花费了很长的时间,实验时需要读者具有耐心和细心。笔者感觉到,在时间紧张的情况下,图 9-46 以后的仿真图没有必要每一个都做出来,读者可以把更多的精力从波形仿真转移放在硬件功能的实现上,硬件功能

上只要能实现，也就间接地验证了仿真波形。

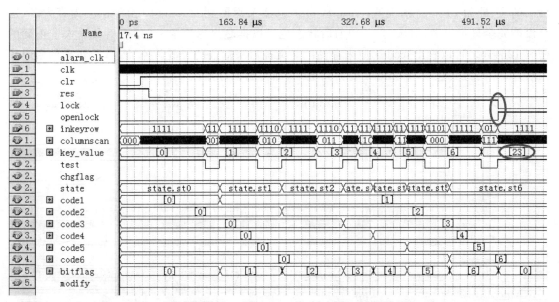

图 9-46　输入正确密码 123456 并按下 Enter 键的仿真图

如图 9-47 所示是输入了错误的密码 123450 并按下 Enter 键后，openlock 仍然维持低电平，即密码锁没能打开的仿真波形图。

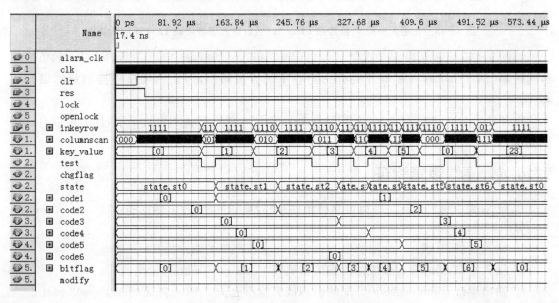

图 9-47　输入错误密码 123450 的仿真图

如图 9-48 所示是先输入一位数字 9，进入了 code1 保存。当按下 Clear 键时，图中圆圈标出的 17 即为 Clear 键的键值，state 从 state.st1 又返回到 state.st0（由于图中内容太多，这个没能完全显示出来，但从 state 的前后状态也可以推断出返回了 st0），然后又输入了正确的密码 123456。可以看出，code1 原来存储的 9 又被后来输入的 1 覆盖掉了。6 位正确的密码输入后，lock 变为低电平，openlock 变为高电平，即密码锁打开。

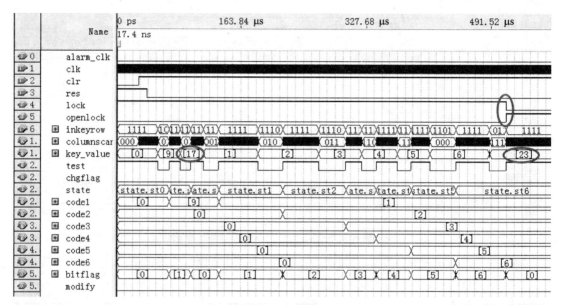

图 9-48　先输入一位 9，接着按 Clear 键，然后输入正确密码 123456 的仿真图

如图 9-49 所示是输入 3 次错误的密码 123450、521087 和 450313 后，ErrCnt 的值变到 3，同时输出端口 alarm_clk 也开始有一定频率的方波输出，因而该端口连接的蜂鸣器开始鸣叫。

在开锁状态下，按下修改密码键 Chgsecret 的仿真图这里就不再给出了，读者可以自己尝试去做。

9.10.6　硬件逻辑验证

对输入/输出端口锁定引脚后再重新编译，然后连接导线，并下载代码。
导线连接说明：
① 输入端口 clr 及 res 分配的引脚接实验箱上拨码开关输出插孔；
② 输入端口 inkeyrow 分配的引脚接实验箱上 inkey0～inkey3 输出插孔；
③ 输出端口 columndecode 分配的引脚接实验箱上 16×16 点阵区的 se0～sel2 插孔；
④ 输出端口 lock 分配的引脚接红色发光二极管（上锁指示）输入插孔；

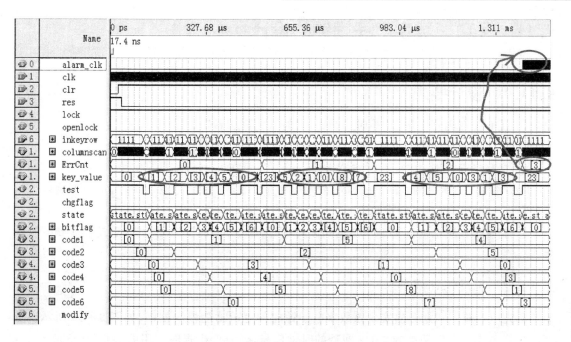

图 9-49 输入 3 次错误的密码后报警时钟开始振荡

⑤ 输出端口 openlock 分配的引脚接绿色发光二极管(开锁指示)输入插孔;

⑥ 输出端口 modify 分配的引脚接黄色发光二极管(修改密码指示)输入插孔;

⑦ 输出端口 bitflag 分配的引脚接 3 个发光二极管输入插孔(输入密码位数指示位),颜色无所谓;

⑧ 输出端口 alarm_clk 分配的引脚接蜂鸣器输入引脚 Bell_in 插孔。

硬件验证方法:

clr 连接的开关拨向低电平时,停止了键盘的扫描,因而无法从键盘上输入密码。clr 连接的开关拨向高电平时,才能从键盘上输入密码。res 连接的开关拨向高电平时,处于上锁复位状态。复位时,上锁指示标志灯亮即红等亮。res 连接的开关拨向低电平时,退出复位状态,等待输入 6 位密码。输入 6 初始密码 123456,此时 3 位密码位数指示灯随着密码位数的增加而按照二进制点亮,6 位密码输入后按下实验箱上键盘的 Enter 键,红灯灭,openlock 连接的绿灯亮,表示锁已经打开,同时密码位数指示灯都会熄灭。在按下 Enter 键之前可以随时按下实验箱上的 Esc 键(定义成了 Clear 键),清除已经输入的密码等待重新输入密码。若输入的密码出现 3 次错误,则蜂鸣器会报警,解除报警的办法只能是复位即 res 连接的开关拨向高电平。若在开锁状态下,按下实验箱上 Ctrl 键右侧的一个键(定义成修改密码 Chgsecret),modify 连接的黄灯亮,表示要修改密码,密码修改成功,modify 连接的黄灯会熄灭;若黄灯仍然亮着,说明密码更改不成功,要继续修改直至修改密码成功,并等待上锁复位脉冲。

9.11 多功能数字电子闹钟的设计

9.11.1 设计要求

① 在6位数码管上按24小时进制显示"时"、"分"、"秒";

② 当电路发生走时误差时具有对"时"和"分"校时功能;

③ 具有整点报时功能,报时响声为4低1高,即在59分51秒、53秒、55秒、57秒输出500 Hz方波信号驱动喇叭,在59分59秒输出1 000 Hz方波信号驱动喇叭,每一下响声持续1 s,最后一响结束时刻正好为整点。

④ 能按照设定的时间如07:19启动闹铃,即用800 Hz的方波驱动喇叭,持续1 min自动停止。

9.11.2 设计思路

首先应该总结和划分出实现该数字电子钟的各逻辑功能模块框图,如图9-50所示。分频的功能主要是产生精准的1 Hz即秒的时钟信号,还有产生报时所用的500 Hz,800 Hz及1 000 Hz的信号。校时电路主要负责根据输入的不同开关进行分和时的调整。分和秒计数器是六十进制计数器,其中个位是十进制,十位为六进制,而时计数器是二十四进制,其中个位是十进制。数据选择器用来选择时、分或秒进行输出并送译码器进行6位数码管的动态显示。报时电路主要完成整点报时和定点报时。了解各模块的功能后,再规定各模块之间的接口,然后采用层次设计概念,先设计处于底层的各功能模块,最后,在顶层文件中将功能模块连接起来。

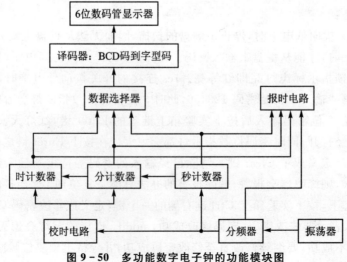

图9-50　多功能数字电子钟的功能模块图

9.11.3　VHDL 代码的设计

分频代码 divfreq.vhd
```vhdl
library ieee;
use ieee.std_logic_1164.all;
use ieee.std_logic_unsigned.all;
entity divfreq is
    port(
    clk156250hz: in  std_logic;
    clk1hzout,clk500hzout,clk1khzout,clk800hzout:out std_logic);
end entity divfreq;
architecture fun of divfreq is
signal clk1hz,clk500hz,clk1khz,clk800hz:std_logic;
begin
process(clk156250Hz)
variable div1:integer range 0 to 78124:=0;
variable div2:integer range 0 to 156:=0;
variable div3:integer range 0 to 78:=0;
variable div4:integer range 0 to 98:=0;
begin
if(clk156250Hz'event and clk156250Hz='1') then
        if(div1=78124) then--每经过 78 125 个时钟后 clk 取反,相当于对 156 250 Hz 进行 156 250 次分频,正好得到 1 kHz
            div1:=0;
            clk1Hz<=not clk1Hz;
        else
            div1:=div1+1;
        end if;
        if(div2=156) then--每经过 156 个时钟后 clk500Hz 取反,相当于对 156 250 Hz 进行 312 次分频次分频,正好得到 500 Hz
            div2:=0;
            clk500Hz<=not clk500Hz;
        else
            div2:=div2+1;
        end if;
        if(div3=78) then--每经过 78 个时钟后 clk1KHz 取反,相当于对 156 250 Hz 进行 156 次分频次分频,正好得到 1 kHz
            div3:=0;
            clk1KHz<=not clk1KHz;
```

```vhdl
            else
                div3 : = div3 + 1;
            end if;
            if(div4 = 98) then--每经过 98 个时钟后 clk800Hz 取反,相当于对 156 250 Hz 进行 196 次分频次,
正好得到 800 Hz
                div4 : = 0;
                clk800Hz< = not clk800Hz;
            else
                div4 : = div4 + 1;
            end if;
        end if;
end process;
clk1Hzout< = clk1Hz;
clk500Hzout< = clk500Hz;
clk1KHzout< = clk1KHz;
clk800Hzout< = clk800Hz;
 END fun ;
```

秒的代码 second.vhd

```vhdl
library ieee;
use ieee.std_logic_1164.all;
use ieee.std_logic_unsigned.all;
entity second is
    port(
        secondclk, reset, setmin : in  std_logic;
        mincarry : out  std_logic;--满 60 s 向分钟的进位输出
        secondout : out std_logic_vector (6 downto 0));
--secondout(6~4)代表秒的十位,最大为 5 需要 3 位二进制数表示
--secondout(3~0)代表秒的个位,最大为 9 需要 4 位二进制数表示
end entity second;
architecture fun of second is
    signal count : std_logic_vector( 6 downto 0);
begin
    secondout < = count;
  process(secondclk, reset, setmin)
    begin
      if(reset = '1') then --高电平时复位,即秒清 0
            count< = "0000000";
      elsif(setmin = '1') then    --setmin = '1' 时则调整分钟
```

```
            mincarry <= secondclk; --调整分钟的时钟来自秒的时钟,即每1秒钟,分钟加1
        elsif(secondclk 'event and secondclk = '1') then
                if(count(3 downto 0) = "1001") then--如果秒的个位为9
                    if(count<16#60#) then--且如果 counter 小于60H即小于60秒
                --而且又恰好等于59H即等于59秒,则向分钟进位,counter 清0
                        if (count = "1011001") then
                            mincarry<= '1';
                            count<= "0000000";
                        else

                            count<= count + 7; --counter 等于09H,19H,29H,39H,49H秒时,加7进行BCD码的调整
                        end if;
                    else
                        count<= "0000000";
                    end if;
                elsif(count<16#60#) then
                    count<= count + 1; --如果秒的个位不为9,且小于60H,counter 加1
                    mincarry<= '0';
                else
                    count<= "0000000";
                end if;
        end if;
    end process;
end fun;
```

分钟的代码 minute.vhd

```
library ieee;
use ieee.std_logic_1164.all;
use ieee.std_logic_unsigned.all;
entity minute is
    port(
        minuteclk,sethourclk,reset,sethour:in std_logic;
        hourcarry:out std_logic;--满60 min 向小时的进位
        minuteout:out std_logic_vector(6 downto 0));
--minuteout(6~4)代表分的十位,最大为5需要3位二进制数表示
--minuteout(3~0)代表分的个位,最大为9需要4位二进制数表示
end entity minute;
architecture fun of minute is
    signal count: std_logic_vector( 6 downto 0);
```

第9章 电子电路的 VHDL 综合设计

```vhdl
    begin
        minuteout <= count;
    process(minuteclk,reset,sethour,sethourclk)
     begin
        if(reset = '1') then    --高电平时复位,即分钟清 0
            count <= "0000000";
        elsif(sethour = '1') then    --sethour = '1' 时则调整小时
            hourcarry <= sethourclk;--sethourclk 为小时的调整时钟,时钟不能太快
                    --比如秒的时钟,每一秒小时加 1 或者接一个单脉冲发生器
        elsif(minuteclk' event and minuteclk = '1') then
--此模块的 minuteclk 应该是 second 模块的 secondcarry
            if(count(3 downto 0) = "1001") then --如果分的个位为 9
                if(count<16#60#) then    --且如果 counter 小于 60H 即小于 60 分
                    if(count = "1011001") then    --counter = 59H,即 59 分时
                        hourcarry <= '1';--向小时进位,同时 counter 清 0
                        count <= "0000000";
                    else
                     count <= count + 7; --counter 等于 09H,19H,29H,39H,49H 分时,加 7 进行 BCD 码的调整
                    end if;
                else
                  count <= "0000000";
                end if;
            elsif(count <16#60#) then
                count <= count + 1;    --如果分的个位不为 9,且小于 60H,counter 加 1
                hourcarry <= '0';
            else
                count <= "0000000";
            end if;
        end if;
    end process;
END fun;
```

小时的代码 hour.vhd

```vhdl
library ieee;
use ieee.std_logic_1164.all;
use ieee.std_logic_unsigned.all;
entity hour is
    port(
        hourclk,reset: in    std_logic;
```

```vhdl
        hourout:out std_logic_vector(5 downto 0));
--hourout(5~4)代表小时的十位,最大为2需要2位二进制数表示
--hourout(3~0)代表小时的个位,最大为9需要4位二进制数表示
end entity hour;
architecture fun of hour is
    signal count: std_logic_vector( 5 downto 0);
begin
    hourout<= count;
  process ( hourclk,reset)
    begin
      if (reset = '1') then      --高电平时复位,即小时清0
          count <= "000000";
      elsif (hourclk' event and hourclk = '1') then
--此模块的hourclk应该是minute模块的minutecarry
          if (count(3 downto 0) = "1001") then--如果小时的个位为9
              if (count<16#24#) then --且如果counter小于24H即小于24小时
                  count <= count + 7; --counter等于09H,19H小时,加7进行BCD码的调整
              else
                  count <= "000000";--若counter等于24H,则counter清0,不需要产生进位
              end if;
          elsif(count<16#23#) then --否则,counter的低4位不等于9且小于23H,counter加1
              count <= count + 1;
          else
              count <= "000000";
          end if;
      end if;
    end process;
end fun;
```

闹铃的代码 alert.vhd

```vhdl
library ieee;
use ieee.std_logic_1164.all;
use ieee.std_logic_unsigned.all;
entity alert is
    port(
        clk1hz,clk500hz,clk1khz,clk800hz: in std_logic;
        alertsec,alertmin:in std_logic_vector(6 downto 0);--整点报时,因而alertmin应该是分钟
模块的输出minuteout
        alerthour:in std_logic_vector(5 downto 0);
```

第 9 章 电子电路的 VHDL 综合设计

```vhdl
          speak: out std_logic);--驱动喇叭端口,不要驱动蜂鸣器
end alert ;
architecture fun of alert is
begin
--数据选择器,当 59 分 51 秒或 53 秒或 55 秒或 57 秒时选择 clk500Hz 的频率输出
--当 59 分 59 秒,选择 clk1kHz 的频率输出
--当时间到达代码设定好的早上 07:19 时,选择 clk800Hz 的频率输出
speak<= clk500hz when alertmin = "1011001" and (alertsec = "1010001"or
          alertsec = "1010011"or alertsec = "1010101"or alertsec = "1010111") else
       clk1khz when alertmin = "1011001" and alertsec = "1011001" else
       clk800hz when alerthour = "000111" and alertmin = "0011001" else
                --预先设定好的早上 07:19 启动闹钟
       '0';
end fun ;
```

选择秒,分,时输出显示的代码 selecttime.vhd

```vhdl
library ieee;
use ieee.std_logic_1164.all;
use ieee.std_logic_unsigned.all;
use ieee.std_logic_arith.all;
entity selecttime is
port(
    scanclk,reset:in    std_logic; --scanclk 为扫描时钟频率应该大于 24 Hz 或更高
    sec,min:in std_logic_vector(6 downto 0);
    hour :in std_logic_vector(5 downto 0);
    timeout:out std_logic_vector(3 downto 0);--timeout 外接数码管的 a,b,c,d,e,f,g,dp
    sel:out std_logic_vector(2 downto 0));--sel 为 6 位数码管的位选择译码信号
end selecttime;
architecture fun of selecttime is
signal count:std_logic_vector(2 downto 0);
BEGIN
process(scanclk,reset)
begin
if (reset = '1') then
    count<= "000";
elsif(scanclk'event and scanclk = '1') then
    if(count>= "101")then   --扫描到第 5 个数码管后,counter 等于 0,再扫描第 0 个数码管,第 1
个数码管,依次扫描
        count<= "000";
```

```vhdl
        else
            count <= count + 1;   --还没有扫描到第5个数码管,counter加1继续扫描下一个数码管
        end if;
    end if;
    case count is
        when "000" => timeout <= sec(3 downto 0);--选择秒的个位输出
        when "001" => timeout(2 downto 0) <= sec(6 downto 4);--选择秒的十位输出
                      timeout(3) <= '0';
        when "010" => timeout <= min(3 downto 0);--选择分的个位输出
        when "011" => timeout(2 downto 0) <= min(6 downto 4);--选择分的十位输出
                      timeout(3) <= '0';
        when "100" => timeout <= hour(3 downto 0);--选择小时的个位输出
        when others => timeout(1 downto 0) <= hour(5 downto 4);--选择小时的十位输出
                       timeout(3 downto 2) <= "00";
    end case;
end process;
 sel <= count;--counter为扫描6位数码管的信号
end fun;
```

数码管的译码模块代码 deled.vhd

```vhdl
library ieee;
use ieee.std_logic_1164.all;
use ieee.std_logic_unsigned.all;
entity deled is
    port(num: in std_logic_vector( 3 downto 0);
         segout: out std_logic_vector(6 downto 0));
end deled;
architecture fun of deled is
begin
segout <= "0111111" when num = "0000" else
         "0000110" when num = "0001" else
         "1011011" when num = "0010" else
         "1001111" when num = "0011" else
         "1100110" when num = "0100" else
         "1101101" when num = "0101" else
         "1111101" when num = "0110" else
         "0000111" when num = "0111" else
         "1111111" when num = "1000" else
         "1101111" when num = "1001" else
```

```
            "0000000";
    end fun;
```

顶层文件可以采用 VHDL 语言描述,主要就是例化元器件,采用 VHDL 语言描述的时钟顶层文件 clock_top.vhd

```vhdl
library ieee;
use ieee.std_logic_1164.all;
entity clock_top is
port(clk156250Hz,reset,setmin,sethour,scanclk:in std_logic;
    speaker:out std_logic;--speaker
    sel:out std_logic_vector(2 downto 0);
    a,b,c,d,e,f,g,dp:out std_logic);
end clock_top;
architecture a of clock_top is
component divfreq   --声明分频器元器件
    port(
    clk156250hz: in  std_logic;
    clk1hzout,clk500hzout,clk1khzout,clk800hzout:out std_logic);
end component;
component second    --声明秒计数器元器件
    port(
        secondclk,reset,setmin:in std_logic;
        secondout:out std_logic_vector(6 downto 0);
        mincarry:out std_logic);
end component;
component minute   --声明分计数器元器件
    port(
        minuteclk,sethourclk,reset,sethour:in std_logic;
        hourcarry:out std_logic;
        minuteout:out std_logic_vector(6 downto 0));
end component;
component hour   --声明小时计数器元器件
    port(
        hourclk,reset:in std_logic;
        hourout:out std_logic_vector(5 downto 0));
end component;
component alert   --声明报时器元器件
    port(
        clk1hz,clk500hz,clk800hz,clk1khz: in std_logic;
```

```vhdl
        alertsec,alertmin:in std_logic_vector(6 downto 0);
        alerthour:in std_logic_vector(5 downto 0);
        speak: out std_logic);
end component;
component selecttime   --声明选择时间元器件
port(
    scanclk,reset:in  std_logic;
    sec,min:in std_logic_vector(6 downto 0);
    hour :in std_logic_vector(5 downto 0);
    timeout:out std_logic_vector(3 downto 0);
    sel:out std_logic_vector(2 downto 0));
end component;
component deled    --声明 LED 译码器元器件
    port(num: in std_logic_vector( 3 downto 0);
         segout: out std_logic_vector(6 downto 0));
end component;
-- ******************************************************
signal ledout:std_logic_vector(6 downto 0);
signal line1,line2: std_logic;
signal line1Hz,line500Hz,line800Hz,line1KHz: std_logic;
signal bus1,bus2:std_logic_vector(6 downto 0);
signal bus3:std_logic_vector(5 downto 0);
signal bus4:std_logic_vector(3 downto 0);
-- ******************************************************
begin
a<= ledout(0);
b<= ledout(1);
c<= ledout(2);
d<= ledout(3);
e<= ledout(4);
f<= ledout(5);
g<= ledout(6);
dp<= '0';
u1: second port map(
            reset =>reset,--端口与端口相连
            secondclk =>line1hz,--端口与信号相连
            setmin =>setmin,--端口与端口相连
            mincarry =>line1,--端口与信号相连
            secondout =>bus1); --同上
```

```vhdl
u2:minute port map(
            minuteclk => line1,--端口与信号相连
            sethourclk => line1hz,-- 同上
            reset => reset,--端口与端口相连
            sethour => sethour,-- 同上
            hourcarry => line2,--端口与信号相连
            minuteout => bus2);-- 同上
u3:hour port map(
            hourclk => line2,--端口与信号相连
            reset => reset,--端口与端口相连
            hourout => bus3);--端口与信号相连
u4:alert port map(
            clk1hz => line1Hz,--端口与信号相连
            clk500hz => line500hz, --同上
            clk800hz => line800hz,--同上
            clk1Khz => line1Khz, --同上
            alertsec => bus1, --同上
            alertmin => bus2,-- 同上
            alerthour => bus3,-- 同上
            speak => speaker);--端口与端口相连
u5:selecttime port map(
            scanclk => scanclk,--端口与端口相连
            reset => reset,-- 同上
            sec => bus1,--端口与信号相连
            min => bus2,-- 同上
            hour => bus3,-- 同上
            timeout => bus4,-- 同上
            sel => sel);--端口与端口相连
u6:deled port map(
            num => bus4,
            segout => ledout);
u7:divfreq port map(
            clk156250hz => clk156250Hz,
            clk1Hzout => line1Hz,
            clk500Hzout => line500Hz,
            clk800Hzout => line800Hz,
            clk1Khzout => line1KHz);
end a;
```

顶层文件也可以采用原理图的方式输入,如图9-51所示。各个元器件之间信号的连线都用文本工具标出,如line1、line2、bus1、bus2等。这与代码中的描述一致,一般来说,采用代码例化元器件,需要连接的信号线应该先标注下来,在写代码时就比较清楚容易了。

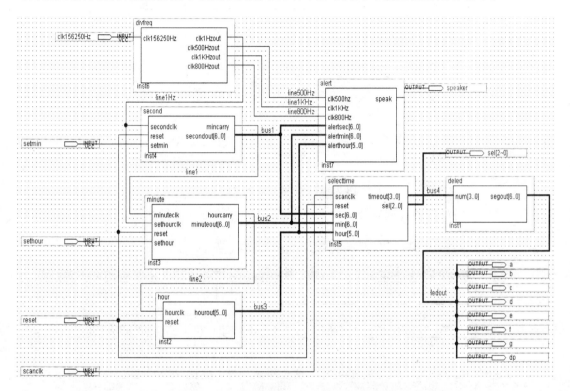

图9-51 数字电子钟各模块连接示意图

之所以没有用先前的clk5MHz(实验箱上时钟模块这个频率很容易得到),就是因为在时序仿真时,耗用的时间很长,没有耐心等待。故使用clk156250Hz,也没有用clk78125Hz这个频率(这个频率仿真起来需要耗用几十秒),是因为在达到78 125这个数的一半即39 062.5时,clk1Hz要取反,而这个数不是整数,故得不到精确的1Hz频率。

9.11.4 时序仿真

仿真结束时间设定为3 s(若设置的仿真结束时间数值大,则仿真时需要的时间太长,若设置的仿真结束时间数值小,则仿真图中将看不出秒加1的结果),clk为156 250 Hz,reset=0,sethour=0,setmin=0时的仿真结果如图9-52所示。可以看出此时每经过1 s,秒单元second能正常加1。

如图9-53所示是sethour=1即要调整小时的仿真结果,显然每经过1秒,小时单元就加

第 9 章 电子电路的 VHDL 综合设计

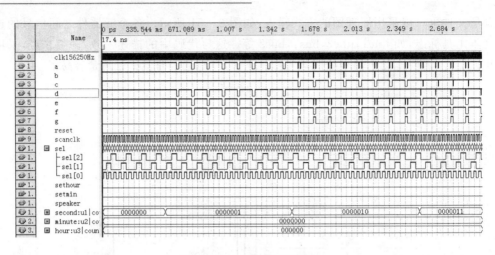

图 9-52 正常计时仿真图

1,起到了调整小时的目的。调整分钟的方法也是一样的,留给读者仿真。

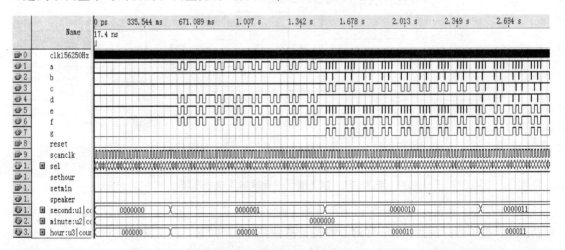

图 9-53 调整小时的仿真图

至于整点报时如 59 分 51 秒、53 秒、55 秒、57 秒和 59 秒时,speaker 的输出结果,如果直接仿真,由于要计算对 clk156250 进行 156 250 次的分频且仿真结束时间还需设置到 60 分,则仿真需要的时间太长(至少需要 30 min 以上),而且一旦仿真结果不正确还需要反复修改仿真,显然仿真验证的时间太长。为此我们可以换一种思路仿真,方法是单独建立一个名为 alert 的工程并将 alert.vhd 加入到该工程,在波形矢量文件中就可以直接对输入引脚 clk1 Hz 输入频率为 1 Hz 的波形,仿真时间就可以大大缩短了。仿真结果如图 9-54 所示。从图中可以看出在 11 点 59 分的 51、53、55、57 及 59 秒时,speak 有一定频率的方波输出驱动喇叭。

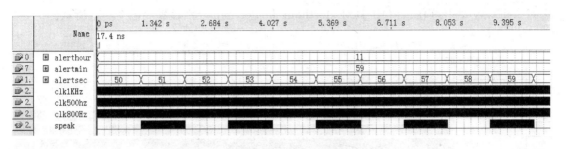

图 9-54　整点报时仿真图

为了更加清楚地看出在 51、53、55、57 及 59 秒等时刻 speak 输出的频率，选中仿真波形窗口左侧的放大工具按钮，并在图需要的位置单击放大或在图中的任何位置右击鼠标，在弹出菜单中选中 Zoom→Zoom in，然后单击鼠标左键对波形进行放大。放大的结果如图 9-55～图 9-56 所示。从图 9-55 可以看出在 11 点 59 分 51 秒时，speak 输出的频率为 500 Hz，而从图 9-56 可以看出在 11 点 59 分 59 秒时，speak 输出的频率是 1 000 Hz。

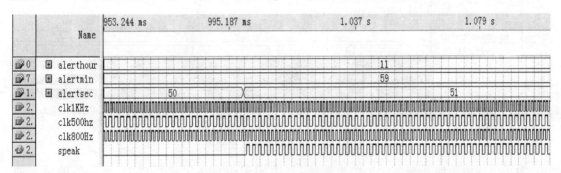

图 9-55　整点报时仿真放大图（一）

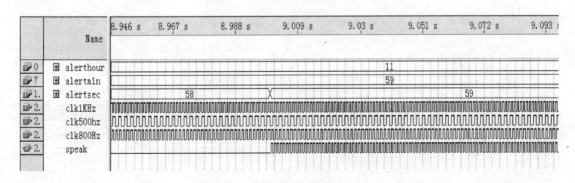

图 9-56　整点报时仿真放大图（二）

对 7∶19 时的仿真波形如图 9-57 所示。仿真结束时间设定为 3 s，通过 vwf 左侧的工具

第9章　电子电路的 VHDL 综合设计

即 Arbitray Value(任意值)工具对 alerthour 和 alertmin 分别设置成图 9-57 所示。

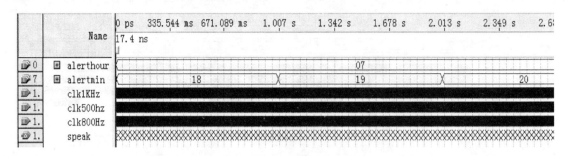

图 9-57　定点报时仿真前的设置图

仿真结束后，单击 Views 菜单下的 Fit in windows 或按组合键 Ctrl+W，以便整体地输出波形。如图 9-58 所示，在从 7 点 18 分变为 19 分时，speak 开始输出 800 Hz 的频率。

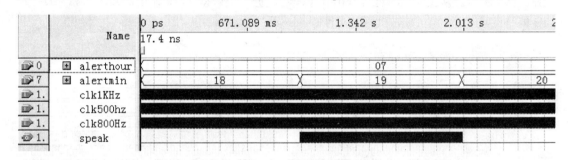

图 9-58　定点报时的仿真结果

为了更加清楚地观察 speak 输出频率，对上图的仿真结果进行放大，放大后的结果如图 9-59 所示。从图中可以清楚地看到从 7 点 18 分变为 19 分时的波形图，speak 输出的频率是 800 Hz。

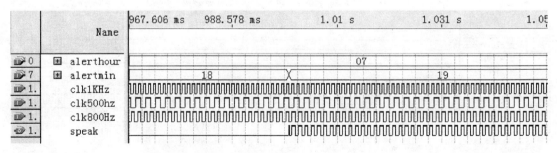

图 9-59　定点启闹仿真图

如图 9-60 是从 7 点 19 分变为 7 点 20 分的波形。可以清楚地看清时间一旦跳过了 7:19 分，speak 停止输出 800 Hz 频率信号，即停止了报时。

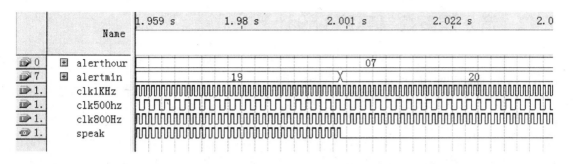

图 9-60　定点停止闹钟仿真图

9.11.5　硬件逻辑验证

对输入/输出端口锁定引脚后再重新编译，然后连接导线，并下载代码。

导线连接说明：

① 顶层文件 clock_top 中的输入端口 clk156250Hz 分配的引脚接实验箱上时钟分频器模块 clk1 输出插孔，使得 clk1 的跳线跳至 1/8 处，F_SEL1 跳线跳至 1/16 处，故 clk1 插孔输出的频率为 20 MHz/8/16＝156 250 Hz；

② clock_top 中的输入端口 reset，setmin，sethour 分配的引脚分别接实验箱上 3 个拨码开关输出插孔；

③ 顶层文件 clock_top 中的输入端口 scanclk 分配的引脚接时钟分频器模块 clk3 或 clk2 插孔，要保证 clk3 或 clk2 插孔输出的频率在 50 Hz×6（6 只数码管）＝300 Hz 以上，数码管上显示的时间才不闪烁；

④ clock_top 中的输出端口 a，b，c，d，e，f，g，dp 分配的引脚接实验箱上 8 位 8 字形数码管区的 a，b，…，f，g，dp 输入插孔；

⑤ clock_top 中的输出端口 sel 分配的引脚接 16×16 点阵区的 se0～sel2 输入插孔；

⑥ clock_top 中的输出端口 speake 分配的引脚接实验箱上的喇叭 speaker_in 输入插孔。

硬件验证方法：

res 连接的开关拨向高电平时，停止计时及数码管的扫描。res，sethour 和 setmin 都拨向低电平，在数码管上显示的时间正常计时（左边的数码管显示小时，右边的是秒，中间的是分钟）。sethour 连接的开关拨向高电平时，每隔 1 s 数码管上的小时加 1，再拨向低电平时停止小时的调整；setmin 连接的开关拨向高电平时，每隔 1 s 数码管上的分钟加 1，再拨向低电平时停止分钟的调整。验证整点报时，可以用上述方法将分钟快速地调整至 59 分，然后等待 51 秒的到来，从喇叭上可以听到整点报时的声音。验证定点 7:19 报时，将小时快速地调整至 7，将分钟调整至 18，然后等待 7:19 时刻的到来，7:19 到来时，喇叭会响 1 分钟，时间变为 7:20 时，喇叭声响消失。

9.12 音乐演奏控制电路的设计

9.12.1 音乐演奏原理

硬件演奏乐曲的原理其实很简单,就是乐曲当中不同的音名与对应着不同频率,该频率信号驱动扬声器就会发出该音调。这里要首先了解音名和频率之间的关系。音乐的十二平均率规定:每两个八度音(如简谱中的中音 1 与高音 1)之间的频率相差一倍。在两个八度音之间,又可分为十二个半音,每两个半音的频率比为 $\sqrt[12]{2} \approx 1.122\,46$。另外,音名 A(简谱中的低音 6)的频率为 440 Hz,音名 B 到 C 之间、E 到 F 之间为半音,其余为全音。由此可以计算出简谱中从低音 1 至高音 1 之间每个音名的频率,如表 9-8 所列。由于音阶频率多为非整数,而分频系数又不能为小数,故必须将计算得到的分频数四舍五入取整。若基准频率过低,则由于分频系数过小,四舍五入取整后的误差较大。用硬件描述语言设计分频器比较容易,因而选取的基准频率越高,分频后的频率与理论频率之间的误码就越小。实际上,只要各个音名间的相对频率关系不变,C 作 1 与 D 作 1 演奏出的音乐听起来都不会"走调"。

表 9-8 简谱中音名与频率的关系

音 名	频率/Hz	音 名	频率/Hz	音 名	频率/Hz
低音 1	261.63	中音 1	523.25	高音 1	1 046.50
低音 2	293.67	中音 2	587.33	高音 2	1 174.66
低音 3	329.63	中音 3	659.25	高音 3	1 318.51
低音 4	349.23	中音 4	698.46	高音 4	1 396.92
低音 5	391.99	中音 5	783.99	高音 5	1 567.98
低音 6	440	中音 6	880	高音 6	1 760
低音 7	493.88	中音 7	987.76	高音 7	1 975.52

9.12.2 设计要求与设计思路

设计要求:用硬件描述语言设计实现能演奏"梁祝"乐曲的控制器,并能反复演奏。

设计思路:利用现成的微处理器(CPU 或 MCU)实现乐曲演奏比较简单,而以纯硬件完成乐曲演奏电路的逻辑要复杂的多,若用硬件描述语言和 EDA 工具,则很容易实现。

如图 9-61 所示简要地介绍实现的乐曲演奏电路的设计思路。我们知道,乐曲的演奏的基本要素有两个:每个音符的发音频率和该音符的持续时间(节拍)。每个音符对应的频率是固定的,这可以由比较高的基准频率(这里选取实验箱上时钟发生模块的 20 MHz)通过分频得到,这由图 9-61 所示的 speakera 模块完成。由于分频后得到的信号是脉宽极窄的脉冲式信号,不利于驱动扬声器发声,在 speakera 模块的内部通过增加一个 D 触发器对分频输出信号再一次进行 2 次分频,得到占空比为 50% 的方波信号 spkout(该信号直接接实验箱上的扬声器输入端口 spkin),以增大驱动扬声器的能力。

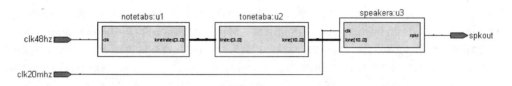

图 9-61 音乐演奏控制器功能图

在音乐中,时间被分成均等的基本单位,每个单位叫做一个"拍子"或称一拍。拍子的时值是以音符的时值来表示的,一拍的时值可以是四分音符(即以四分音符为一拍),也可以是二分音符(以二分音符为一拍)或八分音符(以八分音符为一拍)。本项目采用一拍为四分音符,一拍的时间为 0.25 s,频率为 4 Hz 的方波信号的周期正好是 0.25 s。由于实验箱上的时钟模块(晶振 20 MHz)是通过 74LS393 分频得到各个时钟频率的,显然得到的时钟频率只能按 2 幂次递减,经过计算只能得到比较接近 4 Hz 的频率为 20 MHz/2^{22}≈4.8 Hz。模块 notetabs 中存放着演奏"梁祝"乐曲所需的音符及每个音符持续拍数的数据(见存储器初始化文件 data_liangzhu.mif,例如该文件中开始的 4 个地址单元存储的都是音符 3,即音符 3 持续 4 拍,接下来的 04 和 05 地址单元内容为音符 5,持续为 2 拍)。因此,模块 notetabs 的功能是在输入时钟 clk4dot8(频率为 4.8 Hz)的作用下地址不断加 1 并能依次取出对应地址单元的音符数据,若要实现不断演奏,则要求地址计数器加到某个值时应能复位成全 0,再从头开始计数。

模块 notetabs 输出的音符数据必须转换成能发出该音符对应的频率,因而模块 tonetaba 完成将输入的音符数据转化成对应的频率所需的分频系数值,这实质上就是完成查表,当然需要提前根据选用的基准频率计算出这些音符数据所需的分频值。模块 speakera 则根据输入的基准频率 clk20mhz 和模块 tonetaba 输出的分频值产生所需要的音调频率,以驱动扬声器发声。

9.12.3 VHDL 代码设计

第 1 步,新建一个 Quartus Ⅱ 工程文件 liangzhu.qpf(qpf:Quartus Ⅱ project file)。
第 2 步,生成下面的存储器初始化文件 data_liangzhu.mif。

```
width = 4;
depth = 256;
address_radix = dec;
data_radix = dec;
content begin
```

第9章 电子电路的 VHDL 综合设计

--QuartusⅡ要求输入时每一个以分号结束的语句都要占一列,否则编译时就会出
--错;而 MaxplusⅡ则可以几条语句占用一列编译时也不出错
00:3;01:3;02:3;03:3;04:5;05:5;06:05;07:06;08:08;09:08;10:8;11:9;12:6;13:8;14:5;15:5;16:
12;17:12;18:12;19:15;20:13;21:12;22:10;23:12;24:9;25:9;26:9;27:9;28:9;29:9;30:9;31:0;32:
9;33:9;34:9;35:10;36:7;37:7;38:6;39:6;40:5;41:5;42:5;43:6;44:8;45:8;46:9;47:9;48:3;49:3;
50:8;51:8;52:6;53:5;54:6;55:8;56:5;57:5;58:5;59:5;60:5;61:5;62:5;63:5;64:10;65:10;66:10;
67:12;68:7;69:7;70:9;71:9;72:6;73:8;74:5;75:5;76:5;77:5;78:5;79:5;80:3;81:5;82:3;83:3;
84:5;85:6;86:7;87:9;88:6;89:6;90:6;91:6;92:6;93:6;94:5;95:6;96:8;97:8;98:8;99:9;100:12;
101:12;102:12;103:10;104:9;105:9;106:10;107:9;108:8;109:8;110:6;111:5;112:3;113:3;114:3;
115:3;116:8;117:8;118:8;119:8;120:6;121:8;122:6;123:5;124:3;125:5;126:6;127:8;128:5;129:
5;130:5;131:5;132:5;133:5;134:5;135:5;136:0;137:0;138:0;
end;

第3步,以存储器初始化文件定制 ROM。

第4步,输入下面的顶层文件和3个底层文件,并将这4个文件都加入到以顶层文件名命名的 QuartusⅡ工程中来。

第5步,进行全程编译。

liangzhu.vhd --歌曲演奏电路的顶层设计

```
library ieee;
use ieee.std_logic_1164.all;
entity liangzhu is
port(clk20mhz:in std_logic;--20 MHz 的输入端口
     clk4dot8hz:in std_logic;--4.8 Hz 的节拍频率信号,lianzhudata.mif 中每一地址
                            --的数值持续 0.25 s,即一拍持续 0.25 s
     spkout:out std_logic);--声音输出端口,用以驱动喇叭
end;
architecture one of liangzhu is
component notetabs     --声明由文件 notetabs.vhd 生成的元件
port(clk:in std_logic;
     toneindex:out std_logic_vector(3 downto 0));
end component;
component tonetaba     --声明由文件 tonetaba.vhd 生成的元件
port(index:in std_logic_vector(3 downto 0);
     tone:out std_logic_vector(10 downto 0));
end component;
component speakera     --声明由文件 speakera.vhd 生成的元件
port(clk:in std_logic;
     tone:in std_logic_vector(10 downto 0);
     spks:out std_logic);
```

第 9 章　电子电路的 VHDL 综合设计

```
  end component;
   signal tone1 :std_logic_vector(10 downto 0);
   signal toneindex1:std_logic_vector(3 downto 0);
  begin
  u1:notetabs    port map(clk => clk4dot8hz,toneindex => toneindex1);--元件例化
  u2:tonetaba    port map(index => toneindex1,tone => tone1);
  u3:speakera    port map(clk => clk20mhz,tone => tone1,spks => spkout);
  end;
```

notetabs.vhd --底层文件

```
  library ieee;
  use ieee.std_logic_1164.all;
  use ieee.std_logic_unsigned.all;
  entity  notetabs is
  port(clk:in std_logic;
       toneindex:out std_logic_vector(3 downto 0));--输出"梁祝"乐曲中的音符数据
  end;
  architecture  one of notetabs is
  component  rom_dataliangzhu   --声明定制梁祝数据 ROM 时的文件
                                --rom_dataliangzhu.vhd 生成的元件
  port(address:in std_logic_vector(7 downto 0);
      inclock:in std_logic;
          q:out std_logic_vector(3 downto 0));
  end component;
      signal counter:std_logic_vector(7 downto 0);
  begin
  cnt8:process(clk,counter)
  begin
  if counter = 138    then counter< = "00000000";
  --由包含梁祝数据的存储器初始化文件可知,该文件中最后一个地址单元是 138,
  --表示演奏完一遍,因而地址计数器要复位
  elsif (clk'event  and clk = '1')    then counter< = counter + 1;
  end if;
  end process  cnt8;
  u1:rom_dataliangzhu   port map(address => counter,q => toneindex,inclock => clk);
  end ;
```

tonetaba.vhd--底层文件

```
  library ieee;
```

```vhdl
use ieee.std_logic_1164.all;
entity tonetaba is
port(index:in std_logic_vector(3 downto 0);
     tone:out std_logic_vector(10 downto 0));
end;
architecture one of tonetaba is
begin
search:process(index)   --查找进程,根据音符索引号查找对应的分频值
begin
case index is
--从模块 speakeral.vhd 可以知道,tone 并不是真正的分频系数值
--而是一个 11 位计数器预置的初始值,实际的分频值为 $2^{11} - tone$
when "0000" =>tone<= "11111111111";--2047
--音符 0 对应的频率 0,输出的是直流信号(模块 speakeral.vhd 中的分析)
when "0001" =>tone<= "01100000101";--773
when "0010" =>tone<= "01110010000";--912
when "0011" =>tone<= "10000001100";--1036
when "0101" =>tone<= "10010101101";--1197
when "0110" =>tone<= "10100001010";--1290
when "0111" =>tone<= "10101011100";--1372
when "1000" =>tone<= "10110000010";--1410
when "1001" =>tone<= "10111001000";--1480
when "1010" =>tone<= "11000000110";--1542
when "1100" =>tone<= "11001010110";--1622
when "1101" =>tone<= "11010000100";-- 1668
when "1111" =>tone<= "11011000000";--1728
when others =>null;
end case;
end process  search;
end;
```

speakera.vhd--底层文件

```vhdl
library ieee;
use ieee.std_logic_1164.all;
use ieee.std_logic_unsigned.all;
entity  speakera is
port(clk:in std_logic;
     tone:in std_logic_vector(10 downto 0);
     spks:out std_logic);
```

end;
architecture one of speakera is
signal preclk,fullspks:std_logic;
begin
divideclk:process(clk)　--对 clk 进行预分频进程
　　　variable　count5:std_logic_vector(4 downto 0);
begin
preclk<='0';　--将 clk 进行 27 预分频,preclk 为 clk 的 27 分频
if count5>25 then preclk<='1';count5:="00000";
elsif clk'event and clk='1' then count5:=count5+1;
end if;
end process divideclk;
genspks:process(preclk,tone)
　　　variable count11:std_logic_vector(10 downto 0);
begin
if preclk'event　and preclk='1'　then
--预置 11 位的分频值,fullspks 的频率＝preclk 的频率÷(800H-tone)
--但若 tone＝"111_1111_1111"或 0x7ff,则 fullspks 在一个节拍的时间内始终输出 1
--可以看出是直流,频率为 0,不满足上面的公式
　　　if count11=16#7ff#　then count11:=tone;fullspks<='1';
　　　else count11:=count11+1;fullspks<='0';
　　　end if;
end if;
end process　genspks;
delayspks:process(fullspks)
　　　variable count2:std_logic;
begin
--将占空比极窄的 fullspks 再 2 分频,变成占空比为 50% 的脉冲
--使其有足够的功率驱动扬声器发声
if fullspks'event　and fullspks='1'　then　count2:=not count2;
　　if count2='1'　then spks<='1';
　　else spks<='0';
　　end if;
end if;
end process delayspks;
　　　end ;

9.12.4　时序仿真

最后一个项目的仿真图,留给读者自己去完成。

9.12.5 硬件逻辑验证

对输入/输出端口锁定引脚后再重新编译,然后连接导线,并下载代码。

导线连接说明:

① 顶层文件 liangzhu.vhd 中的输入端口 clk20MHz 分配的引脚接时钟分频器模块 clk0 输出插孔,使得 clk1 的跳线跳至 1/8 处,F_SEL1 跳线跳至 1/16 处,故 clk1 插孔输出的频率为 20 MHz/8/16=156 250 Hz;

② 顶层文件 liangzhu.vhd 中的输入端口 clk4dot8Hz 分配的引脚接时钟分频器模块 clk5 输出插孔,并将 clk5 插座的跳线选择 1/4 处,即先对 20 MHz 的频率进行 4 分频得到 5 MHz,然后再将 F_sel1~F_sel5 的跳线都跳至 1/16 处,最终 clk5 插孔输出的频率为 5 MHz/16^5=4.76 Hz,比较接近 4.8 Hz;

③ 顶层文件 liangzhu.vhd 中的输出端口 clk4dot8hz 分配的引脚接扬声器输入引脚 speak_in 插孔。

硬件验证方法:

下载代码后扬声器发出"梁祝"的乐曲,演奏完一遍再重复演奏。

习 题

9.1 设计一个代码转换电路。

设计要求:采用集成 4 位加法器 74283 设计一个代码转换电路,可以根据控制键状态进行余 3 码与 8421 码的相互转换。待转换码由按键输入,输出码用发光二极管指示,并输出一位进位或借位信号。

设计提示:同样十进制数符的 8421BCD 码加 3 后就是余 3 码。因而,当输入码为 8421 码时,利用控制键的状态产生加数 0011 使输入码加 3 后输出余 3 码;当输入是余 3 码时,利用控制键状态产生 0011 的补码 1101,使输入码减 3(加 3 的补码)后输出 8421 码。

9.2 设计一个数字频率/周期测量系统。

设计要求:设计一个测量 TTL 方波信号频率或周期的数字系统。用按键选择测量信号频率或周期。测量值采用 4 个 LED 七段数码管显示,并以发光二极管指示测量对象:频率(周期)以及测量单位:Hz(s)、kHz(ms)。频率和周期的测量范围都有 4 档量程。

① 测量结果显示 4 位有效数字,测量精度为万分之一。

② 频率测量范围:0.1 Hz~999.9 kHz,分为 4 档。

第 1 档:100.1 Hz~999.9 Hz

第 2 档:1.000 kHz~9.999 kHz

第 3 档:10.00 kHz~99.99 kHz

第 4 档:100.0 kHz~999.9 kHz

周期测量范围:0.1 μs～999.9 μs,分为 4 档。

第 1 档:1 ms～9.999 ms

第 2 档:10.00 ms～99.99 ms

第 3 档:100.0 ms～999.9 ms

第 4 档:1.000 s～9.999 s

③ 量程切换可以采用两个按键手动切换或由电路控制自动切换。

9.3 设计一个出租车计价系统。

设计要求:能显示行驶的公里数、累计总时间和总费用。计费方式为,行程 3 km 内且等待累计时间 3 min 内,起步价 7 元;超过 3 km 后每公里单价 1.4 元,等待时间超过 2 min 后每分钟单价 1.6 元。行程公里信号用 1 Hz 模拟,每个脉冲表示行驶了 1 km;等待时间用 2 Hz 脉冲模拟,每个脉冲表示等待了 1 min。计程范围为 0～99 km,计时范围为 0～59 min,计价范围为 0～999.9 元,满量程后自动归零。用两个电平按键分别模拟计费开始与结束以及马达运转信号,并设置一个计费清 0 按钮。

第 10 章

电子系统 EDA 设计仿真

在电子系统 EDA 设计流程中,设计验证是一个重要而又费时的环节,它贯穿设计的整个过程之中。随着 EDA 技术的发展,设计的规模越来越大、越来越复杂,设计的验证已经成为一个日益困难和繁琐的事情,因此,设计者需要选取一套有效的验证工具来对设计进行快速仿真和测试。目前验证方法手段不断改进提高,对一个电子系统的设计,提倡用软件、硬件协同验证的方法,加速仿真过程。

本章在介绍 EDA 设计仿真概念的基础上,通过实例重点介绍 EDA 仿真工具 Modelsim 的使用方法。

10.1 电子系统 EDA 设计仿真概述

10.1.1 EDA 设计仿真概述

电子系统的 EDA 设计验证包括功能仿真、时序仿真和电路验证。而仿真是指使用设计软件包对已实现的设计进行完整测试,模拟实际物理环境下的工作情况。

由于 EDA 工具软件效率很高,VHDL 综合和布线工具可以在数分钟到数小时内完成设计的实现处理。当初次的实现结果仿真后,若不能满足速度或资源要求而需要进一步修改设计时,可以再综合布线,再仿真,直到满足设计目标为止。

在电子系统的 EDA 设计中,完整的设计流程往往会涉及多个 EDA 工具,比如设计输入工具、综合工具、布局布线工具、仿真工具等。如何将这些 EDA 工具进行适当的结合,在符合各个工具接口情况下发挥各个工具的特长,是每一个 PLD 设计工程师都要面临的问题。目前的第三方 EDA 仿真工具种类繁多,Modelsim 仿真工具是业界最流行、影响力最大的仿真工具之一,具有速度快、精度高和便于操作的特点,此外还具有代码分析能力。图 10-1 是利用 Modelsim 仿真工具与综合工具 PLD Compiler II 及布线工具 Foundation Series 或 Quartus 相配合实现电子系统 EDA 设计的流程图。

在设计输入阶段,由于 Modelsim 仅支持 VHDL 或 VerilogHDL,所以在选用多重设计输入工具时,可以使用文本编辑器完成 HDL 语言的输入。当然也可以利用相应的工具以图形

第 10 章 电子系统 EDA 设计仿真

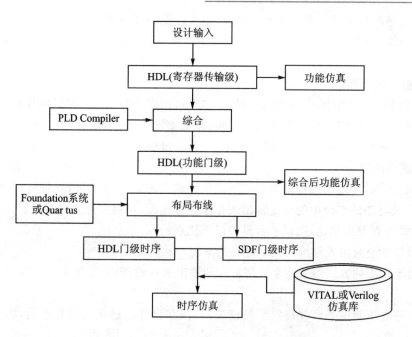

图 10-1 电子系统 EDA 设计流程图

方式完成输入，但必须能够导出对应的 VHDL 或 VerilogHDL 格式。

从图 10-1 可以看出，在电子系统 EDA 设计过程中，主要用到的仿真是功能仿真、综合后功能仿真和时序仿真。

1. 功能仿真（前仿真，代码仿真）

功能仿真也叫为前仿真、代码仿真。主旨在于验证电路的功能是否符合设计要求，其特点是不考虑电路门延迟与线延迟。可综合 FPGA/CPLD 代码是用 RTL 级代码语言描述的，其输入为 RTL 级代码，也就是 HDL 源文件与 Testbench。在设计的最初阶段发现问题，可节省大量的时间和精力。

2. 综合后功能仿真

此级仿真是在综合后、实现前而进行的功能仿真。综合后功能仿真可以检验综合后的功能是否满足功能要求，其速度比功能仿真要慢，比时序仿真要快。综合后功能仿真的输入是从综合得到的一般性逻辑网表抽象出的仿真模型，该过程不加入时延文件，只需要网表文件。所以综合后功能仿真的结果往往与 RTL 级功能仿真结果相同。

3. 时序仿真

布局布线后的时序仿真。是在综合后功能仿真的基础上加入时延文件(.sdf)的仿真，比较真实地反映了逻辑的时延与功能。综合考虑了电路的路径延迟与门延迟的影响，验证电路能否在一定时序条件下满足设计构想的过程,是否存在时序违规等。

综合后功能仿真和时序仿真又统称为后仿真。无论是功能仿真,还是时序仿真,其仿真方法有两种:

(1) 交互式仿真方法

在众多的 EDA 工具中,大多数的 VHDL 仿真器允许进行实时交互式的操作,允许在仿真运行期间对输入信号复制,指定仿真执行时间,并观察输出波形,最终经过多次反复的仿真过程后,在系统的逻辑功能、时序关系满足要求后,仿真过程结束。

(2) 测试平台法

利用测试平台,可以实现自动地对被测试单元输入测试矢量信号,并且通过波形输出,文件记录输出,或与测试平台中的设定输出矢量来进行比较,可以验证仿真结果。

与交互式仿真方法相比,测试平台具有以下优点:

① 可以简便地对输入和输出矢量进行档案记录;

② 相对于手工的方式需要逐个处理输入和输出矢量而言,它提供了一种更为系统的仿真途径;

③ 一旦建立了测试平台并确定了测试矢量后,在设计经过多次的修改后,仍然可以很容易地重新进行仿真;

④ 针对原 VHDL 模型的测试平台,同样可以应用在实现后设计的时序仿真中。

大多数 EDA 工具可以生成设计实现后的 VHDL 模型,它表达了设计在目标器件结构下的详细信息。包括目标器件使用的单元结构及其相连的信号,而且还包括了必要的时序信息,以便让模拟软件检测信号建立时间冲突,并计算传输延时。

测试平台与源代码具有相同的输入、输出端口,因此,利用测试平台可以对一个设计进行功能仿真和时序仿真。

10.1.2 测试(平台)程序的设计方法

为了进行正确的仿真,对测试程序的书写也有一定的要求。一般而言,测试(平台)程序应包括:

① 被测实体引入部分;

② 被测实体仿真信号输入部分;

③ 被测实体工作状态激活部分;

④ 被测实体信号输出部分;

⑤ 被测实体功能仿真的数据比较以判断结果输出部分(错误警告,成功通过信息);

⑥ 被测实体的仿真波形比较处理部分。

为了进行正确的仿真,对仿真程序的书写也有一定的要求。例如,程序应包含仿真输入信号的处理部分。例 10-1 是对 1 位全加器构造的测试程序,接下来根据此例就几个问题作一说明。

【例 10-1】 对 1 位全加器构造的测试程序。

```
LIBRARY IEEE
USE IEEE.STD_LOGIC_1164.ALL;
ENTITY adder_tb IS
END ADDER;
ARCHITECTURE tb_architecture OF adder_tb IS
    COMPONENT adder                                    --被测元件声明
    PORT(a,b,cin:IN STD_LOGIC;
         sum,cout:OUT STD_LOGIC);
    END COMPONENT;
SIGNAL a,b,cin:STD_LOGIC;                              --输入激励信号
SIGNAL sum,cout:STD_LOGIC;                             --输出仿真信号
 TYPE test_rec IS record
   a:STD_LOGIC;
   b:STD_LOGIC;
   cin:STD_LOGIC;
   sum:STD_LOGIC;
   cout:STD_LOGIC;
 END record;
 TYPE test_arry IS ARRAY(POSITIVE RANGE<>)OF test_rec;
 COMSTANT pattern:TEST_ARRY:=(
     (a='0',b='0',cin=>'0',sum=>'0',cout=>'0')         --测试向量表
     (a='0',b='0',cin=>'1',sum=>'1',cout=>'0')
     (a='0',b='1',cin=>'0',sum=>'1',cout=>'0')
     (a='0',b='1',cin=>'1',sum=>'0',cout=>'1')
     (a='1',b='0',cin=>'0',sum=>'1',cout=>'0')
     (a='1',b='0',cin=>'1',sum=>'0',cout=>'1')
     (a='1',b='0',cin=>'0',sum=>'0',cout=>'1')
     (a='1',b='0',cin=>'1',sum=>'1',cout=>'1')
BEGIN
UUT:adder
PORT MAP(a=>a,b=>b,cin=>cin,sum=>sum,cout=>cout);
STIM:PROCESS
 VARIABLE vector:TEST_REC;
 VARIABLE errors:BOOLEAN:=FALSE;
 BEGIN
   FOR i IN pattern'RANGE LOOP
   vector:=pattern(i);
```

```
            a< = vector.a;                      --由测试向量表施加激励
            b< = vector.b;
         cin< = vector.cin;
        WAIT FOR 100ns;                         --仿真结果与预期结果比较
          IF (sum/ = vector.sum) THEN errors: = TURE;
          END IF;
          IF(cout/ = vector.cout) THEN errors: = TURE;
          END IF;
        END LOOP;
    ASSERT NOT ERRORS
        REPORT"ERRORS!!!"
      SEVERITY  NOTE;
    ASSERT ERRORS
        REPORT"NO ERRORS!!!"
      SEVERITY  NOTE;
      WAIT;
    END PROCESS;
END tb_architecutre;
CONFIGURATION testbench_for_adder OF adder_tb IS   --配置声明
  FOR tb_architecutre
    FOR UUT:adder
      USE ENTITY WORK.adder(full);
    END FOR;
  END FOR;
END testbench_for_adder;
```

由于测试平台 adder_tb 是一完全独立的程序，而且无须任何输入/输出单元，因此，在实体说明部分没有端口说明。选用与被测实体内部信号名称相同的信号来定义连接到各个端口的信号，另外还定义了 a,b.cin,sum 和 cout 信号组成的记录类型 test-rec，并由他构成数组类型 test_arry，然后由它进一步定义了数组常量 pattern，其中包含了加到被测单元上的信号值和预期输出值。

在测试平台上，一般都首先引用被测实体，使其成为平台上的被测单元。在接下来的验证(STIM)进程中，通过一个循环语句来逐个读出 pattern 中的测试矢量，并将其中的 a,b 和 cin 三个信号作为激励信号输出到被测原件(adder)上。由于这是给信号赋值，它不会立即生效，要到下一个仿真周期才会生效，因此，测试平台上将继续保持"uuu"不变。

由语句 wait for 100ns 模拟进入下一个周期，使得 a,b 和 cin 信号赋值有效。它们是 1 位全加器中进程的敏感信号，必然使被测元件工作，1 位全加器被激活。经过 100 ns 后 sum 和 cout 的值就会与其预测值相比较，如果二者不同，则将变量 error 值为真(Ture)，然后程序循环处理剩下的各个测试矢量。当循环结束之后,根据变量 errors 的结果显示信息:如果 error 为假,显示 no errors!!!;否则,显示:errors!!!。

为了避免元件端口位置与测试后生成的实际元件不一致,这里采用名称关联的端口配置方式。

由例 10-1 可见,测试程序有以下几个特点。

1. 可简化实体描述

例 10-1 是一个 1 位全加器的仿真模块,在仿真过程中要输入的是仿真信号。这些仿真信号通常在仿真模块中定义,如例中的 a,b,cin,sum 和 cout。因此,在仿真模块的实体中可以省略有关端口的描述。如例中的实体描述为:

```
Entity adder_tb is
End adder;
```

2. 程序中应包含输出信息的语句

在仿真中往往要对波形、定时关系进行检查,如不满足要求,应输出仿真错误信息,以引起设计人员的注意。在 VHDL 中 ASSERT 语句就专门用于错误验证及错误信息的输出。该语句的书写格式如下:

ASSERT 条件 [REPORT 输出错误信息]
[SEVERITY 出错的级别]

ASSERT 后跟的是条件,也就是检查的内容,如果条件不满足,则输出错误信息和出错的级别。出错信息将指明具体出错内容或原因。出错级别表示错误的程序。在 VHDL 中出错的级别分为:NOTE,WARNING,ERROR 和 FAILURE 共 4 个级别,这些都将由编程人员在程序中指定。

在例 10-1 程序中用 ASSERT 语句对仿真的结果进行检查的实例如下:

```
Assert not errors
Report" errors!!!"
Severity note;
```

3. 用配置语句选择不同仿真构造体

在编写仿真程序模块时,为了方便,经常要使用 CONFIGURATION 这一配置语句。设计者为了获得较佳的系统性能,总要采用不同方法,设计不同结构的系统进行对比仿真,以寻求最佳的系统结构。在这种情况下,系统的实体只有一个,而对应构造体可以有多个,仿真时可以采用 CONFIGURATION 语句进行选配。例如,用该语句可以选配全加器的 full 构造体:

```
CONFIGURATION testbench_for_adder of adder-tb is
    For tb_architecture
```

```
        For uut:adder
            Use entity work.adder(full);
        End for;
    End for;
 End testbench_for_adder;
```

同样，仿真时也可以选配其他构造体。由此可知，在仿真程序模块中使用配置语句会给仿真带来极大的便利。

4. 不同级别或层次的仿真有不同的要求

正如前面所述，系统仿真通常由 3 个阶段组成：功能仿真、综合后功能仿真和时序仿真。它们的仿真目的和仿真程序模块的书写要求都各不相同。对此，设计者必须充分加以注意。

(1) 功能仿真

功能仿真的目的是验证系统的数学模型和行为是否正确，因而对系统的抽象程度较高。由于有这个前提，在对功能仿真程序模块的书写没有太多的限制，凡是 VHDL 中的语句和数据类型都可以在程序中使用。在书写时应尽可能使用抽象程度高的描述语句，以使程序更加简洁明了。

另外，除了某些系统规定的定时关系外，一般的电路延时及传输延时在行为级仿真中都不予考虑。

(2) 综合后功能仿真

综合后功能仿真是为了使被仿真模块符合逻辑综合工具的要求，使其能生成门级逻辑电路。如前所述，根据目前逻辑综合工具的情况，有些 VHDL 中所规定的语句是不能使用的，例如，ATTRIBUTE 语句。另外，在程序中绝对不能使用浮点数，尽可能少用整数，最好使用 STD_LOGIC 和 STD_LOGIC_VECTOR 这两种类型来表示数据(不同的逻辑工具有不同的要求)。在综合后功能仿真中尽管可以不考虑门电路的延时，但是像传输延时等附加延时还应该加以考虑，并用 TRANSPORT 和 AFTER 语句在程序中体现出来。

(3) 时序仿真

进行时序仿真的原因是：

第一，在综合后功能仿真中一般不考虑门的延时，也就是说进行零延时仿真。在这种情况下系统的工作速度不能得到正确的验证。不仅如此，由于门延时的存在还会对系统内部工作过程及输入/输出带来意想不到的影响。

第二，在 RTL 描述中像"Z"和"X"这样的状态，在描述中是可以将其屏蔽的，但是利用逻辑综合工具，根据不同的约束条件，在对电路进行相应变动时，这种状态就有可能发生传播。在时序仿真中不允许出现这种状态。

RTL 描述经逻辑综合生成门电路的过程中，需对数据类型进行转换。一般情况下，输入/输出端口只限定使用 STD_LOGIC 和 STD_LOGIC_VECTOR 数据类型。

Modelsim 的功能仿真、综合后功能仿真和时序仿真的步骤基本是相同的,大体可分为以下 5 步:① 建立库;② 映射库到物理目录;③ 编译源代码(包括所有的 HDL 代码);④ 启动仿真器并加载设计顶层;⑤ 执行仿真。但也有所不同,后面将具体介绍。

10.2 Modelsim 仿真工具简介

Modelsim 仿真工具是 Model 公司开发的。它支持 Verilog、VHDL 以及它们的混合仿真,它可以将整个程序分步执行,使设计者直接看到它的程序下一步要执行的语句,而且在程序执行的任何步骤、任何时刻都可以查看任意变量的当前值。可以在 Dataflow 窗口查看某一单元或模块的输入/输出的连续变化等,比 Quartus Ⅱ 自带的仿真器功能强大得多,是目前业界最通用的仿真器之一,是 FPGA/CPLD 设计的 RTL 级和时序电路仿真的首选。

ModelSim 分几种不同的版本:ModelSim SE、ModelSim PE 和 ModelSim OEM,其中集成在 Actel、Atmel、Altera、Xilinx 以及 Lattice 等 FPGA 厂商设计工具中的均是其 OEM 版本。该版本仿真时,不需要添加库文件,用起来比较方便,比如为 Altera 公司提供的 OEM 版本 ModelSim(Altera。ModelSim SE 版本为最高级版本,在功能和性能方面比 OEM 版本强很多,仿真速度更快,该版本还支持 PC、UNIX、LIUNX 混合平台。这里将简单介绍 ModelsimSE 6.0 的使用方法。

启动 ModelsimSE 6.0。如图 10-2 所示是 ModelsimSE 6.0 的主窗口,是其他所有窗口运行的基础。主要由下列几部分组成:

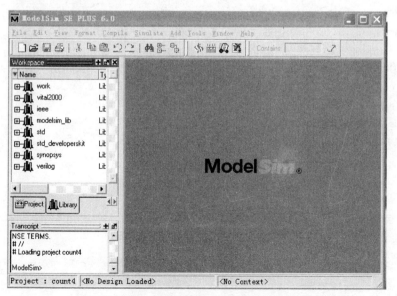

图 10-2 ModelsimSE 6.0 的主窗口

① 菜单栏。位于主窗口的最上方，菜单栏共有10个菜单选项，分别是：File(文件)、Edite(编辑)、View(视图)、Format(格式)、Compile(编译)、Simulate(仿真)、Add(添加)、Tools(工具)、Window(窗口)、Help(帮助)。

② 工具栏。从左向右依次是：New File(新建)、Open(打开)、Save(保存)、Print(打印)、Cut(剪切)、Copy(复制)、Paste(粘贴)、Undo(撤销)、Redo(撤销上一步操作)、Find(查询)、Collapse All(隐藏当前窗口的所有例程)、Expand All(显示当前窗口的所有例程)、Compile(编译选定)、Compile All(编译全部)、Simulate(仿真)、Break(停止仿真)等。

③ 工作区。在用户使用界面里工作区占有的面积最大，工作区初始可以分为左右两部分。左边上面部分是文件或工程列表，下面部分是脚本区，右边是相应文件的显示区。

④ 状态区。最下面是状态区，其中左边为当前工程的名称；中间为与当前仿真相关的一些系数，如仿真时间和方针变量；最右边显示当前仿真说明等。

10.3 Modelsim 的仿真实现

本节以一个4位计数器的设计 count4.vhd 的仿真过程实例，讲解如何使用 Modelsim 对 HDL 工程进行仿真。

【例 10-2】 4位计数器的 VHDL 代码如下。

```
LIBRARY IEEE;
USE IEEE.STD_LOGIC_1164.ALL;
USE    IEEE.STD_LOGIC_UNSIGNED.ALL;
ENTITY count4 IS
  PORT
  (rst : IN STD_LOGIC;
    d : IN STD_LOGIC_VECTOR(3 downto 0);
    load : IN STD_LOGIC;
    clk,ce : IN STD_LOGIC;
    q : OUT STD_LOGIC_VECTOR(3 downto 0);
    cout : OUT STD_LOGIC);
END count4;
ARCHITECTURE syn OF count4  IS
  signal count : std_logic_vector(3 downto 0);
BEGIN
  cntproc:PROCESS(clk,rst)
  BEGIN
  IF rst = '1' THEN
    count <= (others => '0');
```

```
        ELSIF RISING_EDGE(CLK) THEN
         IF ce = '1' THEN
            IF load = '1' THEN
                count <= d;  ELSE
                count <= count + 1;
            END IF;
         END IF;
      END IF;
END PROCESS;
coutproc : PROCESS(clk,rst)
   BEGIN
     IF rst = '1' THEN
       cout <= '0';
     ELSIF RISING_EDGE(CLK) THEN
      IF count = "1111" then
         cout <= '1';
        ELSE cout <= '0';
       END IF;
     END IF;
   END PROCESS;
   q <= count;
END syn;
```

利用 Modelsim 对 count4.vhd 进行仿真操作的过程见 10.3.1～10.3.2 小节。

10.3.1 功能仿真

功能仿真需要的文件有：

① 设计 HDL 源代码：可以使用 VHDL 语言或 Verilog 语言。本例使用 VHDL 代码。

② TestBench 测试文件：测试向量文件 TB(TestBench)以模拟的方式来验证逻辑时序的正确性，它以源的方式来激励用户编写的逻辑功能模块；TB 文件只是用来测试的模块，对外没有输入/输出信号引脚；相对于 TB 文件，被测模块的输入是 TB 的输出，而被测模块的输出是 TB 的输入。对测试向量文件要求：① 有输出检测；② 测试向量中只能有一个主控时钟；③ 以主控时钟的 Cycle 宽度为测试周期，一个周期内输入信号只能改变一次；④ 输入信号(包括双向端口处于非输出模式时)必须确定，即不能为 0 或 1 以外的值；⑤ 输出信号尽量控制使其不要处在除 0 和 1 以外的状态。

【例 10-3】 对例 10-2 设计的测试向量文件代码如下。

```
LIBRARY IEEE;
```

```vhdl
USE IEEE.STD_LOGIC_1164.ALL;
USE IEEE.STD_LOGIC_UNSIGNED.ALL;
ENTITY count4_tb IS
    CONSTANT ClorkPeriod:time:=40ns;
END ENTITY count4_tb;
ARCHITECTURE count4_tb_behav OF count4_tb IS
COMPONENT count4 IS
    PORT(  clk : IN STD_LOGIC;
           rst : IN STD_LOGIC;
           cout : out STD_LOGIC_VECTOR(3 DOWNTO 0));
END COMPONENT count4;
    SIGNAL clork,reset:STD_LOGIC;
    SIGNAL q : STD_LOGIC_VECTOR(3 DOWNTO 0);
    BEGIN
    Instance : count4       --Instance 为被测试程序名
        PORT MAP(clork,reset,q);
Reset_Process:PROCESS
    BEGIN
        reset <= '1';
        WAIT FOR 50ns;
        reset <= '0';
        WAIT FOR 1000ns;
        reset <= '0';
END PROCESS Reset_Process;
Clk_Process:PROCESS(clork,reset)
    BEGIN
        IF reset = '1' THEN
            clork <= '0';
        ELSE
            clork <= NOT clork AFTER ClorkPeriod;
        END IF;
END PROCESS Clk_Process;
END ARCHITECTURE count4_tb_behav;
```

通过该例读者可进一步体会测试向量文件的编写格式。

③ 仿真模型/库：根据设计内调用的器件由供应商提供的模块而定，如：FIFO、ADD_SUB 等。

功能仿真的具体过程是：

1. 建立仿真工程

在 Modelsim 中建立 project。选择 File→New→Project，如图 10-3 所示。得到 Creata Project 的弹出窗口，如图 10-4 所示。

在 Project Name 栏中填写项目名字，建议和顶层文件名字一致。Project Location 是工作目录，可通过【Browse】按钮来选择或改变。Ddfault Library Name 可以采用工具默认的 work。此时在 Workspace 窗口的 Library 中就会出现 work 库。

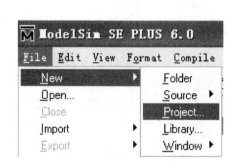

图 10-3　建立工程

图 10-4　Creata Project 窗口

2. 给工程加入文件

单击图 10-4 的【OK】按钮，ModelSim 会自动弹出如图 10-5 所示的 Add items to the Project 窗口。选择 Add Exsiting File 后，根据图 10-6 所示的相应提示将文件加到该 Project 中。这里是 count4.vhd 和其测试向量 count_tb.vhd，如图 10-7 所示。

图 10-5　添加工程项目

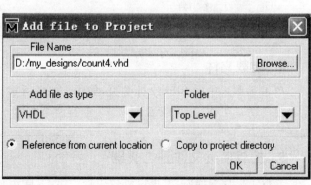

图 10-6　添加工程提示窗口

第 10 章　电子系统 EDA 设计仿真

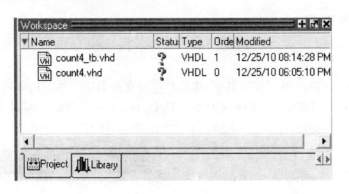

图 10-7　完成工程项目的添加

3. 编译仿真文件

Modelsim 是一种编译型的仿真器，所以在仿真前必须先编译 VHDL 文件。编译(包括源代码和库文件的编译)。选择主窗口中的 Comlile→Comlile All，或者在文件上面单击右键，选择 Comlile→Comlile All 编译所有文件，如图 10-8(a)所示。编译成功后上面两个文件就会编译到当前工作库中，如图 10-8(b)所示。

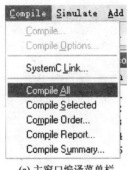

(a) 主窗口编译菜单栏

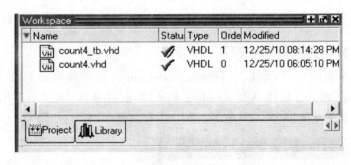

(b) 编译工程文件

图 10-8　编译工程文件

4. 装载文件

单击工作区中的 Libray 标签页，如图 10-9 所示。把 Libray 切换到 work 库。work 库就是当前的仿真工作库，可以看到 work 中有两个实体 count4 与 count4_tb 存在了，这就是刚才编译的结果。

5. 加载顶层文件到仿真器

完成了设计编译后，就可以进行仿真操作了，首先应将顶层设计加载到仿真器。在图 10-9 的 work 库中，选中 count4_tb 这个实体后，右击鼠标，在出现的菜单中选择 Simulate，当工作

第10章 电子系统 EDA 设计仿真

区中出现 Sim 标签时,说明设计已装载成功,如图 10-10 所示。

另外也可以通过执行 Simulate → Start Simulate 菜单命令来实现加载操作。执行该命令后,系统会弹出如图 10-11 所示的对话框。此时可以选择仿真设计的实体 count4_tb,然后单击【OK】按钮,即完成加载操作,系统将显示与图 10-10 一样的操作界面。

在图 10-11 中共有 6 个选项卡,Design 选项卡用来指定仿真的顶层设计单元;VHDL/Verilog 选项卡分别用来设置各自的版本与语法格式相关参数;Libraries 用来指定仿真过程所需的仿真库和优先查找库;SDF 用来在时序仿真时指定 SDF 标准延时文件;Others 指定一些附加功能参数。

图 10-9 Libray 标签页

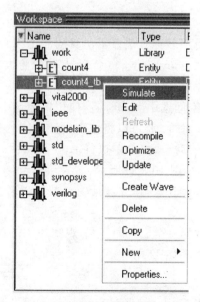

(a) 选择 count4_tb 实体

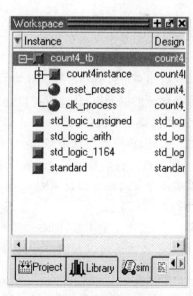

(b) 加载成功

图 10-10 加载顶层文件过程

第10章 电子系统EDA设计仿真

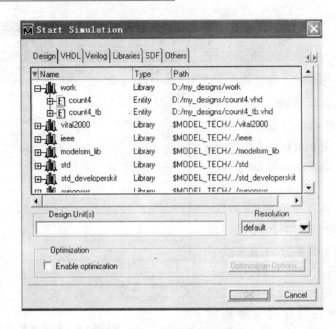

图10-11 启动仿真对话框

6. 执行仿真

将顶层设计加载到仿真器后,就可以执行具体仿真了。

首先将仿真的波形界面显示在主窗口。可以使用多种方法显示仿真的波形窗口,即在命令行的View wave命令,或者执行View→Dubug Windows→wave命令,都可以将波形界面显示在主窗口。然后用户可以调整波形显示窗口的大小。

将信号加载到波形显示窗口,此时可以在工作空间选中Sim标签,使用鼠标选中count4_tb实体,从右键快捷菜单中执行Add→add to wave命令,就可以将仿真设计实体的信号加到波形显示窗口。另外,也可以在选中count4_tb实体后,从主菜单执行Add→wave→Selected Instance命令,同样可以将信号加到波形显示窗口,如图10-12所示。

选中主菜单命令下的Simulate→Run,单击Run all运行,在波形窗口就可以看到信号的仿真波形,如图10-13所示。

在波形窗口下,按住左键不放,向右斜拉可以选择一个放大的区域,观察功能仿真的特点,如图10-14所示。放大后可以看到,功能仿真完全没有延时。

7. 退出仿真

在仿真调试完成后退出仿真,在主窗口中选择Simulate→End Simulation,即可退出仿真。

第 10 章 电子系统 EDA 设计仿真

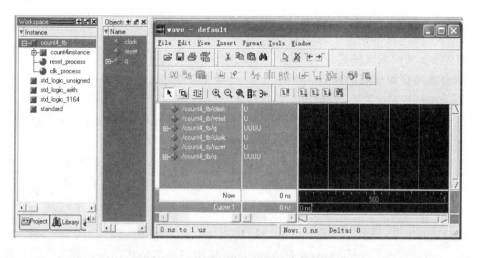

图 10-12 将所有信号都加载到波形窗口

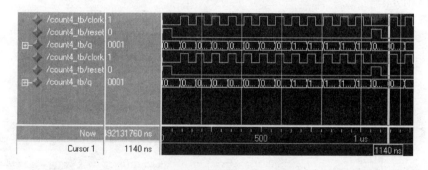

图 10-13 Modelsin 仿真波形显示

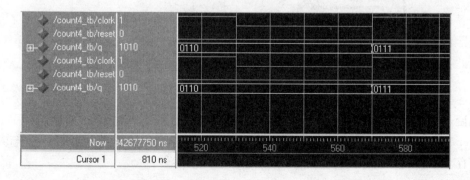

图 10-14 放大后的 Modelsin 仿真波形显示

10.3.2 综合后功能仿真和时序仿真(后仿真)

后仿真需要的输入文件有：
① 综合布局布线生成的网表文件。
② TestBench 测试文件：根据设计要求输入/输出的激励程序。
③ 元件库：Altera 仿真库的位置为 C:\altera\72 \ Quartus \eda\sim_lib。
④ 时序仿真的话，还需要具有时延信息的反标文件(sdf)。

综合后功能仿真的步骤与功能仿真的前几步相同，编写顶层设计文件的 VHDL 源文件、编写 Test Bench 测试文件、建立 Work 库、编译源文件。接下来的操作有所不同。

1. 在 Quartus Ⅱ 中生成网标文件

打开 Quartus Ⅱ，选择 Assignments→EDA Tool Settings…，选择左栏的 Simulation，如图 10-15 所示。双击 Simulation，设置 Modelsim 输出网表的格式以及网表文件的保存路径，如图 10-16 所示。

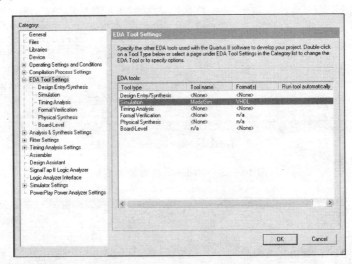

图 10-15 打开 EDA Tools Settings

然后，单击下方的【More Settings】按钮，弹出 More Settings 对话框，如图 10-17 所示。选中 Generate netlist for functional simulation only，在 setting 后的栏内选中 On，单击【OK】按钮保存。

2. 编译源文件

在 Quartus Ⅱ 中编译顶层设计文件 count4.vhd，编译完成后项目文件中得到一个 count4.vho 的文件，此文件就是综合后仿真所需要的网表文件。TestBench 文件继续用前面

第 10 章　电子系统 EDA 设计仿真

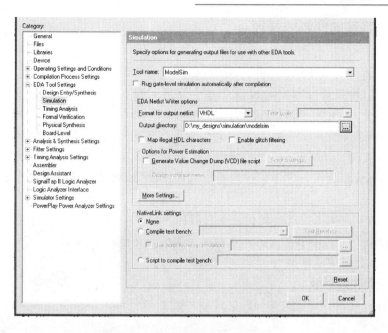

图 10-16　设置网表输出项目图（一）

功能仿真里用的 count4_tb.vhd 文件，如图 10-18 所示。

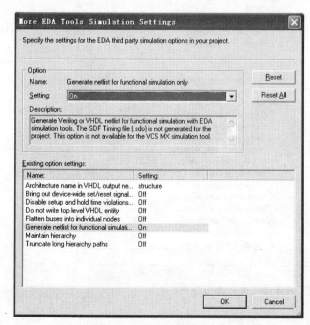

图 10-17　设置网表输出项目图（二）

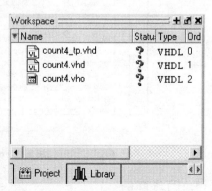

图 10-18　成功加载源文件

第10章 电子系统 EDA 设计仿真

3. 建立库并映射库到物理目录

(1) 建立库

仿真库是存储已编译设计单元的目录,Modelsim 中有两类仿真库,一种是工作库,默认的库名为 work,另一种是资源库。work 库下包含当前工程下所有已经编译过的文件。所以编译前一定要建一个 work 库,而且只能建一个 work 库。资源库存放 work 库中已经编译文件所要调用的资源,这样的资源可能有很多,它们被放在不同的资源库内。映射库就是将已经预编译好的文件所在的目录映射为一个 Modelsim 可识别的库,库内的文件应该是已经编译过的,在 Workspace 窗口内展开该库应该能看见这些文件,如果是没有编译过的文件在库内,则是看不见的。

在 Modelsim 中加入 Quartus 的仿真库有两种方法:
① 自己新建一个库,用来存放仿真需要调用的仿真文件;
② 把 Altera 公司的器件加到 work 这个 Library 里。

(2) 映射库到物理目录

结合库文件一起进行编译。编译库文件后可看到 cycloneii 库里有很多文件,这些都是仿真需要用到的(见图 10-19)。

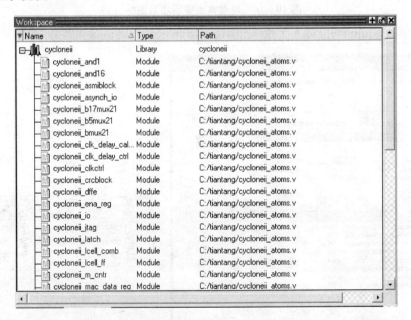

图 10-19 编译库文件后的资源库

4. 仿真准备

已经准备了仿真所需要的所有文件,选择 Simulate→Start Simulation,单击 Libraries 标签,单击【Add】按钮,将刚才建立的 cycloneii 加入。在 Design 标签栏中做如图 10-20 所示的设置。

图 10-20　设置 Design 标签栏

如果是对时序仿真,则还要加入扩展名为.sdo 或.sdf 的标准延时文件。.sdo 或.sdf 的标准延时文件不仅包含门延时,还包括实际布线延时,能较好地反映芯片的实际工作情况。

_vhd.sdo 文件的生成可以参考综合后仿真中网表文件的生成方法,所不同的是在图 10-17的设置网表输出项目中将 Generate netlist for functional simulation only 置为 Off,如图 10-21 所示。单击【OK】按钮保存,回到 Quartus Ⅱ 主窗口后编译文件,编译完成后,在my_designs 文件夹中就能看到一个 count4_vhd.sdo 文件,这个文件就是时序仿真需要的延时文件。

5. 启动仿真器

加载仿真文件 count4_tb.vhd 进行仿真。选择 Simulate→Start Simulation,在 Libraries中指定仿真所需要的库文件,在 SDF 中指定延时文件,如图 10-22 所示。在 SDF 中单击【Add】按钮,在弹出的 Add SDF Entry 对话框中指定 count4_vhd.sdo 文件;在 Apply to Region框内填入仿真文件所对应的模块,count4_tp 为测试激励程序,Instance 为被仿真的模块在激励程序中的例化名字,或者只在"/"的右边填写被测试程序的例化名字,单击【OK】按钮。延时文件加载完毕,单击【OK】按钮,整个波形仿真的设置完成。

设置好仿真器以后执行仿真,在 Wave Default 窗口中就可查看时序仿真波形了,如图 10-23 所示。

从波形图上可以看出,输出信号边沿与时钟信号边沿不再同步,出现了延迟现象。

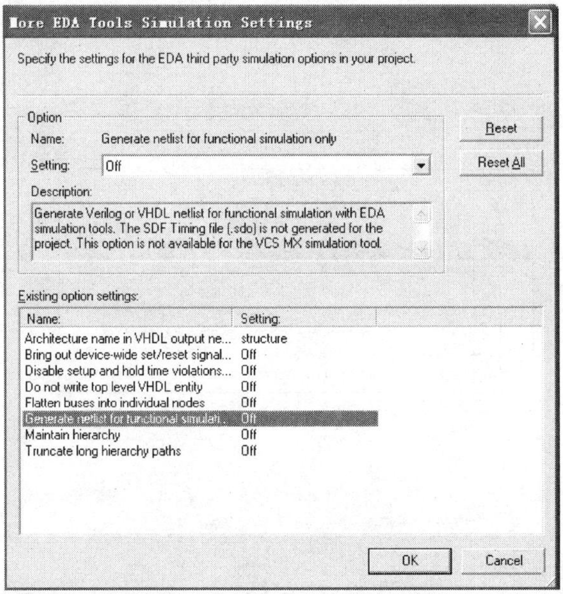

第 10 章 电子系统 EDA 设计仿真

图 10-21 重新设置网表输出项目

图 10-22 加载延时文件

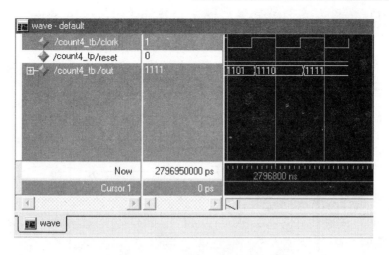

图 10-23　时序仿真波形图

10.4　Modelsim 中仿真资源库的添加

Modelsim 仿真中会调用 4 种常用的仿真库：
① 元件库，例如 cyclone Ⅱ 元件库，在仿真中必用的特定型号的 FPGA/CPLD 库；
② Primitive，调用 Altera 公司的原语（Primitive）设计仿真时需要；
③ altera_mf，调用 MagaFunction 的设计仿真时需要；
④ lpm，调用 lpm 元件的设计仿真时需要。

第①种元件库是进行时序仿真时不可缺少的资源库。后 3 种库是调用相应的 Altera 设计模块进行设计时才必须用到的库。

在实际仿真中，可能需要某些特定的 Altera 仿真库，如果 Modelsim 的仿真资源库没有包含这些库，则需要设计者自己添加。

添加 Altera 仿真库之前，需要确保 Quartus Ⅱ 软件已经安装好，在 Quartus Ⅱ 安装目录下…quartus\eda\aim_lib 文件夹里存放了所有的仿真原型文件，Altera 仿真库就是在这些文件的基础上建立的。

以新建一个 lpm 库为例，Altera 仿真库的添加如下：

步骤 1：去除 modelsim.ini 文件的只读属性。modelsim.ini 文件是 Modelsim 软件的配置文件。Quartus 的仿真库编译软件运行过程中会修改此文件。在 Modelsim 软件的安装目录下找到 modelsim.ini 文件，右击【属性】，去除只读属性。

步骤 2：在 ModelSim 的安装目录下新建一个文件夹，如：altera_lib。用来存放 Altera 编译后的文件，并通过 File→chang Directory 改变目录到刚才创建的目录下。

第 10 章　电子系统 EDA 设计仿真

步骤 3：使用 File→New→library 命令，在 Library Physical Name 栏输入 lpm 库存放的路径，单击【OK】按钮，如图 10-24 所示。

图 10-24　新建 lpm 库

步骤 4：将 lpm 仿真原型文件编译到 lpm 库中。在 ModelSim 主窗口，在 Library 里面选中 lpm，使用 Compile→Compile 命令，如图 10-25 所示。在 Quartus Ⅱ 安装目录下...quartus\eda\aim_lib 文件里选中仿真原型文件 220pack.vhd 和 220model.vhd，（需要注意的是，这两个文件的编译顺序不能对调）单击【Compile】按钮。编译完成后单击【Done】按钮，如图 10-26 所示。如果使用 Verilog 语言，则编译时只需要编译 220model.v 文件即可。

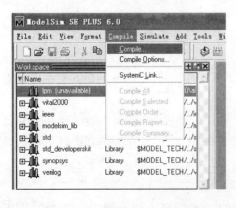

图 10-25　选中 lpm 进行编译

图 10-26　编译 lpm 库的原文件

这样 lpm 库就建好了，进行仿真时根据需要在仿真器的 Library 中单击【Add】按钮就可以直接添加。

步骤 5：将 modelsim.ini 文件的属性设回只读。modelsim.ini 文件是 Modelsim 软件的配

置文件。为安全起见可以将其属性设回只读。至此所有的工作都完成了。

仿真库建立好以后,打开任一工程或设计,在主窗口下的 Library 窗口中可以看到添加库的名称,如图 10-27 所示。仿真时就不需要再添加这些库了。

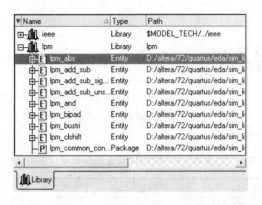

图 10-27　Library 窗口中添加的库

按照同样的方法可以添加其他 3 个库,编译的文件如下:

① altera_mf 库:在 VHDL 中先编译 altera_mf_components.vhd 文件,后编译 altera_mf.vhd 文件,而在 Verilog 中则只编译 altera_mf.v 文件。

② Primitive 库:在 VHDL 中先编译 altera_Primitive_components.vhd 文件,后编译 altera_Primitive.vhd 文件,而在 Verilog 中则只编译 altera_Primitive.v 文件。

③ 元件库,如 Cyclone Ⅱ 库:在 VHDL 中先编译 cycloneii_atoms.vhd 文件,后编译 cycloneii_components.vhd 文件,而在 Verilog 中则只编译 cycloneii_atoms.v 文件。如果是其他系列的元件库,则只要把对应的 cycloneii 改成其他系列的名称即可。

值得一提的是,在 Modelsim-altera 的 AE 版本中,Primitive、altera_mf 和 lpm 这 3 种库是已经编译好的,在 Modelsim-altera 安装目录下 altera 文件夹中可以找到,不需要添加。

习　题

10.1 使用 Modlsim 进行综合前功能仿真、功能仿真和时序仿真有哪些步骤？在此,行为仿真与功能仿真的区别是什么？

10.2 简述如何在 Modlsim 中添加仿真资源库。

附录 A

VHDL 保留字

表 A-1 列出了专门为 VHDL 语言所保留的字，这些字不能用于定义其他对象。设计人员在建立 VHDL 模型时应该注意。

表 A-1 VHDL 语言的保留字

ABS	ACCESS	AFTER	ALIAS	ALL
AND	ARCHITECTURE	ARRAY	ASSERT	ATTRIBUTE
BEGIN	BLOCK	BODY	BUFFER	BUS
CASE	COMPONENT	CONFIGURATIO	CONSTANT	DISCONNECT
DOWNTO	ELSE	ELSIF	END	ENTITY
EXIT	FTLE	FOR	FUNCTION	GENERATE
GENERIC	GROUP	GUARDED	IF	IMPURE
IN	INERTIAL	INOUT	IS	LABEL
LIBRARY	LINKAGE	LITERAL	LOOP	MAP
MOD	NAND	NEW	NEXT	NOR
NOT	NULL	OF	ON	OPEN
OR	OTHERS	OUT	PACKAGE	PORT
POSTPONED	PROCEDURE	PROCESS	PURE	RANGE
RECORD	REGISTER	REJECT	REM	REPORT
RETURN	ROL	ROR	SELSCT	SEVERITY
SIGNAL	SHARED	SLA	SLL	SRA
SRL	SUBTYPE	THEN	TO	TRANSPORT
TYPE	UNAFFECTED	UNITS	UNTIL	USE
WARTIABLE	WAIT	WHEN	WHILE	WITH
XNOR	XOR			

附录 B

VHDL 语言文法一览表

ARHITECTURE 说明
文法:ARCHITECTURE 结构体名 OF 实体名 IS
　　　　{说明语句}　--说明部分
　　　BEGIN
　　　　{并行处理语句}　--本体
　　　END {结构体名}
说明语句::=SUBPROGRAM 说明|SUBPROGRAM 本体|TYPE 说明|
　　　　SUBTYPE 说明|CONSTANT 说明|SIGNAL 说明|FILE 说明|ATTRIB-
　　　　UTE 说明|ATTRIBUTE 定义|USE 语句|CONFIGURATION 定义语句|
　　　　DISCONNECTION 定义
并行处理语句::=BLOCK 语句|PROCESS 语句|PROCEDURE 调用语句|ASSERT 语
句|代入语句|GENERATE 语句|COMPONENT－INSTANCE 语句

ASSERT 语句
文法:ASSERT　条件[REPORT　输出信息][警告级别];
　　　级别::=NOTE|WARNING|ERROR|FAILURE
　　使用场所:ENTITY 本体,ARCHITECTURE 本体,PROCESS 本体,SUBPROGRAM
　　　　本体,BLOCK 本体,IF 语句,CASE 语句,LOOP 语句

ATTRIBUTE 说明
文法:ATTRIBUTY　属性名:子类型说明
使用场所:ENTIT 说明部分,ARCHITECTURE 说明部分,PROCESS 说明部分,SUB-
　　　　PROGRAM 说明部分,PACKAGE 说明部分

ATTRIBUTE 定义
文法:ATTRIBUTY　属性名 OF　目标名:目标级 IS　表达式;

附录 B VHDL 语言文法一览表

级别::ENTIT|ARCHITECTURE|CONFIGURATION|LABEL|PROCEDURE|
       FUNCTION|PACKAGE|TYPE|SUBTYPE|CONSTANT|VARIABLE|
       COMPONENT

使用场所:ENTIT 说明部分,ARCHITECTURE 说明部分,PROCESS 说明部分,SUB-
       PROGRAM 说明部分,PACKAGE 说明部分,BLOCK 说明部分

ATTRIBUTE 名称

文法:对象'属性名[(固定表示式)]

使用场所:信号代入语句,并行处理信号代入语句,变量代入语句,类型定义,接口清单,表
       示式,固定表示式

所谓固定表达式是可由文法判断的信号名、值、数值等。

BLOCK 名称

文法:标号名:BLOCK
         块头
         {说明语句}   --说明部分
         BEGIN
         {并行处理语句}   --本体
         END BLOCK[标号名];
     块头::=[GENERIC 语句[GENERIC-MAP 语句;]][PORT 语句
            [PORT-MAP 语句]]

说明语句:与结构体说明语句相同
    并行处理语句:与结构体本体相同

使用场所:ARCHITECTURE 本体,BLOCK 本体

BLOCK 语句定义结构体内的子模块。与进程(PROCESS)语句不同的是,在内部各语句为并行处理。

CASE 语句

文法:CASE 表达式 IS
        条件式{条件式}
        END CASE;
     条件式::=WHEN 选择项{|选择项}=>{顺序处理语句}
     选择项::= 表达式|不连续范围|名称|OTHERS

注意:WHEN OTHERS 只能用在最后一项上。

使用场所:PROCESS 本体,SUBPROGRAM 本体,IF 语句,CASE 语句,LOOP 语句

COMPONENT-CONFIGURATION 语句

文法:FOR 样品清单:元件名
　　　{USE 语句}
　　　{BLOCK-CONFIGURATION 语句 | COMPONENT_CONFIGURATION 语句}
　　END FOR;
　　样品清单::=标号名{,标号名}|OTHERS|ALL
使用场所:CONFIGURATION 语句,BLOCK-CONFIGURATION 语句,COMPONENT_CONFIGURATION 语句

COMPONENT 说明

文法:COMPONENT 元件名
　　　[类属语句]
　　　[端口语句]
　　END COMPONENT;
使用场所:ARCHITECTURE 说明部分,PACKAGE 说明部分

CONFIGURATION 说明

文法:CONFIGURATION 配置名 OF 实体名 IS
　　{USE 语句|ATTRIBUTE 定义}
　　BLOCK_CONFIGURATION 语句
　　END FOR

CONFIGURATION 定义

文法:FOR 样品清单:元件名 USE 对应对象;
使用场所:ARCHITECTURE 说明部分,BLOCK 说明部分

CONSTANT 说明

文法:CONSTANT 常数名{,常数名}:子类型符[:=初始值];
使用场所:ARCHITECTURE 说明部分,ENTITY 说明部分,PROCESS 说明部分,PACKAGE 说明,PACKAGE 本体,SUBPROGRAM 说明部分,BLOCK 说明部分

附录 B VHDL 语言文法一览表

ENTITY 说明
　　文法:ENTITY 实体名 is
　　　　　[类属语句;]
　　　　　[PORT 语句;]
　　　BEGIN
　　　{断言语句|被调用过程|被调用进程语句}
　　　End 实体名
　　说明语句::=SUBPROGRAM 说明|SUBPROGRAM 本体|type 说明|
　　　　　SUBTYPE 说明|CONSTANT 说明|SIGNAL 说明|FILE 说明|ALIAS 说明|ATTRIBUTE 说明|ATTRIBUTE 定义|USE 语句|CONFIGURA-TION 定义语句|DISCONNECTION 定义

FILE 说明
　　文法:FILE 文件变量:子类型符 IS 方向"文件名";
　　使用场所:ARCHITECTURE 说明部分,ENTITY 说明部分,PROCESS 说明部分,PACKAGE 说明,PACKAGE 本体,SUBPROGRAM 说明部分,BLOCK 说明部分

GENERATE 语句
　　文法:标号名:FOR 产生变量 IN 不连续范围 GENERATE
　　　　{并行处理语句}
　　　　END GENERATE [标号名];
　　　　标号名:IF 条件 GENERATE
　　　　{并行处理语句}
　　　　END GENEPATE [标号名];
　　使用场所:ARCHITECTURE 本体,BLOCK 本体,GENERATE 语句

GENERIC 语句
　　文法:GENERIC (端口名{,端口名}:[IN]
　　　　子类型符[:=初始值]
　　　　{;端口名{,端口名}:[IN]子类型符
　　　　[:=初始值]})
　　使用场所:ENTITY 说明部分,BLOCK 说明部分

GENERIC_MAP 语句

文法:GENERIC_MAP([形式=>]实体{,形式=>}实体})

   形式::=端口名|类型变换函数名(端口名)

   实体::=表达式|SIGNAL 名|OPEN|类型变换函数名(实体)

 使用场所:BLOCK 说明语句,COMPONENT_INSTANCE,CONFIGURATION 连接符

IF 语句

文法:IF 条件 THEN {顺序处理语句}

   {ELSIF 条件 THEN {顺序处理语句}}

   [ELSE {顺序处理语句}]

   END IF;

 使用场所:PROCESS 语句,SUBPROGRAM 本体,IF 语句,CASE 语句,LOOP 语句

LIBRARY 说明

文法:LIBRARY 库名{,库名};

LOOP 语句

文法:[标号:][循环次数限定] LOOP {顺序处理语句}

   END LOOP [标号];

   循环次数限定::=FOR 循环变量 IN 不连续范围|WHILE 条件

在 LOOP 语句内部 NEXT [标号][WHEN 条件];

      :跳出本次

      EXIT[标号][WHEN 条件];

      :跳出环外

使用场所:PROCESS 语句,SUBPROGRAM 本体,IF 语句,CASE 语句,LOOP 语句

PACKAGE 说明

文法:PACKAGE 包集合名 IS

  {说明语句}

  END [包集合名];

说明语句::=SUBPROGRAM 说明|TYPE 说明|SUBTYPE 说明|CONSTANT 说明|

   SIGNAL 说明|FILE 说明|COMPONENT 说明|ATTRIBUTE 说明|

   ATTRIBUTE 定义|USE 语句

附录 B　VHDL 语言文法一览表

PACKAGE_BODY 语句
　　文法：PACKAGE BODY　包集合名 IS
　　　　{说明部分}
　　　　END[包集合名]；
　　说明语句：：＝SUBPROGRAM　本体|TYPE　说明|SUBTYPE 说明|CONSTANT 说明
　　　　　　　|FILE　说明| USE 语句

PORT 语句
　　文法：PORT(端口名{,端口名}：[方向]子类型符 [BUS][：＝初始值]
　　　　　{端口名{,端口名}：[方向]子类型符 [BUS][：＝初始值]})
　　　　方向：：＝IN|OUT|INOUT|BUFFER
　　使用场所：ENTITY　说明部分,BLOCK 说明部分

PORT_MAP 语句
　　文法：PORT_MAP([形式＝＞]实体{,形式＝＞]实体})
　　　　　形式：：＝端口名|类型变换函数名(端口名)
　　　　　实体：：＝表达式|SIGNAL 名|OPEN|类型变换函数名(实体)
　　使用场所：BLOCK 说明部分,COMPONENT_INSTANCE 语句,CONFIGURATION 连
　　　　　　接符

PROCESS 语句
　　文法：标号名：PROCESS[(敏感量清单)]
　　　　　{说明语句}
　　　　BEGIN
　　　　　{顺序处理语句}
　　　　END PROCESS[标号名]；
　　说明语句：：＝ SUBPROGRAM 说明| SUBPROGRAM 本体|TYPE　说明|SUBTYPE
　　　　　　　说明|CONSTANT 说明| VARIABLE　说明|FILE　说明||ATTRIBLE 说
　　　　　　　明|ATTRIBLE 定义|USE 语句
　　顺序处理语句：：＝WAIT 语句|PROCEDURE 调用|ASSERT 语句|信号代入语句|变量
　　　　　　　　代入语句|IF 语句|CASE 语句|LOOP 语句|NULL 语句|
　　使用场所：ARCHITECTURE 本体,BLOCK 本体,GENERATE 语句

PROCEDURE 调用

文法：过程名[接口清单]
　　　并行处理过程调用时可加标号
使用场所：ARCHITECTURE 本体，BLOCK 本体，PROCESS 本体，SUBPROGRAM 本体

SIGNAL 说明

文法：SIGNAL 信号名{,信号名}:子类型符[REGISTER|BUS][:=初始值];
　　若指定 REGISTER,BUS 则为卫式信号(可关断信号)。REGISTER 保持关断时的信号值，而 BUS 则保持不变。卫式信号代入 NULL,则有卫式关断信号。
使用场所：ARCHITECTURE 说明部分，ENTITY 说明部分，PACKAGE 说明

SUBPROGRAM 说明

文法：PROCEDURE 过程名[(输入,输出参数)];
　　|FUNCTION 函数名[(输入,输出参数)] RETURN 数据类型名;
　　输入,输出参数::=[SIGNAL|VARIABLE|CONSTANT 端口名{,端口名}:[方向]子类型符[BUS][:=初始值];
使用场所：ARCHITECTURE 说明部分，ENTITY 说明部分，PROCESS 说明部分

SUBPROGRAM 本体

文法：子程序定义 IS
　　　{说明语句}
　　BEGIN
　　　{顺序处理语句}
　　END{子程序名};
使用场所：ARCHITECTURE 说明部分，ENTITY 说明部分，PROCESS 说明部分
　　　　　PACKAGE 说明，PACKAGE 本体，SUBPROGRAM 说明部分，BLOCK 说明部分

TYPE 说明

文法：不完整类型说明|完整类型说明
使用场所：ARCHITECTURE 说明部分，ENTITY 说明部分，PROCESS 说明部分
　　　　　PACKAGE 说明部分，PACKAGE 本体，SUBPROGRAM 说明部分
不完整类型说明::=TYPE 类型名{,类型名};
　　--利用其他类型的假类型不能进行逻辑综合

附录 B VHDL 语言文法一览表

完整类型说明::=TYPE 类型名{,类型名} 类型定义;
类型定义::=标量类型定义|复合类型定义|存取类型定义|文件类型定义
标量类型定义::=枚举类型定义|INTEGER 类型定义|FLOATING 类型定义|物理量类
　　　　　　　型定义
枚举类型定义::=(元素{,元素})
　　　　--可进行逻辑综合
INTEGER 类型定义,FLOATING 类型定义::=[简单式[TO|DOWNTO]简单式|属性名];
　　　　--可进行逻辑综合
物理量类型定义::=[RANGE[简单式[TO|DOWNTO]简单式|属性名]]
　　　　　　　UNITS 基本单位
　　　　　　　{单位}
　　　　　　　END UNITS
　　　　--不能进行逻辑综合
复合类型定义::数组类型|记录类型
数组类型::=ARRAY(范围|RANGE<>{,范围|RANGE<>}) OF 子类型符
　　　　--只有一维的可以进行逻辑综合
记录类型::=RECODE 元素{,元素}
　　　　　　END RECODE
　　　　--可以进行逻辑综合(但是记录类型不能作元素)
存取定义::=ACCESS 子类型符
　　　　--指向目标的类型(类似于 C 语言指示器),不能进行逻辑综合
文件定义::=FILE OF 子类型符
　　　　--指定文件能读的数据类型,不能进行逻辑综合

USE 语句

文法:USE{选择名{,选择名};
　　　选择名::=实体{.实体}
使用场所:DESIGN_UNIT,CONFIGURATION 说明,ARCHITECTURE 说明部分,
　　　　BLOCK 说明部分,BLOCK_CONFIGURATION 语句,
　　　　COMPONENT_CONFIGURATION 语句

VARIABLE 语句

文法:VARIABLE 变量名{,变量名};子类型符[:=初始值];
使用场所:PROCESS 说明部分,SUBPROGRAM 本体

WAIT 语句

文法：WAIT[ON 信号名{,信号名}]
　　　　[UNTIL 条件][FOR 时间表达式];
使用场所：PROCESS 语句,PROCEDURE 本体,IF 语句,CASE 语句,LOOP 语句

并行处理信号代入语句

文法：[标号名:]条件信号代入[标号名:]选择信号代入语句
　　　条件信号代入句::目标＜=[GUARDED][TANSPORT]条件波形
　　　条件波形::{波形 WHEN 条件 ELSE }波形
　　　　　　　选择信号代入语句::=WITH 表达式 SELECT
　　　　　　　目标＜=[GUARDED][TANSPORT]选择波形；
　　　选择波形::={波形 WHEN 选择项,}波形 WHEN 选择项
使用场所：ARCHITECTURE 本体,BLOCK 本体,GENERATE 语句

信号带入语句

文法：目标＜=[TRANSPORT]波形;
使用场所：PROCESS 语句,SUBPROGRAM 本体,IF 语句,CASE 语句,LOOP 语句

波形

文法：波形::=表达式[AFTER 时间表达式|NULL[AFTER 时间表达式]{,表达式
　　　　　　[AFTER 时间表达式]|NULL[AFTER 时间表达式]}
如果代入 NULL,将关断卫式信号。

附录 C

VHDL 程序设计语法结构

下面给出 VHDL 程序的基本结构和描述语句的框架，以供设计者在编写 VHDL 程序时速查。

```
--Library Clause
LIBRARY_ library_name;

--Use Clause
USE_ library_name.package_name.ALL;

-- Package Declaration(optional)
PACKAGE_package_name IS
 --Type Declaration
TYPE_enumerated_type_name IS(_name, _name, _name);
TYPE_range_type_name IS RANGE_integer TO _ integer;
TYPE_array_type_name IS ARRAY(INTEGER RANGE<>)OF_type_name;
TYPE_array_type_name IS ARRAY(integer DOWNTO_ integer )OF_type_name;
-- Subtype Declaration
SUBTYPE _ subtype _ name IS_type_ name RANGE_low_value TO _high_ value ;
SUBTYPE _array_subtype_name IS ARRAYtype _ name (_hign_index DOWNTO_
         _low_index );
--Constant Declaration
CONSTANT_ constant_name: type_name: = _ constant_ value ;
--Function Declaration
FUNCTION_ function_name(input_name:IN_type_name; _ input_name: IN_type_name)
   RETURN type_name;
--Procedure Declaration
PROCEDURE_procedure_name(input_name:IN_type_name;
                        _input_name:IN_type_name)
                        _bidirect_output_name:INOUT_ type_name;
                        _output_name:OUT_ type_name);
```

附录 C　VHDL 程序设计语法结构

```
END PACKAGE_package_name;


-- Package Body((optional))
PACKAGE BODY_package_name IS
  --Function Definition
  FUNCTION_ function_name(input_name:IN_type_name;
                         _ input_name: IN_type_name)RETURN type_name IS
  --Variable Declaration
  VARIABLE_ variable_name: _type_name: = _ variable_initial_value;
 BEGIN
  _sequential_statement;
  _sequential_statement;
  RETURN__ variable_name;
END FUNCTION_ function_name;
--Procedure Definition
       PROCEDURE_ procedure_name(input_name:IN_type_name;
                         _ input_name: IN_type_name;
                         _bidirect_output_name:INOUT_ type_name;
                         _output_name:OUT_ type_name) IS
  --Variable Declaration
  VARIABLE_ variable_name: _type_name: = _ variable_initial_value;
 BEGIN
  _sequential_statement;
  _sequential_statement;
END PROCEDURE_ procedure_name
END PACKAGE BODY_package_name;


--Entity declaration
ENTITY _entity_name is
  GENERIC(_parameter_name:string: = _default_value;
          _parameter_name:integer: = _default_value);
  PORT(_input_name,_input_name:IN STD_LOGIC;
       _input_vector_name:IN STD_LOGIC_VECTOR(_high DOWNTO_low);
       _bidir_name,_bidir_name:INOUT STD_LOGIC;
       _output_name,_output_name:OUT STD_LOGIC);
End entity _entity_name;
--Architecture Body
ARCHITECTURE a OF_entity_name IS
--Signals Declaration
```

附录 C VHDL 程序设计语法结构

```
SIGNAL_signal_name:STD_LOGIC;
SIGNAL_signal_name:STD_LOGIC;
--Component Declaration
Component_component_name is
   GENERIC(_parameter_name:string: = _default_value;
           _parameter_name:integer: = _default_value);
   PORT(_input_name,_input_name:IN STD_LOGIC;
        _output_name,_output_name:OUT STD_LOGIC);
END COMPONENT_component_name;
BEGIN
  --Process_statement
  _process_label:--combinatorial logic
  PROCESS(_siganl_name,_signal_name,_signal_name)IS
   --Variables Declaration
   VARIABLE_variable_name:STD_LOGIC;
   VARIABLE_variable_name:STD_LOGIC;
  Begin
    --Signal Assignment Statement
    --signal_name< = _expression;
    --Variable Assignment Statement
    --variable_name:name: = _expression;
    --Procedure Call Statement
    --procedure_name(_actual_parameter,_actual_parameter);
    --if statement
    IF_expression THEN
       _statement;
       _statement;
    ElSIF_expression THEN
       _statement;
       _statement;
    ELSE
       _statement;
       _statement;
    End if
     - Case Statement
    CASE_expression is
       WHEN_constant_value = >
           _statement;
           _statement;
```

```
    WHEN_constant_value = >
        _statement;
        _statement;
    WHEN OTHERS = >
        _statement;
        _statement;
END CASE;
--Loop Statement
 - loop_label;
FOR_index_variable IN_range LOOP
   _statement;
   _statement;
END LOOP_loop_lable;
_loop_lable;
WHILE_boolean_expression LOOP
   _statement;
   _statement;
END LOOP_loop_lable;
END PROCESS_process_lable;
_process_lable:_sequential logic
PROCESS IS
   VARIABLE_variable_name:STD_LOGIC;
   VARIABLE _variable_name:STD_LOGIC;
BEGIN
   WAIT UNTIL_clk_signal = '1';
   --Siganl Assignment Statement
   --Varisble Assignment Statement
   --Procedure Call Statement
   --If Statement
   --Loop Statement
END PROCESS_process_lable;
--Conditional Signal Assignment
_signal< = _expression;
--Conditional Sibnal Assignment
_lable;
_signal< = _expression WHEN _boolean_expression ELSE
        _expression WHEN_boolean_expression ELSE
        _expression;
_selected signal assignment
```

附录 C　VHDL 程序设计语法结构

```
        _label;
    WITH_expression SELECT
       _signal< = _expression WHEN _constant_value,
               _expression WHEN _constant_value
               _expression WHEN _constant_value
               _expression WHEN _constant_value
    --Component Instantiation Statement
    _instance_name:__compont_name
    GENERIC MAP (_parameter_name = >_parameter_value,
                 _parameter_name = >_parameter_value);
    PORT MAP(_component_port = >_connect_port,
             _component_port = >_connect_port);
    --Generate Statement
    _generate_label:--For geneate statement
    FOR_index_variable IN_range GENERATE
       _concurrent_statement;
       _concurrent_statement;
    END GENERATE;
    _generate_lable:--if generate statement
    IF_expression GENERATE
       _concurrent_statement;
       _concurrent_statement;
    END GENERATE;
END ARCHITECTURE a;
```

参考文献

[1] 潘松,黄继业. EDA 技术实用教程第三版[M]. 北京:科学出版社,2006.
[2] 张健,刘桃丽等. EDA 技术与应用[M]. 北京:科学出版社,2008.
[3] 黄智伟. FPGA 系统设计与实践[M]. 北京:电子工业出版社,2005.
[4] 姚远,李辰. FPGA 应用开发入门与典型应用第二版[M]. 北京:人民邮电出版社,2010.
[5] 张亦华,严明. 数字电路 EDA 入门——VHDL 程序实例集[M]. 北京:北京邮电出版社,2003.
[6] 汪国强. PLD 在电子电路设计中的应用[M]. 北京:工业电子出版社,2007.
[7] 孟庆辉,刘辉,等. EDA 技术实用教程[M]. 北京:国防工业出版社,2008.
[8] 谭会生,张昌凡. EDA 技术与应用[M]. 西安:西安电子科技大学出版社,2001.
[9] 刘艳评,高振斌,等. EDA 实用技术与应用[M]. 北京:国防工业出版社,2006.
[10] 王道宪. CPLD/FPGA 可编程逻辑器件应用与开发[M]. 北京:国防工业出版社,2004.
[11] 朱正伟. EDA 技术应用[M]. 北京:清华大学出版社,2005.
[12] 江思敏. VHDL 数字电路及系统设计[M]. 北京:机械工业出版社,2006.
[13] Altera 公司. Quartus II 简介,2005.
[14] 曾繁泰,陈美金,等. EDA 工程方法学[M]. 北京:清华大学出版社,2003.
[15] 罗胜钦. 数字集成系统芯片(SOC)设计[M]. 北京:北京希望电子出版社,2002.
[16] 曾繁泰,王强,等. EDA 工程的理论与实践——SOC 系统芯片设计[M]. 北京:电子工业版社,2004.
[17] 侯伯亨,顾新. VHDL 硬件描述语言与数字逻辑电路设计[M]. 西安:西安电子科技大学出版社,2005.
[18] 北京精仪达盛科技有限公司. EDA – V 型(SOPC)实验指导书,2007.
[19] Modelsim 使用教程,http://blog.ednchina.com/Upload/Blog//93e4338b-8942-4738-b3e5-7791102c6da1.pdf.
[20] 薛王伟,李小波. 一种基于单片机的 FPGA 并行配置的实现. 微处理技术. 2005.2(80-84).